개정증보

한국인의 생활환경

저자 소개

안옥희
일본 국립나라여자대학 대학원 생활환경학 전공 졸업(학술박사)
미국 주립하와이대학교 건축대학 방문교수
현재 영남대학교 생활과학대학 가족주거학과 교수

조연숙
영남대학교 대학원 식생활관리전공 졸업(이학박사)
대구산업정보대학, 영남이공대학 강사 역임
현재 영남대학교 외식산업학부 강의전담객원교수

최현숙
일본 국립나라여자대학 대학원 생활환경학 전공 졸업(학술박사)
일본 천리대학 강사 역임
현재 (주)코랜드코리아 이사, 영남대학교 가족주거학과 겸임교수

한국인의 생활환경

저자 / 안옥희 조연숙 최현숙
펴낸곳 / 영남대학교 출판부
초판발행 / 2002년 8월 30일
삼판 2쇄 / 2010년 2월 22일
등록일 / 1975년 9월 5일 경산 제16 - 1호
주소 / 경북 경산시 대동 214-1
전화 / (053) 810 - 3691~3
FAX / (053) 810-4722
*저자와의 협약으로 인지를 생략합니다.
*잘못된 책은 바꾸어 드립니다.

개정증보

한국인의 생활환경

안옥희 소연숙 최현숙

pegasus

개정판 머리말

2007년은 서해안기름유출사고로 온 국민이 환경에 대한 새로운 인식을 하는 한 해가 되었다. 환경정책기본(제24조)에서는 "국가와 국민은 자연환경의 보전이 인간의 생존 및 생활의 기본임에 비추어 자연의 질서와 균형이 유지·보전되도록 노력하여야 한다" 고 규정하고 있다. 서해안사고가 매우 안타까운 일이지만, 수많은 사람들이 자연환경의 보전을 위해 자원봉사를 하였고, 이를 국민된 도리로 생각하고 있어 우리나라 국민들의 환경의식수준을 한 단계 높이는 계기가 되었다고 생각한다.

생활환경의 변화와 환경의식 수준을 향상으로 우리의 생활환경을 포괄적 범위로 다룬 저서에 대한 요구가 높아지고 있다. 이에 대기, 물, 폐기물, 소음·진동, 악취, 일조 등 사람의 일상생활과 관계된 생활환경에 대한 기초지식의 전달과 일상생활과 밀접한 관련이 있는 주생활환경, 식생활환경, 소비생활환경, 교통환경, 생활예절분야를 범위로 한 <개정 한국인의 생활환경>을 몇 년 전에 엮었다. 그 후 관련 환경법의 개정으로 인하여 환경법의 내용이 조금 바뀌었고, 환경의 현황도 변한 점이 많다. 그리고 일상생활 또한 정보화시대에 맞추어

빠르게 변화하고 있어 새로운 내용을 추가하여 <개정증보 한국인의 생활환경>을 새로이 엮게 되었다. 이번 개정증보판에서는 실내공간의 공기환경과 물환경의 기준을 전면 수정하였으며, 중복 설명하거나 중요도가 덜한 부분은 삭제하여 새로이 편집하였다. 그리고 식생활, 소비생활, 예절부분을 수정, 보완하였다.

본 저서를 저술함에 있어 기존의 저서를 바탕으로 자료의 수정과 새로운 내용을 추가하면서 많은 선배 학자님들의 연구결과를 인용하고 있으나 일일이 그 출처를 밝히지 못한 부분도 많다. 이는 생활환경을 위한 공부를 하는 후학을 위해 흔쾌히 양해해 주시리라 믿으며, 인간이 인간답게 삶을 영위하기 위해서는 인간을 포함한 생태계 전체와 더불어 살아가야 한다는 것을 조금이라도 더 많은 사람들에게 알리는데 함께 했음에 기쁨을 나누고 싶다. 그리고 본 저서의 출판을 위해 고생하신 영남대학교 출판부 여러분들에게 감사드린다.

2008년 새해를 열며

저 자

차 례

Ⅰ. 생활환경의 이해

Ⅱ. 한국의 생활환경 현황

Ⅲ. 한국인의 일상생활환경

I 생활환경의 이해

1. 생활환경의 개념

1-1. 환경에 대한 일반적 이해

환경(環境, environment)이란 매우 넓은 의미로 사용되고 있다. 환경의 광의적 정의는 "우주를 형성하고 있는 모든 요소의 실체"라고 할 수 있으며, 사전적 의미로는 "주위의 사물 또는 사정(거주), 거주하는 주위의 외계, 생활체를 둘러싸고 그것과 일정한 접촉을 유지하는 외계"를 뜻한다. 이러한 환경문제는 20세기 중반 이후 언제나 큰 관심을 불러일으키는 사회문제가 되었으며, 특히 20세기 후반은 자연생태계의 파괴와 오염의 시대라고 불리고 있어, 21세기의 환경문제는 더 이상 미루어 둘 수 없는 현실적인 문제가 되었다.

환경은 일반적으로 자연적 환경과 사회적 환경으로 구분된다. 자연적 환경은 우주만물의 생태, 즉 대기, 물, 일조, 통풍, 자연경관 등을 요소로 하는 자연 그대로의 생물, 무생물의 일체이다. 동물, 식물, 미생물 등의 생물학적 요인과 우주, 공기, 물, 흙, 빛, 소리 등의 물리화학적 요인이 여기에 포함된다. 사회적 환경은 모든 인공적인 요소를 말한다. 즉 산업, 의복, 식품, 주거, 교통 등의 인공환경적 요인과 문화, 경제, 정치, 교육, 종교 등 인간의 생활을 구성하고 있는 사회환경적 요인이 여기에 포함된다. 다시 말해 환경은 지구상의 생물과 직접 또는 간접적으로 관계를 맺고 있는 자연적, 인위적인 모든 것을 포함하는 매우 거시적인 개념이라고 할 수 있다.

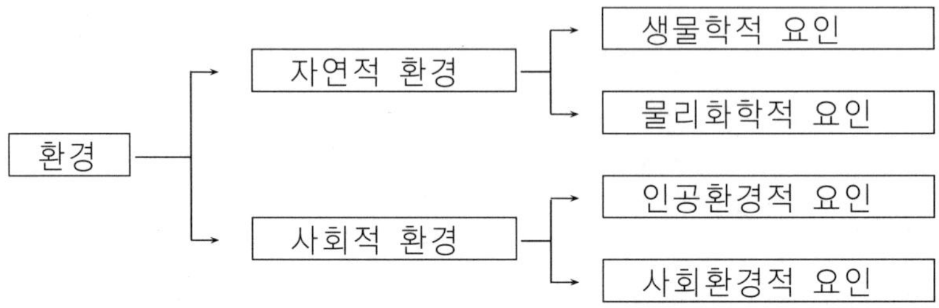

〈그림 1-1-1〉 환경의 구분

점진적으로 악화되어 가는 환경상태에 비례하여 환경문제는 이제 지구 전체의 문제가 되면서 우리의 관심도 증가하고 있다. 우리나라도 환경이 황폐해지는 것을 애써 눈감고 지내던 시기를 지나 이제는 모든 국민들이 쾌적한 환경에 대한 기대와 요구가 높아만 가고 있다. 이러한 기대와 요구에 부응하기 위해서는 생활환경의 제요소를 쾌적한 상태로 유지하여야 한다. 즉 일상생활을 영위하는데 필수 불가결한 요소인 물을 안심하고 충분히 마실 수 있도록 하고, 공기를 맑고 깨끗하게 만들며, 정신적 스트레스를 적게 받도록 조용하고 밝은 생활환경을 유지하고, 쓰레기를 원활하고 안전하게 처리하고, 소음이나 진동, 악취가 생기지 않도록 하여 국민들이 일상생활을 쾌적하게 영위할 수 있도록 하여야 한다.

환경에 대한 법적 근거를 가지는 것이 「환경법(環境法)」이다. 「환경법」은 「헌법」 제35조[1]에 의하여 보장된 환경권을 구체화한 법을 모

---

1) 헌법 제35조는 제9차개정헌법(1987.10.29)에 다음과 같이 명시되어 있다.
① 모든 국민은 건강하고 쾌적한 환경에서 생활할 권리를 가지며, 국가와 국민은 환경보전을 위하여 노력하여야 한다.
② 환경권의 내용과 행사에 관하여는 법률로 정한다.

두 포함한다. 「환경정책기본법」 제3조 제1호에서 규정하고 있는 환경은 '자연환경과 생활환경'으로 이루어져 있다.

「환경법」의 연대별 특성은 <표 1-1-1>과 같으며, 2007년 현재 환경부가 직접 관장하는 「환경법」은 총 45개에 이른다.

〈표 1-1-1〉 환경법의 연대별 특성

1960년대	· 경제개발 5개년 계획을 수립하여 공업화를 추진한 1960년대에 본격적인 환경문제 시작 · 1963년 우리나라 최초의 환경법인 공해방지법 제정(동 법은 공장이나 사업장 또는 기계 또는 기구의 조업으로 인해 야기되는 대기오염·하천오염·소음·진동으로 인한 보건 위생상의 피해를 방지하여 국민보건의 향상을 기하는데 그 구체적 목적이 있다)
1970년대	· 급속한 산업화, 도시화가 이루어지던 1970년대에 환경문제 더욱 심각하게 인식 · 공해방지법을 수정하여 배출허용기준, 배출시설 설치허가제도, 이전명령제도 도입(1971) · 공해방지법을 대체하는 환경보전법(1977)을 공포(동 법은 환경파괴 또는 환경오염의 사전 예방 뿐 아니라 오염된 환경을 개선하기 위한 환경영향 평가제도, 환경기준, 오염 물질의 총량규제제도 등을 새로이 도입한 것임)
1980년대	· 개정된 헌법에 환경권에 관한 규정이 처음으로 신설 · 환경법은 복수법 체계로 이행, 즉 1990년 8월 1일에 환경보전법이 환경정책기본법·대기환경보전법·수질환경보전법 등 6개 법으로 분법화 되었음
1990년대	· 독도를 비롯한 도서지역의 생물다양성과 수려한 경관을 보전하기 위한 독도 등 도서지역의 생태계보전에 관한 특별법 제정 · 한강수계 상수원 수질개선 및 주민지원 등에 관한 법률 제정 · 습지를 효율적으로 보전, 관리하기 위한 습지보전법 제정 · 자연공원법 및 조수보호 및 수렵에 관한 법률이 환경부 관장업무로 이관
2000년대	· 사후적인 환경관리의 틀을 벗어나 사전예방적인 환경관리정책의 기틀 마련 · 수도권 매립지 관리공사의 설립 및 운영 등에 관한 법률 제정 · 호소수질관리법이 수질환경보전법에 통합됨 · 환경부에서 직접 관장하는 환경법이 45개(2007. 현재)에 이르게 됨

③ 국가는 주택개발정책 등을 통하여 모든 국민이 쾌적한 주거생활을 할 수 있도록 노력하여야 한다.

<표 1-1-2> 환경법의 연혁 및 현황

60년대(6개)	70~80년대(9개)	90년대~2007년(45개)
공해방지법	환경보전법	***환경정책기본법***
		대기환경보전법
		지속가능발전기본법
		다중이용시설등의실내공기질관리법
		소음 · 진동규제법
		악취방지법
		수도권대기환경개선에관한특별법
		수질 및 수생태계 보전에 관한 법률
		한강수계상수원수질개선및주민지원등에관한법률
		낙동강수계물관리및주민지원등에관한법률
		금강수계물관리및주민지원등에관한법률
		영산강 · 섬진강수계물관리및주민지원등에관한법률
		자연환경보전법
		환경범죄의단속에관한특별조치법
		환경분쟁조정법
		남극활동및환경보호에관한법률
		친환경상품구매촉진에관한법률
		환경분야시험 · 검사등에관한법률
		환경개선비용부담법
	자연공원법	자연공원법
		독도등도서지역의생태계보전에관한특별법
		습지보전법
		환경 · 교통 · 재해등에관한영향평가법
		토양환경보전법
		백두대간보호에관한법률
		문화유산과자연환경자산에관한국민신탁법
조수보호및수렵에관한법률		야생동 · 식물보호법
	환경오염방지사업단법	환경관리공단법
		환경개선특별회계법
		환경기술개발및지원에관한법률
독물및극물에관한법		유해화학물질관리법
		잔류성유기오염물질관리법

		폐기물관리법
		오수 · 분뇨및축산폐수의처리에관한법률
		가축분뇨의관리및이용에관한법률
		자원의절약과재활용촉진에관한법률
	폐기물관리법	전기 · 전자제품및자동차의자원순환에관한법률
오물청소법		폐기물의국가간이동및그처리에관한법률
		건설폐기물의재활용촉진에관한법률
		폐기물처리시설설치촉진및주변지역지원등에관한법률
		수도권매립지관리공사의설립및운영등에관한법률
	합성수지폐기물 처리사업법	한국환경자원공사법
하수도법		***하수도법***
수도법		***수도법***
		먹는물관리법

주: 굵은 글씨체의 법은 생활환경과 보다 밀접한 환경법이라고 저자가 생각한 것임.
출처: 환경백서 2007, 환경부.

1-2. 환경교육

환경문제는 우리의 일상생활환경에서 비롯된다. 따라서 환경문제를 발생시키는 최초의 원인 제공은 개인이며, 모든 심각한 환경문제의 해결방안 또한 개인적 차원에서부터 시작되어야 할 것이다. 이를 위해서는 지속적인 환경교육이 필요하며, 환경교육은 학교교육에서는 물론 미래지향적인 평생교육을 통하여 환경보전이 생활화될 수 있도록 국민 모두가 합심 협력하여야 한다(국가선언 13). 즉 환경보전은 개인적 노력과 환경교육이 중요한 것이다.

환경교육은 1972년 유엔인간환경회의[2]에서 환경교육의 개발이 요청(유엔인간환경선언문원칙 19)된 이후 1975년 베오그라드헌장(Beograd

2) 국제연합인간환경회의는 1972년 6월 5일부터 6월 7일까지 스톡홀름에서 회합하고, 인간환경의 보전과 향상에 관하여 세계의 모든 사람을 고무하고 인도하기 위한 공통의 사상과 원칙의 필요성을 인식하고 유엔인간환경선언문을 선언하였다.

charter)[3]에서 제기되었으며, 국제사회에서 본격적으로 논의되기 시작한 것은 1977년 소련의 트빌리시[4]에서 제1회 국제환경교육학 회의가 개최되면서부터이다. 그 후 1987년에는 환경교육 및 훈련에 관한 UNESCO-UNEP회의[5]가 개최되었다. 미국의 「환경교육법(Environmental Education Act, 1970)」에서는 환경교육은 “인간에 있어서 자연환경과 인공환경의 관계를 다루는 과정으로서, 인구, 오염, 자원의 분배와 고갈, 자연보호, 교통, 기술, 도시나 지방의 개발계획 등 인간환경에 대한 모든 관계를 포함한다”라고 하였다.

환경교육은 학교교육과 사회교육으로 크게 대별되는데, 그 중 학교교육은 학생에 대한 환경교육과 교사에 대한 환경교육으로 나눌 수 있고, 사회교육은 환경관련 공무원 및 환경분야 종사자에 대한 전문교육과 일반시민 및 청소년들을 대상으로 하는 일반교육으로 분류된다. 환경교육이 바람직한 환경의식을 가지고 행동하는데 순기능을 가지고 있다는 것은 많은 연구들에서 밝혀졌다. 특히 초·중·고등학교 수준에서의 환경교육은 학교 환경교육으로 가장 효율적인 접근방법이다. 따라서 학교에서의 환경교육은 매우 중요하다고 할 수 있다.

우리나라의 학교 환경교육은 제7차 교육과정에 따르면, 중학교 환경과

---

3) 1975년 구 유고슬라비아의 수도 베오그라드에서 국제환경교육회의가 개최되었다. 환경교육의 경향과 시점을 검토하고 기본 지침을 명확히 한 이 회의에서 베오그라드 헌장을 채택하였다.
베오그라드 헌장에서는 환경교육의 철학적 기저와 골격, 평가, 환경관련 행동의 최종목표, 인간 상호간의 관계 등에 대하여 밝히고 있다.

4) 1977년 소련의 트빌리시에서 UNESCO-UNEP 주관으로 환경교육에 관한 정부간 회의를 개최하였다. 각국은 환경교육을 환경문제의 일환으로서 인구문제, 식량문제, 에너지 자원문제, 남북문제, 핵과 군비의 축소문제와 같이 인류의 당면과제로서 강력히 추진할 것을 합의하였으며, 환경교육의 개념, 영역, 역할을 분명히 하고 국가수준과 국제수준을 적용할 수 있는 지침을 제시하였다.

5) 1987년 소련의 모스크바에서 UNESCO-UNEP 주관으로 환경교육과 훈련에 관한 국제회의가 열렸다. 트빌리시 회의에서 건의한 21개항에 대한 회원국의 실천상태의 점검과 1990년대의 환경교육 및 훈련 방안을 논의하였다.

목은 생태계에 대한 이해를 바탕으로 환경보전에 참여할 수 있도록 가치탐구와 태도 변화에 비중을 두는 과목이다. 고등학교의 환경과학은 환경교육, 환경과 인간, 수자원, 대기, 토양, 폐기물, 소음과 진동, 방사선, 환경보전대책 등으로 구성된다.

또한 환경교육의 중요성에 비해 교육내용의 폭이 좁다는 문제를 안고 있으므로 단일교과목은 물론이고 다른 교과목의 연계가 중요하다. 실제로 우리나라의 현행 교육과정에서 환경교육은 다른 교과목과 밀접한 연계관계를 가지고 있다. 중학교에서 환경교육에 관련된 교과는 도덕, 국어, 사회, 과학, 미술, 기술, 공업 등이며, 고등학교에서는 생물, 지리, 지구과학, 기술 등에서 다루고 있다.

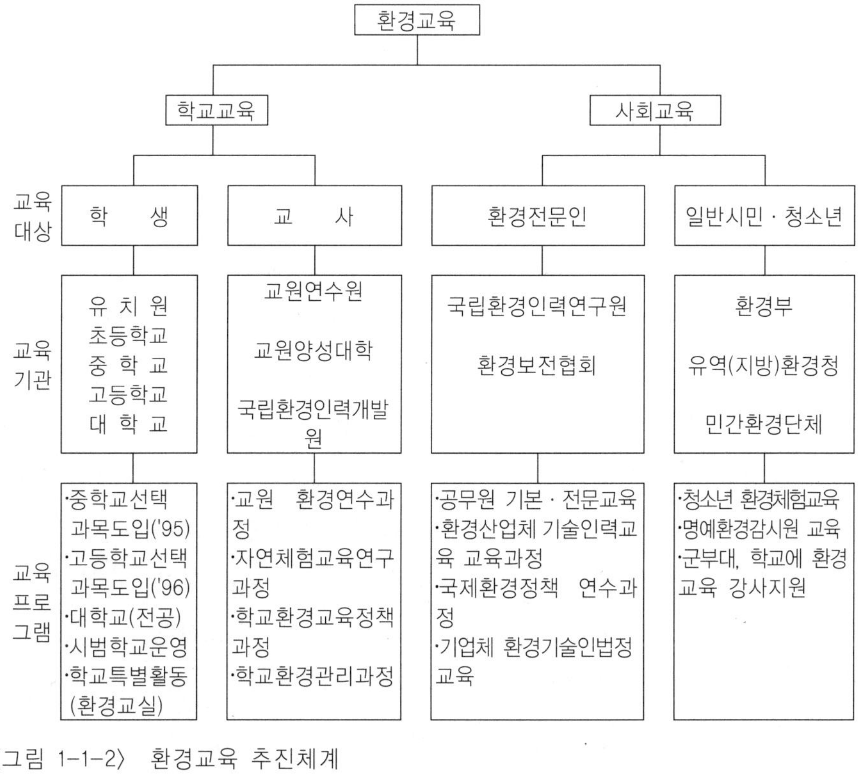

〈그림 1-1-2〉 환경교육 추진체계

출처 : 환경부, 환경백서, 2007.

1995년부터 제6차 교육과정에 의해 중등학교에서 환경과목이 독립된 선택과목으로 신설되었으나, 우리의 교육현실이 대학입시 위주의 교육이기 때문에 환경교육의 발전은 상대적으로 지연되고 있다. 2006년 12월 현재 전국적으로 환경과목을 선택한 학교는 중학교 403개교(13.4%), 고등학교 637개교(29.8%)로, 2000년도(중학교 11.7%, 고등학교 11.5%)에 비해 크게 증가하였다. 또한 대학교에서도 2006년 12월말 현재 140개 대학에 환경관련 학과가 개설되는 등 계속 증가하는 추세이다.

한편, 환경문제에 대한 올바른 이해와 친환경적인 생활습관을 체득하기 위해 일반인 및 청소년을 대상으로 생활환경교육이 중요하다.

사회 환경교육을 실시하는 기관은 그 성격에 따라 전문환경단체, 일반사회단체, 종교기관, 기업, 지방자치단체 등으로 나누어 볼 수 있다. 사회단체의 환경교육 프로그램은 1995년을 기점으로 하여 야외 환경교육 프로그램이 활성화되기 시작하여 공식적인 참가자 수가 수 천 명이 넘을 만큼 많은 호응을 받았으며 운영 프로그램도 다양해졌다.

이와 같이 많은 단체들이 환경교육 프로그램을 운영하여 효과를 거두고 있으나 환경교육 지도자가 부족하고, 표준화되어 있지 않은 단점이 있다. 또한 일반시민들을 위한 환경교육 교재가 부족한 것, 쉽게 접근하여 사용할 수 있는 생태학습장 등의 공간이 없는 것, 재정 부족으로 교육의 내실을 기하기 힘들다는 점, 전달체계 미흡으로 단체간 자료 공유 및 정보 전달이 원활하게 이루어지지 않는다는 것 등의 문제점이 있다. 따라서 우리나라의 환경교육은 환경교육계획 수립을 비롯하여 학교교육과 사회교육의 병행, 환경교육프로그램 및 교육자료 개발을 실시하여야 하며, 이러한 교육을 수행할 전문인력과 초·중등학교의 관련교사의 충원이 선행되어야 한다. 그러나 환경관련 민간단체가 꾸준히 증가하고 있으므로 이들의 활동이 기대된다.

〈표 1-1-3〉 제7차 교육과정에 따른 학교에서의 환경교육

유치원	· 〈언어생활〉, 〈건강생활〉, 〈표현생활〉, 〈탐구생활〉, 〈사회생활〉 등 5개 영역에 걸친 통합교육 · 언어생활을 제외한 4개 영역에서 실천위주의 환경교육내용임
초등학교	· 〈슬기로운 생활〉, 〈도덕〉, 〈사회〉, 〈과학〉 등 7개 교과에 걸쳐 환경교육 내용을 분산하여 실시 · 학교재량시간(1~6학년 : 각 학년별 연간 60~68시간)을 이용하여 환경교육을 실시
중학교	· 독립교과인 〈환경〉(1995년부터)과 함께 여러 교과에 걸쳐 분산 실시 · 교육시간은 연간 102시간 이상 · 2006년 12월말 현재 〈환경〉을 선택한 학교는 403개교(전체의 13.4%)
고등학교	· 독립교과인 〈환경과학〉(1996년부터)과 함께 여러 교과에 걸쳐 분산실시 · 2006년 12월말 현재 〈생태와 환경〉을 선택한 학교는 637개교(전체의 29.8%)
대학교	· 사회적으로 환경전문교육에 대한 관심이 높아짐에 따라 2006년 12월말 현재 140개의 환경 관련 학과가 개설되는 등 계속 증가하는 추세임 · 환경교육이 환경공학과 등 환경관련학과의 정규과정 뿐만 아니라 교양강좌시간 등을 통해서도 실시되고 있다.

〈표 1-1-4〉 환경부 소관 민간환경단체 현황 (2006. 12. 현재)

합계	허가법인	비영리 등록단체
293개 단체	206개 단체	87개 단체

환경교육을 통해서 우리는 전체 환경과 환경문제에 대해 깨닫게 되고, 이를 지식적으로도 이해하며, 환경을 보호하고 개선하는 데에 적극적으로 참여하고, 실제로 문제를 해결하는 방법을 배우며, 우리 사회의 환경문제에 적극적으로 참여할 수 있는 기회를 얻게 된다.

〈표 1-1-5〉 우리나라 환경운동의 시대별 특징

구분	특징
환경운동 태동기 (1960~1970년대)	· 피해보상 중심의 주민운동 : 주로 공단지역 주민들이 공해피해로부터 발생하는 재산상, 건강상 피해를 호소하고 이의 해결을 요구하는 주민 집단행동으로 나타남 · 자연보호운동 : 1978년 '자연보호헌장'선포함 정부는 환경피해에 초점을 두지 않고 쓰레기 줍기 등의 자연보호운동을 펼침
민주화운동과의 연계기 (1980~1987년)	· 환경청 발족 : 1980년 환경청이 발족하였으나 환경행정을 담당할 환경전담 기구로서의 역할은 미흡함 환경운동세력은 기존의 사회운동과 이념적 맥락을 함께 하면서 독자적인 활동영역으로서 반공해운동을 벌임 · 전문 환경운동 조직 : 전문조직이 생겨나고 지역주민운동과 전문환경운동조직과 연계되기 시작함. 그러나 국민들로부터 광범위하게 지지 받지 못하는 한계를 지님
환경운동의 확산기 (1988~1992년)	· 시민운동 : 환경운동이 시민운동의 중요한 영역으로 자리잡음 많은 환경단체가 지역 특성, 계층별 특성, 운동내용과 방식의 다양성을 가지고 창립하고 성장하기 시작함 · 기존의 시민단체의 환경에 대한 관심 : 경실련, YMCA연맹, YWCA연맹, 소비자단체, 여성단체 등 기존 사회운동단체들이 환경문제에 새롭게 관심을 갖기 시작하면서 환경운동을 주요한 사업영역으로 결정함
환경운동의 발전기 (1993~1999년)	· 일반 시민운동 : 환경운동이 전문환경단체에서 일반 시민운동단체로 확산됨. 전국적인 규모의 환경운동단체가 결성 됨 · 환경운동의 영역확장 : 환경운동의 영역이 물, 공기, 쓰레기문제뿐만 아니라 생활의 문제, 소비의 문제를 포함하는 새로운 가치관과 삶의 방식을 모색하는 영역으로 확장 됨 · 환경관련 단체의 협력 : 언론 및 기업의 환경캠페인이 확대되고, 환경단체와 언론, 정부, 기업과의 협력관계가 커짐
환경운동의 선진화 (2000년 이후)	· 국민 생활의 변화 : 건강과 지속가능성을 중시하는 새로운 삶의 양산 확산 · 환경정책의 변화 : 대기, 수질 등 매체별 관리 중심에서 국민건강보호에 중점을 둔 사전예방적 환경정책으로 전환 · 환경보건 원년(2006) 선언 : 환경성 질환 위협이 없는 건강하고 안전한 사회를 만들기 위하여 위험인구를 최소화하여 환경보건선진국으로 도약

2. 생활환경의 정의와 의식

2-1. 생활환경의 정의

「환경정책기본법」에서의 환경이란 '자연환경과 생활환경'을 의미하며, 자연환경이란 '지하 · 지표(해양을 포함한다) 및 지상의 모든 생물과 이들을 둘러싸고 있는 비생물적인 것을 포함한 자연의 상태(생태계를 포함한다)'를 말하며, 생활환경이란 '대기, 물, 폐기물, 소음 · 진동, 악취, 일조 등 사람의 일상생활과 관계되는 환경'을 의미한다.

또한 「헌법」 제35조에는 "모든 국민은 건강하고 쾌적한 환경에서 생활할 권리를 가지며, 국가와 국민은 환경보전을 위하여 노력하여야 한다"고 규정하면서, 환경권을 국민의 권리임을 인정하고 있으며, 그 권리를 행사하기 위해서 환경보전을 위한 노력은 국가만의 책임이 아니라 국민에게도 책임이 있음을 명시하고 있다.

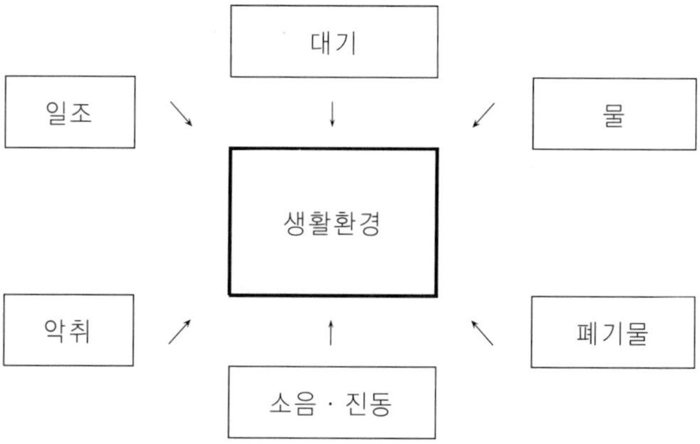

〈그림 1-2-1〉 생활환경의 요소

리우선언6)에서도 명시하였듯이 환경문제는 적절한 수준의 관련된 모든

6) 리우선언(Rio Declaration on Environment and Development)은 환경과 개발에 관한 선언으로 UN환경개발회의가 1992년 6월 3일부터 14일까지 리우데자네이루에서 개최되면서 선택한 것이다.
리우선언은 스톡홀름선언을 재확인하고 이를 더욱 공고히 할 것을 추구하며, 모든 국가와 사회의 주요분야, 그리고 모든 사람들 사이의 새로운 차원의 협력을 창조함으로써 새롭고 공평한 범세계적 동반자 관계를 수립할 목적으로, 모두의 이익을 존중하고 또한 지구의 환경 및 개발체제의 통합성을 보호하기 위한 국제협정체결을 위하여 노력하며, 우리들의 고향인 지구의 통합적이며 상호 의존적인 성격을 인식하면서 27개의 원칙을 선언한다.

시민들의 참여가 있을 때 가장 효과적으로 다루어지는 것이며(리우선언 10), 환경분야에 있어서는 소비자의 참여가 매우 필요하다. 특히 우리나라 정부가 유엔인간환경선언 20주년을 맞이하여 제정, 공포한 환경보전을 위한 국가선언[7]에서도 국민각자는 환경보전을 위하여 물자와 에너지를 아껴 쓰는 건전한 소비풍토를 확립하여야 하며, 무관심으로 인해 환경을 파괴하는 일이 없도록 항상 진지하게 성찰하여야 한다(국가선언 10)고 하였다.

2-2. 생활환경의 의식

환경문제에 대한 우리나라 국민의 인식은 매우 높은 편이다. 한국환경정책평가연구원(1997.11)에서 수행한 연구결과에 의하면, 우리나라 18세 이상 성인 남녀의 88.4%가 환경문제에 관심을 보이고 있고 대다수의 국민은 환경오염이 심각하다고 느끼고 있으며, 특히 수질오염(94.9%), 쓰레기 문제(93.9%), 대기오염(92.1%) 등에 대한 체감 오염도가 높은 것으로 나타났다. 앞으로도 환경오염으로 인한 피해가 더욱 심각해질 것으로 생각(59.9%)하며 환경문제 해결에 있어서 고통 분담을 할 수 있다는 의지를 보이고 있다. 그러나 실제 환경문제가 잘 개선되지 않는 것은 환경인식 제고(50.0%)가 가장 중요한 것으로 보고 있으며, 국민의 참여를 촉진하는 방안으로 환경교육을 강화해야한다(23.6%)는 것도 많이 제시하고 있다.

대학생의 생활환경에 대한 인식과 그 실천정도를 파악한 한 연구결과(안옥희 외, 2001), 대학생들은 우리나라의 환경오염은 공장, 가정, 자동차라고 생각하고 있다. 즉 특정한 오염원이 존재하는 것이 아니라 여러 원

7) 환경보전을 위한 국가선언을 1992년 6월 5일 우리나라 정부가 유엔인간환경선언 20주년을 맞이하여 제정, 공포한 선언이다.
국가선언은 쾌적한 환경에서 건강한 삶을 누릴 권리와 환경을 보전하여야 할 의무가 우리에게 있음을 확인하고 오늘의 세대와 미래의 후손들까지 복된 삶을 누릴 수 있도록 하기 위하여 14개의 기본원칙을 선언한다.

인에 의한 것이라고 생각하고 있다. 그리고 환경정보는 TV를 통해 많이 얻으며 그 효과 또한 높다고 하였다. 한편, 대학생의 생활환경에 대한 관심도는 보통을 약간 넘는 수준이었으며, 남성이 여성에 비해 관심도가 높은 것으로 나타났다. 그리고 생활환경에 대한 인식정도는 전체적으로는 보통수준이었으며, 오존층과 산성비에 관해서 잘 알고 있었으나 그린빌딩에 대해 잘 알지 못하였다. 그리고 남성이 여성에 비해 인식정도가 높은 것으로 나타났다. 또한 생활환경에 대한 관심도보다 인식정도가 다소 낮은 것으로 나타났다.

한편, 대학생들이 생활환경에 대한 평가를 한 결과를 보면, 100점 만점에서 지구한경은 평균 65.40점이며, 생물다양화 노력이 가장 높은 평가를 나타내었고, 폐기물 환경이 가장 낮은 평가이었으며, 가정환경은 중간정도이었다. 또한 남성의 평가가 여성보다 높았다. 한국환경은 평균 57.32점으로 지구환경보다 약간 낮은 평가를 나타내었으며, 모든 항목에서 지구환경보다 평가가 낮았다. 지구환경과 한국환경의 평가순위에 차이가 큰 항목은 생물다양화 노력과 자연환경보존 노력이다. 즉 대학생들은 지구환경보다 우리나라의 환경이 더 열악한 것으로 평가하고 있으며, 지구환경과 한국환경 모두 미시적 측면의 생활환경이 열악하다고 생각한다.

또한 대학생의 생활환경에 대한 실천의식은 보통 이상이었으나, 생활환경에 대한 실천정도는 보통정도로, 실천의식보다 실천정도가 낮았으며, 여성의 실천정도가 남성보다 높은 것으로 나타났다. 따라서 대학생들의 생활환경에 대한 적극적인 관심과 참여를 유도할 수 있는 방안이 강구되어야 하겠다. 특히 남자 대학생의 경우에는 손쉽게 실천할 수 있는 행동강령을 제공하는 것이 효과적이며, 여자 대학생의 경우에는 생활환경에 대한 관심을 높여 바람직한 인식을 할 수 있도록 교육 및 홍보기회를 많이 가지는 것이 효과적일 것으로 사료된다.

3. 생활과학과 생활환경

3-1. 가정학과 생활과학

1) 가정학의 정의와 발전과정

가정학이 「Home Economics」라는 공식적인 명칭으로 처음 명명된 것은 20세기 초 미국 Lake Placid Conference 이후이다. 이 때 가정학의 창시자들은 "가정학은 가장 포괄적인 의미에서 한 측면으로는 인간의 물리적 환경과 또한 다른 측면으로는 사회적 존재로서의 인간의 천성에 이상, 원리, 조건, 법칙을 연구하며 특히 이러한 두 요인간의 관계를 상호연관시켜 탐구하는 학문이다"라고 정의 내렸다. 즉 가정학의 초점은 가족이며 그 핵심은 가족의 생태체계로서, 가정학은 가정을 통해서 사람들과 그의 환경 사이의 최적의 균형을 이루게 하고 개인의 미래 형성과 변화 적응에 도움을 주는 역할을 한다는 것이다.

가정학은 초기에는 가족에 대한 관심이 핵심으로 인간과 인접 생활환경과의 상호관계를 포괄적으로 다루는 학문으로서 자연과학과 사회과학을 포함하는 기초 및 응용학문이며 실천과학의 특성을 지니고 있다. 가정의 범위는 시대발전에 따라 매우 확대되었으나, 가정학의 초점은 여전히 그 범위의 확대와 상관없이 인간을 중요시하는 인류복지 향상에 기여함을 목표로 한다.

한편, 우리나라에서 가정학교육이 제도화된 교육기관에서 실시된 것은 1929년 이화여자전문학교에 가정학과가 창설되면서 시작되었으며, 해방 이후부터 대학에 가정학과가 설립되고 학부와 대학원과정이 형성됨으로써 학문으로서의 연구가 본격적으로 이루어졌다. 그리고 미국이나 일본에서 교육을 받은 초창기 지도자들은 1960년대까지 생활의 과학화를 위한 교육과 계몽에 전념하여 왔다.

〈표 1-3-1〉 가정학의 발전과정

B.C. 434–355	· 그리스의 사학가인 Xenophon은 oeconomikos(가정론)라는 저서에서 농업, 임업, 어업, 가정관리적 생존부양, 수공업적 생존부양의 방법적 문제뿐만 아니라 경영이론적 문제도 다루었다. 이 경영론은 오늘날 가정학의 학문적 철학을 수립하는 기반이 되었다. · economics의 어원은 희랍어의 oikonomos에서 유래되었다. 즉 oikos(집)와 nomos(관리한다)의 합성어가 economics가 되었다. 이는 집의 질서를 지키고, 가정을 구성하고 있는 사람과 사람과의 관계를 원만하게 하는 관리체제와 인간의 기본생활인 의 · 식 · 주의 생활행위, 그리고 인간과 물적 관계를 영위하는 기본체제를 말한다.
B.C. 384–322	· Aristoteles는 가정학과 영리학을 구분하면서 영리학은 조달과 관계가 있고 가정학은 사용과 관계가 있다고 하였다. 그의 "가정학(Oikonomika)"은 절제하고 관대한 품성이 요구되는 부양경제 지향적인 가정학이었던 것이다. 이는 인간, 가족, 환경에 대한 통합적인 관점과 생물학적, 지적, 사회적, 환경적 맥락과 사람과의 연관성을 가지고 있어 오늘날의 생태체계적(ecosystem) 관점에 해당된다.
1890년대	· 미국의 Richards는 가정학은 삶의 가장 근원적 문제에 깊이 관여하는 학문이며, 생활학으로서의 ecology, 즉 Home oekology라고 명명하였다. · 미국 보스톤 근교의 Lake Placid에서 가정학(home economics)이라는 학문이 생겼다(1899년). The Lake Placid Conference는 1899~1908년까지 10년간 매년 개최되었다.
1970년대	· 미국가정학회(1974년)는 가정학 새 지침서에 시대변화에 대응하는 가정학의 역할과 연구방향을 제시하였다. 그 목표로서 ① 미래사고능력의 개발 ② 공공정책에 대한 관심 ③ 변화에 대한 창조적 관심 ④ 자원분배의 최적화 ⑤ 연구교육과 실천의 효율적인 관계 등이 제시되었다.
1980년대	· 가정학은 "현재와 미래의 개인, 가족, 지역사회의 복지를 위해서 인적 물적 자원을 개발하고 사용하며 관리하는데 관심을 둔 학문"으로 정의되어, 개인과 가족 그리고 이들과 환경과의 상호작용이 강조되고 있다.
1990년대	· Green은 가정학의 지적 생태학 연구에서 가정학의 핵심은 가족기능이며, 가정학은 전문영역이며 비판과학이라는 것, 가정학의 사명은 가족이 상호의존적으로 기능하도록 하고 개인이 가족기능을 수행하도록 능력을 강화하는 것이라고 주장하였다. · Scottsdale 회의(1993년)에서 미국가정학회는 가정학의 명칭을 가족 및 소비자학으로 변경하고 미국가정학의 목적, 사명, 비전을 제시하였다. 즉 가정학의 목적은 교육, 연구, 협동프로그램과 공공 정보를 통해 개인, 가족, 지역사회의 생활의 질을 향상하는 것이며, 그 사명은 지속적이고 새롭게 발생하는 관심사에 대해 행동하도록 구성원의 능력을 강화하고, 전문인으로 하여금 주요쟁점에 초점을 두게 하는 것이며, 상호부조적 목적하에서 조직 속에서의 리더쉽을 갖추도록 함으로써 가족, 개인, 지역사회의 최적의 복지를 성취하는 것이다.

〈표 1-3-2〉 우리나라 가정학의 발전과정

여성교육의 일환인 가사교육	· 우리나라의 여성교육은 부덕을 위한 수신, 예절, 인간관계, 화친, 국가보은 등의 덕성교육과 자녀교육, 봉제사, 가정관리, 재물과 금전관리, 주택선정의 가사기술교육으로 가정에서 철저하게 이루어졌다. · 여성교육이 학교교육으로 이행된 것은 1886년 미국 선교사인 Scranton이 의지할 곳이 없는 여아 한사람을 상대로 자택에서 교육을 실시한 것에서 비롯되었으며, 1887년 명성황후께서 이화학당이라는 명칭을 하사하셨다. · 1886년 이화학당이 설립된 이후 1909년까지 설립된 사립학교는 정신여학교(1895), 호수돈, 진성여학교(1904), 숙명, 진명여학교(1906), 수피아, 신명, 기전여학교(1907), 그리고 동덕여자의숙(1908)등이다. 이들 학교에서 실시한 가정과 교과목은 가사, 편물, 수예, 재봉 등이었고 교육 내용은 가사를 위한 초보적인 지식과 기술숙달에 편중되었다.
전문분야로서 가정학	· 여성을 위한 현대식 학교교육이 이루어지기 시작한 것은 1914년 이화학당내에 보통과, 중등과, 고등과, 대학과가 인가를 받은 이후였다. · 해방 이후 전문학교 수준의 각 대학은 대학으로서의 학제를 정비하여 가정학의 학문체계를 정립하게 되었다. ① 서울대학교 사범대학 가정교육학과 경성여자사범학교는 국립서울대학교 설치에 관한 법령에 의해 서울대학교 사범대학내에 가정교육학과를 두고 가정과 교사를 양성하는 기관으로 발족하였다. 1963년 대학원에 가정과를 설치하고 1968년 서울대학교 가정대학으로 단과대학이 발족되어 가정관리학과, 식품영양학과, 의류학과를 두었고, 1980년 박사과정을 설치했다. ② 연세대학교 가정대학 연세대학교는 우리나라 최초로 1964년에 가정대학이 발족되어 의생활과, 주생활학과, 식생활과를 두고, 1973년에 아동학과가 신설되었다. 1971년 석사과정, 1979년 박사과정이 설치되었고 1983년부터 남학생을 모집하였다. ③ 이화여자대학교 가정학과 이화여자전문학교는 1946년 문교부 인가를 받아 종합대학으로 출발하였고, 가사과를 가정과로 개칭하였다. 1952년 한국 최초로 대학원을 설립, 1965년에 가정대학으로 승격하여 가정관리학과, 식품영양학과, 의류직물학과를 두었고 1976년에는 박사과정을 설치하였다. ④ 숙명여자대학교 가정학과 숙명여자 대학교는 1948년 대학으로 승격되어 가정학과를 설치하고, 1970년 가정대학으로 발족하면서 가정관리학과, 식품영양학과, 의류학과와 아동복지학과를 두게 되었다. ⑤ 영남대학교 가정학과 1964년 대구대학 이공학부 가정학과로 설립되었으나, 1967년 대구대학과 청구대학이 통합되어 영남대학교로 발족됨에 따라 1968년 영남대학교 문리과대학 가정학과로 개칭되었다. 같은 해인 1968년 12월 식품영양학과와 함께 영남대학교 가정대학으로 독립되었으며 1980년 가정관리학과로, 2004년 가족주거학과로 개칭되어 현재에 이르고 있다. 1971년 석사과정, 1973년 박사과정이 신설되었다.

2) 생활과학의 개념

가정생활의 산업화로 과정에는 개별가정에서 수행되던 많은 일들이 사회기관에서 담당하게 되었다. 가정생활의 산업화는 초기 산업화 단계에서는 의·식·주생활부문의 산업화 현상이 두드러졌다. 즉 직물과 의류의 대량생산으로 과거 가정 내에서 수행되던 직조와 봉제작업은 의류의 구매와 소비 형태로 변화하였으며, 과거에 개별가족이 수행하던 주생활관리의 많은 부분도 사회로 이관되었다. 또한 식생활부문에서도 변화가 일어나 저장식품의 공장생산과 각종 부식의 대량생산이 이루어지고, 외식산업이라는 새로운 분야가 등장하였다. 이 같은 의·식·주생활의 산업화는 과거 자급자족적 가정 내 생산 부문의 산업화를 의미하며, 이 부문의 산업화는 확대되어 가고 있을 뿐만 아니라 가속화되고 있다.

한편, 자녀양육과 인간관계 등 가족의 사적인 관계가 개별가족만의 문제가 아니라 사회와 상호 작용하는 공적 문제로 인식되었다. 즉 공교육의 확대로 자녀교육은 상당한 부분이 가족 단위의 기능에서 벗어나고 있으며, 기혼여성의 취업 증가로 자녀양육을 가정과 사회가 분담하도록 요구되고 있다. 더욱이 상호 작용하는 가족규모의 축소와 대인관계의 다양화로 가족이 가지고 있는 제한된 정보와 기능만으로는 가족구성원이 경험하는 인간관계의 다양한 문제를 해결하기 어렵게 되었다. 따라서 문제해결을 위해서는 개별가족에 의존하기보다는 전문가의 도움을 선택하는 것이 효율적인 문제해결방법으로 인식되기 시작하였다.

이러한 일상생활의 변화는 생활과학이라는 학문영역을 창출하게 되었다. 즉 가정생활영역이 산업화된 영역에서 필요한 전문인을 양성하기 위해서 교육과 연구를 담당하는 학문영역으로 생활과학이 등장하게 된 것이다. 생활과학은 개인과 가족의 삶에 직접 관련되는 산업사회의 제 부문에 대하여 연구하는 학문이다. 생활과학에서 연구된 결과를 산업사회의 기업 및 공공분야에 적용시킴으로써 개인과 가족의 삶의 질을 향상시키고, 궁극적으로 개인과 가족의 복지를 증진시킬 수 있다. 생활과학은 가정학에서 출발한 학문이다. 가정학이 20세기 초에 사회변화로 인하여 대학에 학과가 설치되어 수공예, 가사기술 등에 중점을 두면서 주로 자연과학에 기초한 생활원리를 중심으로 교육하였듯이, 생활과학은 21세기의 사회요구에 부응하여 가정생활과 관련된 제 이론을 실생활에 응용하고 적용시키는 방안에 대한 교육, 연구 및 사회적 서비스를 담당한다. 생활과학의 제 학문영역은 산업화 과정을 거치면서 21세기 전문화 사회에서 실생활과 직접 관련되는 분야의 전문인을 공급하는 사회적 사명을 가지고 있다.

3-2. 생활과학과 생활환경학

생활과학과 생활환경학은 여러 측면에서 상호 관련성이 뚜렷하게 나타나고 있다. 즉 생활과학은 인간과 생활환경간의 역동적인 상호작용을 다루는 인간생태학적 관점에 입각해야 하는 학문이다. 인간생태학적 관점이란 개인, 또는 가족구성원이 상호의존적인 관계에 있으면서 동시에 자신을 둘러싼 물리적 사회적 환경과 끊임없는 상호작용을 통하여 각종 에너지와 정보를 주고받으면서, 이에 적응하고 균형 있는 발전을 추구하는 것을 목적으로 하는 것이다. 또한 인간 생태학적 관점은 분석보다는 종합적 고찰을 중시하고, 학제적 방식을 선호하며, 실천적 문제해결을 강조하는데 그 특색이 있다. 이러한 관점은 생활과학적인 측면에서 생활환경을 다루는 영역에 있어 매우 유사한 접근방법임을 알 수 있다.

그리고 생활과학을 구성하는 각 전공영역은 별개의 독자적인 대상을 갖기보다 이들의 상호작용을 연구대상으로 하여야 한다. 따라서 생활과학을 구성하는 모든 전공영역은 인간과 환경과의 상호관계라는 관점에서 이루어지고 있다. 이러한 관점 또한 생활환경학이 독자적인 한 영역을 다루는 학문이 아니라 우리의 일상생활과 이를 둘러싸고 있는 모든 생활환경요소들과의 상호작용에 주목한다는 점에서 공통점을 가지고 있다.

또한 생활과학은 생활환경을 다룰 때 연구대상으로서의 환경과 연구

관점으로서의 환경을 구분해야 하며, 연구대상으로 환경을 다룰 경우에 그 범주적 한계를 명확히 규정하고 있다. 즉 생활과학에서 환경을 다룰 경우에 환경자체를 연구대상으로 하는 것이 아니라 환경이 관련대상에게 주는 영향 내지는 관련대상이 환경에게 주는 영향을 고려하는 것을 의미한다. 이는 생활환경학에서 인간은 피해자임과 동시에 가해자라는 상반된 입장을 모두 가지고 있음을 간과해서는 안 되는 것과 마찬가지로 생활과학에서는 인간과 생활환경이 그 각각의 측면을 연구하는 기초과학이 아니라 이들의 상호작용에 주목하는 응용과학이라는 점에서 공통성을 나타내고 있는 것이다.

생활과학은 인간과 생활환경을 나루는네 있어서 생활의 표준, 문화의 창출, 도덕성과 같은 가치규범을 강조하고 있다. 인간과 환경과의 상호작용과 관련된 행동은 인간의 생활을 유지하고 인성개발의 가능성을 창출하고 공동생활의 문화를 만들기 위하여 가치를 필요로 하고 가치를 소비하는 행동인 것이다. 또한 생활과학은 인간과 생활환경과의 상호관계에 있어서 실천성을 강조하고 있다. 생활환경학의 궁극적인 목표 또한 지식의 전달에 있음이 아니라 지식의 실천에 있음을 생각할 때, 생활과학과 생활환경학이라는 학문의 존재 이유에서 상호 공통성이 있음을 알 수 있다.

다시 말해, 생활과학은 개인과 가족의 삶에 직접 관련되는 산업사회의 제 부문에 대하여 연구하는 학문으로, 생활과학에서 연구된 결과를 산업사회의 기업 및 공공분야에 적용시킴으로써 개인과 가족의 삶의 질을 향상시키고, 궁극적으로 개인과 가족의 복지를 증진시킬 수 있도록 하는 학문이다. 즉 가정학에 뿌리를 두고 있는 생활과학은 사회변화에 부응하여 인간의 실생활과 밀접한 관련을 가지는 제반 학문영역을 교육 및 연구대상으로 하며, 가정생활과 관련된 제 이론을 실생활에 응용하고 적용시키는 방안에 대한 교육, 연구 및 사회적 서비스를 담당한다. 이러한 생활과학은 인간과 생활환경과의 상호관계에 있어서 실천성을 매우 강조하고 있다.

생활과학에서 다루는 연구대상은 가족과 그 가족을 둘러싸고 있는 여러 환경이다. 구체적으로는 의생활, 식생활, 주생활, 소비생활, 가족생활이며, 이러한 각 영역을 영위함에 있어 특히 환경적 측면의 실천이 강조되는 영역은 식생활, 주생활, 소비생활이다. 왜냐하면 생활과학에서 물리적인 환경에 중점을 두는 영역은 의생활, 식생활, 주생활 분야인데, 이 중 의생활 분야는 대부분의 영역이 산업화되어 생활과학에서는 소비자의 선택에 관련된 소비생활과 주생활영역과 중첩된 부분이 많아 환경적 측면의 실천의 중요성이 약화되었기 때문이다. 그리고 소비생활은 소비자의 환경의식에 따라 소비행태가 매우 달라지므로 환경과 연관된 부분이 중요시된다. 즉 생활환경학은 사람의 일상생활과 관계되는 환경을 다루나 주로 대기, 물, 폐기물, 소음·진동, 악취, 일조 등 물리적인 환경을 대상으로 하고 있고, 생활과학의 하부영역 중 주생활과 식생활 영역은 우리의 일상생활 중 물리적 환경요소에 초점을 가지면서 실천이 강조되는 영역이며, 소비생활은 환경의식에 따라 소비자의 소비행태가 달라지므로 이들을 생활과학과 생활환경학의 상호 연계영역으로 보고자 한다.

이에 본 저서에서는 생활과학의 제 영역 중 생활환경과 보다 밀접한 관련성을 가지고 있는 주생활과 식생활 영역, 그리고 소비생활 영역을 생활과학과 생활환경학의 인터페이스 영역으로 생각하기로 한다.

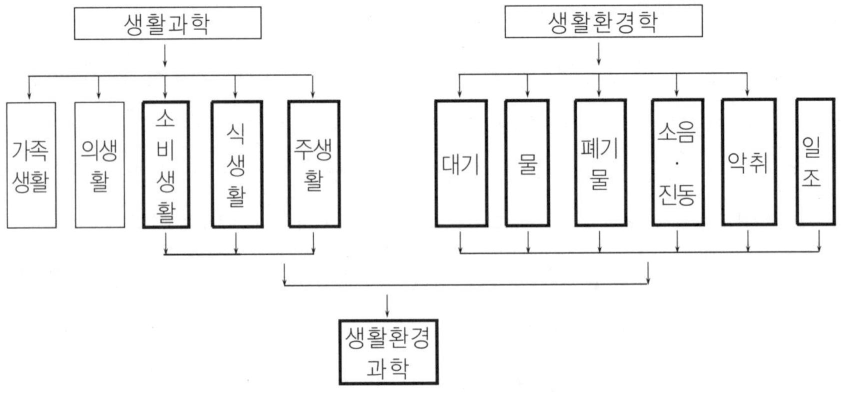

〈그림 1-3-1〉 생활과학과 생활환경학

3-3. 생활환경의 실천

1) 생활환경을 실천하는 환경운동단체

많은 환경운동 단체가 있으나 생활환경과 보다 밀접한 관련이 있다고 사료되는 단체를 소개한다. 특정 분야에만 한정되어 있거나 특정 집단만이 참여하는 단체는 배제하였다.

□ KBS 환경스페셜(http://www.kbs.co.kr/environ/)
□ UNEP 환경위원회(http://www.unep.or.kr)
□ 가톨릭환경연대(http://www.cen.or.kr)
□ 건설교통부(http://www.moct.go.kr)
□ 경제정의 실천시민연합(http://www.ccej.or.kr)
□ 과학기술부(http://www.most.go.kr)
□ 국립 수산진흥원(http://www.nfrda.re.kr)
□ 국립보건원(http://www.nih.go.kr)
□ 국립환경연구원(http://www.nier.go.kr)
□ 국토연구원(http://www.krihs.re.kr)
□ 국회(http://www.assembly.go.kr)
□ 그린넷(http://www.greennet.org)
□ 그린훼밀리운동연합(http://www.greenfamily.or.kr)
□ 내셔널트러스트운동(http://www.nationaltrust.or.kr)
□ 녹색 연합(http://www.greenkorea.org)
□ 녹색교통운동(http://greencity.peacenet.or.kr)
□ 녹색소비자연대(http://www.gcn.or.kr)
□ 대외경제정책연구원(KIEP) (http://www.kiep.go.kr/)
□ 산재추방운동연합(http://www.laborhealth.or.kr)
□ 생명의 숲 가꾸기 국민운동(http://www.forest.or.kr/)
□ 쓰레기 문제 해결을 위한 시민운동 협의회(http://www.waste21.or.kr)

- 에너지 관리공단(http://www.kemco.or.kr)
- 에너지절약 시민연대(http://www.enet.or.kr)
- 진보넷(http://www.jinbo.net)
- 청년환경센터(http://www.eco-center.org)
- 한국 수자원 환경 신문사(http://www.wateris.co.kr/)
- 한국 환경 민간단체 진흥회(http://kengo.or.kr)
- 한국건설기술연구원(http://www.kict.re.kr)
- 한국건설산업연구원(CERIK) (http://www.cerik.re.kr/)
- 한국과학재단(http://www.kosef.re.kr)
- 한국수자원공사(http://www.kowaco.or.kr)
- 한국에너지기술연구소(http://www.kier.re.kr)
- 한국여성단체연합 환경자료(http://www.women21.or.kr)
- 한국자원연구소(http://www.kigam.re.kr/)
- 한국자원재생공사(http://www.koreco.or.kr)
- 한국전력공사(http://www.kepco.co.kr)
- 한국품질인증센터(KSA-QA) (http://www.kfq.or.kr)
- 한국해양연구소(http://www.kordi.re.kr)
- 한국화학연구소(KRICT) (http://www.krict.re.kr/)
- 한국환경정책평가원(http://www.kei.re.kr)

2) 생활환경의 실천을 위한 프로그램

생활환경은 실천이 가장 중요하다. 한국청소년개발원(http://www.youthnet.re.kr)에서 제공하고 있는 청소년수련활동 중 환경활동에 대한 프로그램을 하나 소개한다. 이러한 생활환경 실천프로그램을 많이 접해 봄으로써 몸으로 익히는 환경실천을 이루어 나가야 하겠다.

<<환경불감증 테스트>>

1. 쓰레기를 버리는 방법은? (　　)
   ⓐ 쓰레기가 많이 생기는 물건은 사용하지 않습니다. 특히 일회용품은 사용하지 않습니다.
   ⓑ 타는 쓰레기, 안타는 쓰레기, 재활용 쓰레기로 분리해서 버립니다.
   ⓒ 귀찮아서 전부 혼합해서 버립니다.
   ⓓ 길거리가 나의 쓰레기통입니다.

2. 먹고 남기는 정도와 먹고 난 그릇은 어떻게 합니까? (　　)
   ⓐ 먹을 것만 만들고 남은 음식은 퇴비로 만듭니다.
   ⓑ 음식쓰레기는 버리고 그릇에 묻은 오물은 휴지로 닦습니다.
   ⓒ 심하게 더러워도 전부 물로 씻어 버립니다.
   ⓓ 기름찌꺼기까지 모두 하수구에 버립니다. 오물분쇄기도 사용합니다.

3. 원격식(리모컨식) 가전제품의 플러그는? (　　)
   ⓐ 리모컨식 가전제품을 사용하지 않습니다. 사용 후 플러그는 바로 뺍니다.
   ⓑ 리모컨도 끄고 플러그도 뽑습니다.
   ⓒ 리모컨만 끄고 플러그는 종종 그대로 둡니다.
   ⓓ 항상 리모컨만 끕니다.

4. TV 보는 습관은? (　　)
   ⓐ TV가 없습니다.
   ⓑ 보고 싶은 프로그램만 골라봅니다.
   ⓒ TV는 나에게 아침마다 시계 역할을 해줍니다.
   ⓓ 하루종일 켜둡니다.

5. 냉방법은? (　　)
   ⓐ 냉방기를 전혀 사용하지 않습니다. 더울 때에는 부채를 부칩니다.
   ⓑ 선풍기만 사용합니다.
   ⓒ 에어컨을 사용하고 있으며, 적정온도인 섭씨 26~28℃를 유지합니다.
   ⓓ 에어컨을 세게 틀어 실내를 매우 시원하게 합니다.

6. 난방법은? (　　)
   ⓐ 아무 것도 없습니다.
   ⓑ 온돌(또는 연탄/석유/가스 보일러 등)만 사용합니다.
   ⓒ 전열기를 사용하지만 온도는 적정온도인 섭씨 17~18℃로 유지합니다.
   ⓓ 전열기를 세게 틀어 실내를 따뜻하게 합니다.

7. 가까운 거리를 이동할 때는? (　　)
   ⓐ 대부분 걷습니다.
   ⓑ 주로 자전거를 이용합니다.
   ⓒ 전철이나 버스 등 대중 교통수단을 이용합니다.
   ⓓ 어디에 가더라도 자동차를 탑니다.

8. 자동차를 가지고 있습니까? (　　)
   ⓐ 없습니다.
   ⓑ 소형자동차 1대
   ⓒ 중형자동차 1대
   ⓓ 2대 이상

9. 머리 감을 때 샴푸를 사용합니까? (　　)
   ⓐ 샴푸 대신 비누를 사용합니다. 린스도 사용하지 않습니다.

ⓑ 샴푸 대신 비누를 사용하려고 노력하고 있습니다.
ⓒ 샴푸와 린스를 줄여서 사용하고 있습니다.
ⓓ 샴푸와 린스를 사용합니다.

10. 설거지와 세탁 시에는? ( )
ⓐ 설거지, 집안청소, 세탁 모두 비누로 사용합니다.
ⓑ 비누로 바꾸려고 노력하고 있습니다.
ⓒ 설거지는 합성세제를 사용하고, 세탁은 비누로 하고 있습니다.
ⓓ 설거지와 빨래에 모두 합성세제를 사용하고 있습니다.

11. 집에서 샤워를 합니까? ( )
ⓐ 하지 않습니다.
ⓑ 2일에 1회씩 합니다.
ⓒ 1일 1회 합니다.
ⓓ 아침저녁으로 합니다.

12. 세탁방법은? ( )
ⓐ 목욕하고 남은 물로 손빨래합니다.
ⓑ 목욕하고 남은 물로 세탁기에서 세탁합니다.
ⓒ 전자동 세탁기를 사용합니다.
ⓓ 자주 드라이클리닝을 맡깁니다.

13. 프레온가스가 들어간 스프레이를 사용합니까? ( )
ⓐ 사용하지 않습니다.
ⓑ 사용하지 않으려고 노력합니다.
ⓒ 아직까지는 사용하지만, 앞으로 사용하지 않을 예정입니다.
ⓓ 왜 프레온가스가 나쁜지 모르겠고 흥미도 없습니다. 스프레이는 계속 사용할 것입니다.

14. 살충제를 사용합니까? (　　)
ⓐ 전혀 사용하지 않습니다.
ⓑ 모기약 정도는 사용합니다.
ⓒ 스프레이식 살충제를 사용하고 있습니다.
ⓓ 여름철에 어떤 벌레라도 전멸시킬 생각입니다.

15. 육식은 자주 합니까? (　　)
ⓐ 채식가여서 거의 먹지 않습니다.
ⓑ 가끔 먹습니다.
ⓒ 자주 먹습니다.
ⓓ 고기를 좋아하므로 매일 먹습니다.

16. 구매 방법은? (　　)
ⓐ 가급적 수선해 쓰고 재활용합니다.
ⓑ 최소한 필요한 것만 계획적으로 삽니다.
ⓒ 가끔 충동구매를 합니다.
ⓓ 쇼핑을 자주 합니다. 유행하는 물건을 선호하는 편입니다.

17. 인스턴트식품을 자주 먹습니까? (　　)
ⓐ 거의 먹지 않습니다.
ⓑ 가끔씩 불가피한 사정으로 먹습니다.
ⓒ 바쁠 때 햄버거나 라면으로 끼니를 때울 때가 종종 있습니다.
ⓓ 편리해서 잘 이용하며 패스트푸드점도 자주 이용합니다.

18. 캔 음료를 자주 마십니까? (　　)
ⓐ 사먹지 않습니다. 자동판매기는 절대 이용하지 않습니다.
ⓑ 가끔 마시지만 가능하면 병에 든 음료를 선택합니다.

ⓒ 캔 음료가 마시기 편하고 버리기도 좋습니다.

ⓓ 자동판매기 없이는 생활할 수 없습니다.

19. 재생종이 제품을 사용하고 있습니까? ( )

ⓐ 종이는 절약해서 쓰고, 재생용지 또는 이면지를 사용합니다.

ⓑ 화장실 휴지만 재생용지로 사용하고 있습니다.

ⓒ 이제부터 서서히 바꿀 생각입니다.

ⓓ 그런 것에 흥미 없습니다.

20. 과대포장 상품을 구입합니까? ( )

ⓐ 구입하지 않습니다.

ⓑ 가끔 선물용으로 구입할 때가 있습니다.

ⓒ 과대포장인지 아닌지 생각하지 않고 마음에 드는 상품을 선택합니다.

ⓓ 선물용으로 기왕이면 포장이 근사하게 된 것을 선택합니다.

21. 모피와 상아 등 동물제품을 구입합니까? ( )

ⓐ 절대 구입하지 않습니다.

ⓑ 전에는 갖고 있었지만 이제는 구입하지 않습니다.

ⓒ 최근 구입한 제품이 있습니다.

ⓓ 자주 구입하는 편이며, 더 많이 사고 싶습니다.

22. 식목활동에는? ( )

ⓐ 참가하고 있습니다. 집 정원에도 나무를 심고 있습니다.

ⓑ 참가하고 있지 않지만, 환경보호단체를 후원하고 있습니다.

ⓒ 관심이 있습니다. 어떤 형태로든 참가해 보고 싶습니다.

ⓓ 전혀 흥미가 없습니다.

23. 원자력 발전에 대해서? (　　)
ⓐ 반대운동을 하고 있습니다.
ⓑ 에너지 절약을 위해 노력하고 있습니다.
ⓒ 원전은 친환경적 에너지는 아니나, 사용은 불가피하다고 생각합니다.
ⓓ 풍요로운 생활을 유지하기 위해 원전은 절대 필요합니다.

24. 지역의 환경문제 해결을 위해서는? (　　)
ⓐ 적극적으로 활동하고 있습니다.
ⓑ 정보수집 등 가능한 일을 나름대로 하고 있습니다.
ⓒ 관심은 있지만 어떻게 해야 할지 모르겠습니다.
ⓓ 관심이 없습니다.

25. 지구환경문제 해결을 위해서는? (　　)
ⓐ 적극적으로 활동하고 있습니다.
ⓑ 정보수집 등 가능한 일을 나름대로 하고 있습니다.
ⓒ 관심은 있지만 어떻게 해야 할지 모르겠습니다.
ⓓ 관심이 없습니다.

□ 나의 환경생활 점수는? 〔평가점수: a(1점), b(3점), c(6점), d(10점)〕 □ 앞의 질문에 대한 점수 총계가	
1~35점이면	지구가 좋아하는 친환경적 생활을 하고 있다. 주위 사람들에도 당신처럼 생활하도록 설득하자.
36~75점이면	지구가 이해할 수 있는 정도의 평균적 생활을 하고 있다. 환경문제와 실천방법에 대해서는 알고 있으나, 좀 더 나아가서 여러 면에서 생활변화를 시도해 보는 것이 좋겠다.
76~150점이면	당신의 생활이 지구를 화나게 하고 있다. 생활 가운데 간단히 행할 수 있는 일이 많으므로 지금 곧 시작하도록 한다.
151점 이상이면	당신 때문에 지구가 신음하고 있다. 생활방식의 근본적 변화가 필요하며, 환경문제의 현황과 원인을 확실히 인식하는 것에서부터 시작하자.

출처 : 대한 YMCA연맹, 전국YMCA가 함께 전개하는 환경보전 생활지침, 1993.

3) 생활 속의 환경실천

통계청(1997)의 사회통계조사에 따르면, 환경문제의 해결을 위해서는 각종 법안의 제정, 규제, 단속강화(47.1%), 기업의 기술개발에 경제적 지원(24.2%), 환경보호 방법에 대한 대시민 홍보강화(10.7%), 학교에서의 환경교육의 강화(6.6%), 환경보호 단체 지원 육성(5.5%), 시민의 의견 적극 수렴(4.7%), 환경영향 평가의 내실화(1.4%)를 꾀하여야 한다고 한다. 그리고 우리나라 국민들은 쓰레기와 재활용품 분리(76.1%), 물을 아껴 씀(69.4%), 합성세제 사용을 줄임(67.4%), 1회용품 사용 자제(66.3%), 친환경 상품 구입(53.2%), 자연보호 운동에 참여(27.5%) 등을 통하여 환경오염 방지를 위한 노력을 하고 있다. 그러나 환경오염 정도는 나빠졌다가 70.0%(매우 나빠졌다 19.5% 포함)로 좋아졌다(1.7%, 매우 좋아졌다 0.2% 포함)나 변화가 없다(28.3%)에 비해 압도적으로 많다. 따라서 우리의 생활환경 실천이 더욱 요구되고 있다. 일상생활을 영위하면서 손쉽게 실천할 수 있는 생활환경 실천방안에 대하여 알아보고 실천하도록 하자.

3-4. 함께 생각해 볼 생활환경 문제

일상생활에서 우리는 수많은 환경문제를 일으키고 있으며, 이미 발생한 환경문제로 인한 피해 또한 받으며 생활하고 있다. 일상생활에서 우리가 실천해야 하는 환경실천 각오와 더불어 다 함께 환경문제에 대하여 심사숙고해 보고, 그 해결에 대하여 나름대로의 방안을 제시해 보기로 하자. 예를 들어, 다음과 같은 환경이슈에 대하여 생각해 볼 필요가 있다.

- ㅁ 가정의 독성화합물
- ㅁ 공기정화를 위한 실내조경 방안
- ㅁ 과대포장 자제
- ㅁ 깨끗한 실내공기 만들기
- ㅁ 나무와 숲의 보호

ㅁ 냉장고 활용
ㅁ 노인주택
ㅁ 다이어트와 식품
ㅁ 리필제품 사용
ㅁ 물 아껴 쓰기
ㅁ 미래의 주거환경
ㅁ 방사선 조사 식품
ㅁ 생활하수의 생태학적 처리
ㅁ 성인병과 식품
ㅁ 소음 발생억제
ㅁ 수목의 대기정화기능
ㅁ 수입식품의 안전성
ㅁ 슈퍼박테리아
ㅁ 실내공기의 관리
ㅁ 쓰레기 줄이기
ㅁ 쓰레기매립장 건설과 인근주민
ㅁ 알루미늄캔의 분리수거
ㅁ 에너지 절약형 주택
ㅁ 에어컨 활용
ㅁ 온수의 절약
ㅁ 웰빙생활
ㅁ 유기농 식품
ㅁ 유리제품의 활용
ㅁ 유전자 변형식품
ㅁ 음식물 쓰레기의 처리
ㅁ 인스턴트식품
ㅁ 일회용품 사용 자제

ㅁ 자동차 공회전 방지대책
ㅁ 자동차 배기가스 절감대책
ㅁ 자전거 이용 활성방안
ㅁ 장바구니 이용
ㅁ 장애인 주택
ㅁ 재충전 건전지 사용
ㅁ 적당한 자외선발생
ㅁ 전기 아껴 쓰기
ㅁ 종이기저귀 사용자제
ㅁ 종이의 새활용
ㅁ 주상복합건물에서의 주생활환경
ㅁ 지구의 사막화
ㅁ 지하수 오염의 방지
ㅁ 천성산과 도롱뇽
ㅁ 친환경주택
ㅁ 코하우징
ㅁ 태양에너지 주택
ㅁ 폐기물의 분리수거
ㅁ 폐식용유의 처리
ㅁ 환경보호용 샴푸
ㅁ 환경호르몬의 피해

Ⅱ 한국의 생활환경 현황

1. 대기환경

1-1. 대기환경의 기준과 오염원

1) 대기환경의 기준

사람은 음식을 먹지 않고는 5주, 물은 마시지 않고는 3~5일을 견딜 수 있지만, 공기를 마시지 않고는 5분도 살지 못한다. 우리는 하루에 1.5㎏의 음식물을 섭취하고 2.3㎏의 물을 마시며, 공기는 15㎏ 정도를 호흡해야 한다. 그만큼 공기는 우리의 생명에 절대적으로 필요한 요소이다. 호흡을 위해 체내로 받아들이는 대기의 구성성분은 질소 78%, 산소 21%, 그 외 1%로 이루어져 있으므로 우리가 정상적인 생리기능을 유지하는데 필요한 대기 속의 산소농도는 21%이다.

대기환경이 오염되면 우리가 생명을 유지하는데 치명적인 악영향을 받게 되므로 생활환경의 기본 조건으로 깨끗한 공기환경을 들 수 있다. 세계보건기구(WHO)에서는 “대기 중에 인위적으로 배출된 오염물질이 한 가지 또는 그 이상 존재하여 오염물질의 양, 농도 및 지속시간이 어떤 지역의 불특정 다수에게 불쾌감을 일으키거나 해당 지역에 공중보건상 위해(危害)를 끼치고, 인간이나 동·식물의 활동에 해를 주어 생활과 재산을 향유할 정당한 권리를 방해받는 상태”를 대기오염으로 규정하고 있다. 즉 인위적으로 배출되어 대기 중에 있는 오염물의 양,

농도 및 지속시간의 과잉으로 어느 지역의 다수에게 불쾌감을 주거나 공중위생상 인간, 동물, 식물 및 재산에 유해하고 쾌적한 생활을 방해하는 상태를 대기오염이라 할 수 있다.

〈표 2-1-1〉 대기환경기준 (2007.1.1. 시행)

항목	기준
일산화탄소(CO)	· 8시간 평균치 9ppm 이하 · 1시간 평균치 25ppm 이하
이산화질소(NO_2)	· 연간 평균치 0.03ppm 이하 · 24시간 평균치 0.06ppm 이하 · 1시간 평균치 0.1ppm 이하
아황산가스(SO_2)	· 연간 평균치 0.02ppm 이하 · 24시간 평균치 0.05ppm 이하 · 1시간 평균치 0.15ppm 이하
미세먼지(PM_{10})	· 연간 평균치 50㎍/㎥ 이하 · 24시간 평균치 100㎍/㎥ 이하
오존(O_3)	· 8시간 평균치 0.06ppm 이하 · 1시간 평균치 0.1ppm 이하
납(Pb)	· 연간 평균치 0.5㎍/㎥ 이하
벤젠	· 연간 평균치 5㎍/㎥ 이하(2010년부터 적용)

주 : 1. 1시간 평균치는 전체 측정수를 1000개로 환산하여 그 999번째의 수의 값이 그 기준을 초과하여서는 아니되고, 8시간 및 24시간 평균치는 전체 측정수를 100개로 환산하여 그 99번째의 수의 값이 그 기준을 초과하여서는 아니된다.
2. 미세먼지는 입자의 크기가 10㎛ 이하인 먼지를 말한다.

출처 : 환경부, 환경백서, 2007.

2) 대기오염물질과 오염원

(1) 대기오염물질

대기오염을 유발하는 물질은 매연, 먼지, 가스 및 악취 등으로 사람의 건강상 또는 재산상에 해를 미치거나 동식물의 생육환경(生育環境) 등 자연환경에 악영향을 미치는 물질을 말한다. 우리나라의 경우 「대기환경보전법」에서 대기오염물질을 “대기오염의 원인이 되는 가스·입자상 물질 또는 악취물질로서 환경부령이 정하는 것"으로 규정(제2조 제1항)하고 있으며, 일산화탄소 등 총 61개 물질을 정하고 있다. 기후·생태계 변화 유발물질(대기환경보전법 시행규칙 제3조)은 이산화탄소, 메탄, 아산화질소, 수소불화탄소, 과불화탄소, 육불화황, 염화불화탄소이다[8].

이산화탄소(CO_2)는 화석연료의 연소, 삼림파괴 등으로 대기에 방출되어 온실효과를 일으키며 대기 중에 100년간 잔류한다. 특히 1990년대 들어 우리나라의 이산화탄소 방출량 증가율이 세계에서 가장 높은 것으로 나타났다. 1990년~1996년 사이 세계 평균 이산화탄소 방출량 증가는 7%에 불과한 반면 한국은 75%의 증가율을 보여 세계 최고를 기록했다. 한국 다음으로 높은 증가율을 보인 나라는 인도(44%), 중국(33%), 터키(22%) 등의 순이었다. 같은 기간 중 미국의 이산화탄소 방출량은 9% 늘어났으며, 유럽연합(EU)은 2.5% 증가에 그쳤다. 선진공업국들은 비교적 안정세를 보였으나 개발도상국의 증가율은 급증했음에도 개도국 전체의 방출량은 아직도 선진국에 비해 훨씬 낮은 수준이다. 메탄(CH_4)은 화석연료, 쓰레기 등으로 대기에 방출되어 온실효과를 일으키며 대기 중에 10년간 잔류한다. 아산화질소(N_2O)는 물질이 연소할 때 및 질소비료 시비(施肥) 시 토양과 물 사이에서 일어나는 세균학적 과정에서 생성되는 것이 대부분이며, 환경 내 질소 순환과정에서의 중요한 구성성분이 되고 있다. 수소불화탄소(HFC)와 과불화탄소(PFC)는 프레온가스의 대체물질로 개발되어 냉매, 소화기 및 폭발방지물, 분무액, 솔벤트용제, 발포제 등에 사용된다. 육불화황(SF_6)은 가스차단기, 소화기 및 폭발방지물 등에 쓰이고 그 사용량은 세계적으로 증가하고 있다. 염화불화탄소(CFCs, 일명 프레온가스)는 냉매, 스프레이 등으로 대기에 방출되어 온실효과, 오존층 파괴를 일으키며 대기 중에 60~100년간 잔류한다. 이들의 온실효과는 다른 기체에 비

---

8) 기후·생태계 변화 유발물질은 교토의정서에서 정한 지구온난화 대상가스인 이산화탄소(CO_2), 메탄(CH_4), 아산화질소(N_2O), 수소불화탄소(HFC), 과불화탄소(PFC), 육불화항(SF_6) 등 6가지의 가스를 포함하고 있다.

하여 매우 큰 특징이 있어 기후변화 측면에서 궁극적인 감축이 필요한 물질로 정하고 있다.

(2) 대기오염원

대기오염원은 가스상 물질과 입자상 물질로 크게 나눌 수 있는데, 가스상 물질은 연소·합성·분해 시 발생하거나 물리적 성질에 의해서 발생되는 기체상의 물질로서 황산화물[9], 질소산화물[10], 일산화탄소[11] 및 오

---

9) 가스상 물질인 황산화물 (SOx : Sulfur Oxides)에는 아황산가스(SO_2), 3산화황(SO_3), 아황산(H_2SO_3), 황산(H_2SO_4), 그리고 황산동($CuSO_4$), 황산칼슘($CaSO_4$), 황산마그네슘($MgSO_4$) 등의 황산염 등이 포함된다. 대기오염측면에서는 광화학 반응이나 촉매반응에 의하여 다른 오염물질과 반응하여 삼산화황, 황산, 기타 황산염 등의 2차 오염물질을 형성하며 대기의 습도가 높을 때는 물과 반응하여 아황산이나 황산방울 등의 에어로졸(aerosol)을 생성시켜 시야의 감소와 빛의 분산, 금속 및 재료의 부식, 식물 및 인간과 동물 등에까지 영향을 미치게 된다.

10) 가스상 물질인 질소산화물 (NOx : Nitrogen Oxides)은 연소공기 중에 포함된 질소 및 연료 중에 함유된 질소분이 연소온도에 영향을 받아 산소와 결합하여 여러 가지 질소산화물(NO_2, NO, N_2O, N_2O_3, N_2O_4, N_2O_5)이 생성되는 것이므로 총칭하여 NOx로 표시한다. 연소온도가 높을수록 많이 생성되며, 이 중에서 대기오염에 영향이 제일 많은 이산화질소(NO_2)는 적갈색의 자극성 냄새가 있는 유독한 기체이며, 연소과정에서 배출된 일산화질소(NO)가 공기 중에서 산화하여 생성되기도 한다. 질소산화물의 영향은 인간과 동식물 및 재산상에 피해를 주며 산성비 생성과 오시단트(Oxidant) 생성에 주요 원인 물질이 되기도 한다.

11) 가스상 물질인 일산화탄소(CO : Carbon Monoxide)는 불의 사용, 산림의 화재, 화산의 폭발 등으로 대기를 오염시킨 역사가 길다. 일산화탄소는 주로 연료의 불완전 연소시에 많이 발생하는데, 특히 자동차 배기가스에서 많이 배출되어, 차량의 급증과 함께 주요 대기오염 물질의 하나로 부각되고 있다. 일산화탄소는 냄새가 없는 맹독성의 무색의 기체로서 비중은 0.968이고, 융점은 -205.0℃비등점은 -191.5℃이며, 인화점은 이고, 폭발한계는 12.5~75%(공기중)이다. 이 물질은 유황, 염소, 철, 니켈 등과 반응하고, 각종의 유해 또는 위험한 화합물을 만들며, 공기와의 혼합가스는 불꽃이 있으면 쉽게 폭발한다.

일산화탄소(CO)의 급성중독은 뇌 조직과 신경계통에 가장 많은 피해를 준다. 청력과 시력이 극히 악화되며, 뇌혈관이 확장되고, 삼투력이 증가되고, 뇌에 압박을 가하여 뇌척추액압을 상승시킨다. 그 결과 뇌 기능이 감퇴되어 사고가 둔해진다. 특히, 사고능력의 저하보다 운동신경과 근육마비가 먼저 나타난다. 심한 중독의 경우 뇌 조직이 분열되어 조직학적인 변화를 일으키며, 또한 의식이 회복되지 않은 채 사망하는 예도 많다.

존[12] 등을 말하며, 입자상 물질[13]은 물질의 파쇄, 선별 등 기계적 처리 또는 연소・합성・분해 시에 발생하는 고체상 또는 액체상의 미세한 물질을 말한다. 입자상 물질의 종류는 분진(대기 중에 부유하거나 비산 강하하는 미세한 고체상의 입자상 물질), 매연(연소 시 발생하는 유리탄소를 주로 하는 미세한 입자상 물질), 검댕(연소 시 발생하는 유리탄소가 응결하여 입자의 지름이 1㎛ 이상이 되는 입자상 물질) 및 유적(mist, 가스나 증기의 응축으로 액상이 된 것이나 비교적 작은 물방울이 낮은 농도로 기상 중에 분산된 것이며, 시정거리 1km 이상을 말한다)을 말하며, 이 외에도 연무질(aerosol, 매연, 안개, 연무와 같이 가스 내에 미세한 고체 혹은 액체 입자가 분산된 것), 먼지(주로 콜로이드(colloid)보다 큰 고체입자로서 공기나 가스 내에 부유할 수 있는 것), 안개(분산질이 액체인 눈에 보이는 연무질을 말하며, 시정거리는 1km 이하이며, 습도는 70% 이상이다), 재(fly ash, 연료 연소 시 생기는 굴뚝 연기 내의 미세한 재 입자로서 불완전 연소한 연료를 함유할 수도 있다), 훈연(fume, 용융된 물질이 휘발해서 생긴 기체가 응축할 때 생기는 고체입자로서 상호 응결하며, 때로는 충돌 결합한다),

---

이외에도 식욕감퇴와 장운동의 저하, 위점막의 침식으로 인한 출혈과 부종이 일어난다. 갑상선과 부신피질활성이 항진되며 혈중 당분 상승, 탄산가스배출의 억제로 체온이 떨어진다.

12) 가스상 물질인 오존(O_3)은 무색, 무미, 해초냄새의 기체로 강한 산화력이 있다. 산화력이 강하므로 눈을 자극하고 물에 난용성이므로 쉽게 심부까지 도달하여 폐수종, 폐출혈 등을 유발시킬 수 있다. 화학적으로 활발한 가스이므로 방사선과 비슷한 DNA, RNA에 작용하여 유전인자에 변화를 일으킬 수 있다.

13) 환경대기 중의 입자상 물질은 대기 중 혹은 가스유체 중에서 고체나 액체상태로 존재하는 물질을 말하며 크기는 일반적으로 0.001~500㎛(대부분 0.1~10㎛)이다. 또한 입자상 물질은 그 크기로 분류하면 부유입자상 물질과 강하분진으로 나눌 수 있고, 생성 과정으로 보면 1차 입자와 2차 입자로 나뉜다. 부유입자상 물질은 대기 중에 부유하는 입자상 물질 중에서 10㎛ 이하의 것을 말하며 비교적 장기간에 걸쳐 대기 중에 부유하며, 강하분진이란 입자상 물질 중에서 중력 또는 강우에 의하여 쉽게 강하하는 분진을 말한다. 그리고 1차 입자는 발생원으로부터 대기 중에 직접 방출되는 입자이며, 2차 입자는 발생원에서 대기 중에 방출된 가스상의 물질의 광화학 또는 열화학 반응으로 생성된 황산염, 질산염 및 유기물질을 말한다.

박무(Haze, 광화학 반응으로 생성된 물질로서 아주 작은 다수의 건조입자가 부유하고 있는 상태를 말하며, 습도는 70% 이하이다), 연하(smaze, 연기와 박무의 혼합된 상태) 등이 있다.

대기오염은 석탄, 석유 등의 화석연료 사용, 자동차 배기가스 등에서 나오는 다섯 가지 1차 오염물질인 일산화탄소, 탄화수소, 질소산화물, 황산화물 및 분진과 1차 물질간의 화학반응으로 생긴 2차 오염물질에 의해서 발생된다. 이러한 대기오염은 지구온난화현상 초래, 농작물 피해, 산성비 피해(물의 탈색, 고사, 금속과 건물의 부식, 물고기 떼죽음), 인체 건강장애(호흡기질환, 폐렴, 결막염, 대사장애, 정신이상, 노이로제) 등을 일으킨다. 특히 인체에 대한 피해를 보면 급성 영향으로는 시야감축, 정신적 영향(생활의 불쾌감, 불쾌한 취기, 정신적, 육체적 피로촉진), 생리적 영향, 중독피해, 심폐성 환자의 병세악화, 이차세균감염촉진 등이며, 만성적 영향은 성장장애, 만성호흡기질환 발생(폐렴, 기관지염, 기관지 말초염, 기관지 확장염, 발작성 천식, 폐기종), 심장이상비대 등을 발생시킨다.

대기오염에 대한 피해는 오염물질의 농도와 폭로시간에 비례하여 커진다. 그리고 단일오염물질보다 혼합오염물에 노출되면 상승작용으로 피해를 주며, 노년층과 유아의 피해가 크다. 피해지역은 주택지역보다 공장지역 주변에서 많이 발생하고 풍속이 낮고, 기온역전이 많은 날에 피해가 증가한다.

〈표 2-1-2〉 대기오염물의 발생원

<table>
<tr><td colspan="2">자연적 발생원
(Natural Source)</td><td>· 황사와 같이 바람에 의해 토양의 흙먼지
· 산불이나 화산에 의해 먼지나 매연
· 인간의 활동과 관계없는 배출원</td></tr>
<tr><td rowspan="3">인위적 발생원
(Anthrop-ogenic Source)</td><td>점오염원
(Point Source)</td><td>· 발전소나 대규모공장과 같이 하나의 시설이 대량의 오염물질을 배출하는 것</td></tr>
<tr><td>선오염원
(Line Source)</td><td>· 자동차, 기차, 비행기, 선박 등과 같이 이동하면서 오염물질을 연속적으로 배출하는 것</td></tr>
<tr><td>면오염원
(Area Source)</td><td>· 주택과 같이 일정면적 내에 소규모 발생원 다수가 모여 오염물질을 발생함으로써 해당지역 내에 오염문제를 발생시키는 것</td></tr>
</table>

1-2. 대기오염 현황

(1) 일산화탄소와 이산화질소 오염도

일산화탄소(CO)는 산소가 부족한 상태에서 연료가 불완전 연소할 때 주로 발생하며, 혈액 중의 헤모글로빈과 결합하여 산소공급을 저해시키고 두통과 현기증을 유발하는 특성이 있다. 우리나라 대기 중 일산화탄소의 비율은 비슷하거나 다소 감소하고 있다.

이산화질소(NO_2)는 자동차 배기가스에 포함되어 있기도 하고 연료의 고온연소 시 공기 중 질소와 산소가 결합하여 생성되기도 하는데, 코와 목을 자극하며 호흡기에 나쁜 영향을 미치는 한편, 탄화수소와 함께 광화학스모그[14]를 발생시키는 원인이 되기도 한다. 이산화질소는 전반적으로 증가하고 있다.

〈표 2-1-3〉 일산화탄소와 이산화질소 오염도 (단위 : ppm)

구분(환경기준) \ 시 · 도		서울	부산	대구	인천	광주	대전	울산
2000년	CO(9/8시간) NO_2 (0.05/년)	1.0 0.035	0.9 0.024	0.9 0.029	0.8 0.024	0.6 0.020	1.2 0.023	0.8 0.021
2005년	CO (9/8시간) NO_2 (0.05/년)	0.6 0.034	0.5 0.023	0.8 0.023	0.6 0.025	0.7 0.021	0.7 0.020	0.5 0.024

주: NO_2 의 환경기준은 2007.1.1일부터 0.03/년을 적용함.

14) 스모그(Smog)는 연기(Smoke)와 안개(Fog)의 합성어로 공장이나 자동차, 가정에서 나오는 매연이 안개와 섞여 있는 상태를 말한다. 스모그는 런던형 스모그와 로스앤젤레스형 스모그가 있다.

런던형 스모그는 공장의 매연, 가정의 배기가스 등이 주요원인이며 석탄의 연소를 통해서 대기로 유입되는 매연, 아황산가스, 일산화탄소 등이 안개와 합쳐져서 만들어진다.

로스앤젤레스형 스모그는 광화학 스모그로써 자동차의 배기가스 등에서 나오는 이산화질소와 탄화수소가 대기 중에 농축되어 있다가 태양광선 중 자외선과 화학반응을 일으키면서 산화력이 큰 오시단트(Oxidant)를 2차적으로 발생시켜 안개가 낀 것으로 대기가 변하는 현상을 말한다.

(2) 아황산가스 오염도

아황산가스(SO_2)는 연료 중 함유된 황 성분이 연소과정에서 산소와 결합하여 발생한다. 아황산가스는 점막을 자극하거나 기관지염이나 천식 등 인체 호흡기질환을 가져오며 식물의 성장을 저해하는 특성을 가지고 있다.

1990년 이전까지는 광주를 제외한 주요 도시지역의 아황산가스 오염도가 연간 환경기준치(0.02ppm)를 초과하였으나 저황유 공급 및 청정연료 사용의무화 등으로 인하여 1990년 이후에는 아황산가스 오염도가 점차 감소하였다. 대규모 배출업체가 밀집되어 있는 울산지역의 경우에도 다른 지역에 비해 상대적으로 높은 오염도를 나타내고는 있으나 지역 전체 평균 오염도는 2000년의 경우 0.013ppm으로 환경기준보다 낮게 유지되고 있다. 대부분의 도시가 1997년 이후 WHO 권고기준(0.019ppm)을 달성하였으며, 단기 환경기준을 초과한 지역이 없는 것으로 나타났다.

〈표 2-1-4〉 아황산가스 오염도 현황 (단위 : ppm)

연도 \ 시·도	서울	부산	대구	인천	광주	대전	울산
'80	0.094	0.058	0.038	0.026	0.009	-	0.053
'90	0.051	0.039	0.041	0.044	0.017	-	0.031
'95	0.017	0.023	0.031	0.023	0.010	0.017	0.028
'00	0.006	0.010	0.009	0.008	0.006	0.007	0.013
'05	0.005	0.006	0.006	0.007	0.004	0.005	0.008

(3) 먼지 오염도

먼지(total suspended particulate : TSP)는 대기 중의 아황산가스와 복합적으로 작용하여 호흡기질환을 유발할 수 있으며, 대기 중 150$\mu g/m^3$의 농도가 존재할 때 시정거리를 8km 정도까지 감소시킨다. 우리나라는 매년 봄 중국에서 발생하는 황사[15]의 영향을 받아 이 기간 중에는 먼지농

15) 황사현상이란 아시아 대륙 중심부에 위치한 사막과 황토(黃土)지대의 작은 모래나 먼

도가 평상시에 비하여 2~4배 정도 높게 나타나고 있다.

주요 도시의 먼지오염도를 보면, 총먼지(TSP) 오염도는 인천을 제외한 주요 도시가 1990년부터 연간환경기준인 150㎍/㎥을 만족하였으나, 개정된 대기환경기준에서 총먼지 항목이 삭제되어 2001년도부터는 측정하지 않고 있다. 미세먼지 오염도는 2000년도에는 모든 도시에서 환경기준치(미세먼지 연간 평균치 70㎍/㎥ 이하) 이내의 오염도를 나타내었다. 그러나 광주와 울산의 경우에는 개선되는 경향을 보이지 않고 있다.

「대기환경보전법」 제28조 제1항 및 동법 시행규칙 제62조 제1항에서는 사람의 건강뿐만 아니라 동·식물의 생육에 나쁜 영향을 미칠

지가 상층바람을 타고 멀리 이동해 낙하하는 현상으로 '아시아 먼지'라고 부르기도 한다. 사막지대에서는 이와 비슷한 현상이 공통적으로 나타난다. 아프리카 대륙 북부의 사하라 사막에서 발원하는 황사 현상은 '사하라 먼지'로 불린다. 대서양을 건너 플로리다 반도와 북쪽 유럽까지 먼 거리를 이동한다.

우리나라에 영향을 미치는 황사의 주요 발원지는 중국과 몽골 사막지대다. 이곳은 높새바람 탓에 매우 건조하고 비가 거의 오지 않는 지역이다. 이곳의 흙먼지가 하늘로 올라갔다가 강한 편서풍을 타고 동쪽(우리 나라)으로 이동하는 것이다. 만주 지방에서 만들어진 황사가 우리나라까지 오는 데 1~3일 걸리고, 중국 북부 사막지대서는 3~5일 정도 걸린다. 이 흙먼지는 일본, 하와이를 지나 미국 서부 지역까지 날아가기도 하는 것으로 알려져 있다.

봄철에 황사가 발생하는 것은 오래 전부터 있어 온 일이다. 그런데 예전에는 봄철에 3~4회 약하게 스치고 지나갔다. 하지만 2000년 이후 황사 현상이 점점 심각해지고있다. 1999년에는 1년에 불과 6일 나타났던 황사 현상이 2000년에는 무려 27일나 되고 있다. 또 봄철뿐 아니라 겨울·여름 등 계절을 가리지 않고 나타난다. 이유는 중국 내륙 지방이 점점 사막으로 변하고 있기 때문이라고 한다. 특히 최근 들어 중국이 산에서 나무를 마구 베어내고 있기 때문에 사막 현상이 더 심해지고 있다.

한번 황사가 발생하면 중국, 우리 나라, 일본의 하늘이 약 100만 톤의 먼지로 뒤덮인다. 이 가운데 우리 나라엔 15톤짜리 덤프트럭 4000~5000대 분량인 4만 6000~8만 6000톤 정도가 쌓인다. 황사가 발생하면 눈병과 기관지염, 천식 등이 심해진다고 한다. 더욱 심각한 것은 크기가 아주 작은 먼지가 몸 속 깊은 데까지 들어가는 것이다. 황사 피해가 커지면서 중국, 한국, 일본, 미국 등 관련 국가들은 대책을 마련하기 위해 애를 쓰고 있다. 가장 좋은 방법은 시간이 좀 걸리더라도 중국 사막 지역에 나무를 심는 것이라는 데 의견이 일치하고 있다. 황사 예보가 내려지면 외출을 삼가고, 외출 후에는 손발 씻기, 양치질을 해야 한다. 정부에서도 황사의 정도에 따라 주의보·경보 등을 내리는 기준을 제정할 준비를 하고 있다.

수 있는 비산먼지, 즉 일정한 배출구 없이 대기 중에 직접 배출되는 먼지를 발생시키는 사업장에 대하여 지자체 또는 지방환경관서에 신고하도록 하고 있다. 2000년 말 현재 신고된 비산먼지 발생사업장은 22,346개소로 1999년(19,617개소)에 비하여 14%가 증가하였으므로 앞으로의 증가가 예상된다.

〈표 2-1-5〉 주요 도시의 연도별 먼지오염도 (단위 : ㎍/㎥)

시·도 / 연도	서울	부산	대구	인천	광주	대전	울산
'86	183	194	140	153	133	–	172
'90	150	140	134	170	109	115	122
'95	85(78)	93(73)	73(81)	93(76)	63(49)	69(63)	106(51)
'00	99(65)	–(62)	–(63)	–(53)	–(58)	–(51)	43(52)
'05	58	58	55	61	49	48	50

주 : ( )는 미세먼지(PM_{10}) 오염도이고, 2001년 이후 수치는 미세먼지 농도임.

(4) 오존과 중금속 오염도

오존(O_3)은 세 개의 산소원자로 구성된 단순분자로서 지상에서 60㎞까지의 대기에서 상이한 농도로 존재하고 있는데, 특히 오존의 약 90% 이상이 지상에서 15㎞~35㎞의 상공에 고농도의 오존층을 이루고 있다. 오존층은 대기 중에 있는 산소가 태양에서 나오는 자외선[16]을 받아 화학작용을 일으켜 형성되며 생물의 중요한 세포분자를 파괴하는 짧은 파장의 자외선을 대부분 흡수, 차단하는 여과장치의 역할을 함으로써 생명체를 보호하고 지구의 온도를 적절히 조절해 주는 중요한 기능을 하고 있다. 1966년 영국의 남극탐사팀이 남극성층권의 오존층이 얇아진 사실을 발견

16) 파장 320~400㎚의 자외선(UV-A)은 인체에 무해한 것으로 전량 오존층을 통과하여 지상에 도달한다.

파장 280~320㎚의 자외선(UV-B)은 오존층 상태에 따라 일부가 지상에 도달하여 인체에 비타민D를 생성시켜 준다. 양이 많으면 피부암을 유발한다.

파장 280㎚ 이하의 자외선(UV-C)은 생물체의 유전자를 파괴하는 자외선(260㎚)영역을 포함하고 있기 때문에 오존층 파괴로 지상에 도달할 경우 심각한 위험을 초래한다.

한 이래 해마다 20~30㎞ 상공의 성층권에서 오존이 감소하여 1993년에 오존층의 구멍이 3,200㎡까지 확대되었다.

오존층의 파괴물질은 주로 프레온가스(CFC_s)와 소화기에 사용되는 할론(Hallon)가스 등이다. 프레온가스는 염화불화탄소로 냄새, 독성이 없으며 불에 타지 않고 화학적으로 매우 안정된 물질로 냉장고, 에어컨 등의 냉매, 드라이클리닝용제, 반도체나 정밀부품 세척제, 스프레이 같은 분사제 등에 이용된다. 프레온가스는 탄소원자를 염소와 불소원자가 둘러싸고 있는 형태인데, 자외선을 받으면 분해되어 반응성이 큰 염소분자를 방출하게 되고, 이 염소원자가 결합력이 약한 오존분자를 파괴하는 것이다. 즉 오존(O_3)은 주로 이산화질소(NO_2)와 탄화수소류(HC) 등이 태양광선과 반응하여 생성된다. 단기간 동안 고농도에 노출될 경우 인체에 해로운 영향을 미치며, 특히 어린이와 노인의 경우에는 오존오염으로 인한 피해가 커질 수 있다.

농도가 높을 경우 시정장애, 인체 및 동·식물, 재산상의 피해를 주는데, 오존농도(ppm)가 0.18이면 호흡이 가쁘고, 기침이 나며, 0.37이면 가벼운 운동 중에도 호흡이 곤란해진다. 0.5이면 안정 시에도 호흡이 곤란해진다. 또한 오존농도(ppm)가 0.1~0.3인 곳에서 1시간동안 노출되면 호흡기 자극증상, 기침, 눈 자극을 일으키며, 0.3~0.5인 곳에서 2시간 동안 노출되면 운동 중 폐기능이 감소한다. 그리고 0.5 이상인 곳에서 6시간 동안 노출되면 마른기침이 나며 흉부 불안을 일으킨다.

오존은 대구, 광주를 제외한 모든 도시에서 다소 증가하고 있다. 오존은 단기간 고농도에 노출될 경우 인체에 나쁜 영향을 미치기 때문에 연간 평균오염도의 변화보다는 단기기준의 초과빈도가 더 큰 의미를 지니는데, 오존의 단기기준(0.1ppm/시간)을 초과하는 사례가 늘어나고 있는 추세이다. 이는 도시지역에서의 자동차가 증가하고 있기 때문으로 사료된다.

〈표 2-1-6〉 오존 오염도 (단위 : ppm)

년도(환경기준) \ 시·도	서울	부산	대구	인천	광주	대전	울산
'00(0.06/8시간)	0.017	0.022	0.019	0.019	0.017	0.020	0.021
'05(0.06/8시간)	0.017	0.023	0.022	0.022	0.022	0.021	0.022

중금속은 인체에 축적되는 성질이 있어 특별한 관리가 필요한 대기오염물질이다. 우리나라의 경우 중금속 중 대기환경기준이 설정되어 있는 물질은 납뿐인데, 납 이외에도 인체에 영향을 미칠 수 있는 중금속은 카드뮴 등 여러 가지가 있다.

납(Pb)은 푸르스름하면서 회색빛이 나는 금속으로 납과 납 화합물은 음식물, 공기, 마시는 물, 강, 호수, 바다, 먼지, 토양 등 우리 주변 어느 곳에서나 찾아 볼 수 있다. 특히 공기 중에 있는 납은 먼지와 함께 먼 거리를 이동하며, 오랫동안 토양 속에 잔류하고, 홍수가 나면 하천이나 강으로 흘러 들어간다. 납은 자동차 배터리에 많이 사용되며, 이외에도 페인트, 가솔린 첨가제, 다양한 금속 제품(납판, 납땜, 납 파이프), 군수품 등에 사용된다. 많은 양의 납에 비록 짧은 기간이라도 노출되면 뇌와 콩팥(신장)에 나쁜 영향을 미친다. 그리고 납은 태아가 성숙하는 동안 태아에게 해를 끼치므로, 임산부가 납에 노출되면 조산하거나 저체중아를 출산하거나 유산할 수도 있으며, 어린아이가 납에 노출되면 지능이 낮아지고 성장이 둔화되며 청각 장애를 일으키기도 한다.

카드뮴(cadmium : Cd)은 은백색의 광택이 많이 나는 금속이며, 산업체에서 사용되고 있는 대부분의 카드뮴은 아연, 납, 구리 광석을 녹일 때 부산물로 얻어진 것이다. 주로 배터리, 색소, 금속 도금, 플라스틱 등에 많이 사용된다. 음식을 통해 많은 양의 카드뮴을 섭취하게 되면 위에 심각한 손상을 주게 되어, 구토와 설사를 일으킨다. 또 많은 양을 흡입하게 되면 폐에 심각한 손상을 준다. 카드뮴 중독의 대표적인 피해는 이따이이따이 병[17])이다.

전국 주요 도시의 연도별 대기 중 중금속(Pb, Cd) 오염도를 보면, 전반적으로 모든 도시의 오염도가 비슷하거나 감소추세에 있으며, 특히 납(연간 평균치 0.5㎍/㎥ 이하)의 경우에는 무연휘발유의 보급으로 오염도가 감소되었음을 알 수 있다. 그러나 카드뮴의 경우는 산업체가 많이 위치한 울산과 인천 등의 도시가 광주, 대전 등에 비해 상대적으로 높은 오염도를 나타내고 있음을 알 수 있다.

〈표 2-1-7〉 납과 카드뮴(Pb, Cd) 오염도 (단위 : ㎍/㎥)

년도 · 항목 \ 시 도		서울	부산	대구	인천	광주	대전	울산
'95	Pb	0.1844	0.0705	0.0138	0.2427	0.0487	0.3666	0.0457
	Cd	0.0040	0.0023	0.0005	0.0061	0.0013	0.0034	0.0073
'00	Pb	0.0825	0.1004	0.0269	0.1203	0.0435	0.0806	0.0673
	Cd	0.0018	0.0030	0.0012	0.0048	0.0015	0.0017	0.0168
'05	Pb	0.0442	0.0464	0.0454	0.0895	0.0300	0.0696	0.0547
	Cd	0.0012	0.0019	0.0022	0.0038	0.0017	0.0010	0.0034

(5) 산성비

빗물의 산도는 pH(수소 이온농도)값으로 나타내는데 보통 pH5.6 이하의 빗물을 산성비[18]라고 한다. 오염되지 않은 비(pH5.6~6.5)는 대기

17) 1910년대 후반부터 일본 토야마현 주민들은 허리, 팔, 다리의 뼈마디가 아프다며 병원을 찾기 시작했다. 그 원인을 1968년 일본 정부가 '카드뮴에 의해 뼈 속 칼슘분이 녹아 신장장애와 골연화증이 일어난 것'이라고 공식 발표했다. 1968년 5월 8일에 일본 후생성이 공해병으로 인정한 이따이 이따이 병은 1945년 일본의 도야마현(부산현) 진쯔으천(신통천) 상류지역에 위치한 미쓰이금속 주식회사 광업소에서 선광, 정련공정에서 배출된 폐광석에 함유된 카드뮴(Cd)이 고원천을 통하여 신통천에 흘러 내려와 농작물, 패어류, 상수원을 오염시켜 병을 발생시켰다고 공식발표했다.
증상은 카드뮴이 체내에 흡입되어서 신장의 기능이 나빠지고, 인체에 필요한 칼슘(Ca)과 인(P)을 체외로 배출하여 통증이 극심하다. 통증이 너무나 심하기 때문에 병명을 이따이이따이 병(아프다 아프다 병)이라 명명했다고 한다. 전신의 통증과 뼈 속에서 칼슘과 인이 계속 배출되면서 골연화증과 같은 병적인 골절이 수반되며 심한 경우는 얼굴에 경련이 일으키면서 사망한다.

중의 탄산가스와 반응하여 약산성을 띠고 있다. 그러나 대기오염원으로부터 배출된 황산화물 및 질소산화물이 공기 중의 물방울에 녹아들게 되면 비는 강산성화 된다. 즉 산성비(Acid Rain)의 원인은 자동차에서 배출되는 질소산화물과 공장 등에서 사용하는 화석연료가 연소되면서 나오는 황산화물이 대기 중에 있는 수증기나 다른 혼합물과 만나 황산이나 질산으로 변하기 때문이다. 산성도가 강한 비가 장기간에 걸쳐 내릴 경우 건물·교량 및 구조물 등을 부식시키고, 식물의 수분흡수를 억제하거나 토양의 유기물 분해를 방해하는 등 토양과 수질을 오염시키고 생태계에 손상을 입힌다.

우리나라 주요 도시의 2005년 평균 강우산도(pH)를 보면 서울 4.4, 인천 4.5, 대전 4.6으로서 다소 높은 수순이고 대구지역이 5.3으로 가장 낮게 나타났다.

〈표 2-1-8〉 주요 도시의 연도별 강우 중 산도 (단위 : pH)

시·도 / 연도	서울	부산	대구	인천	광주	대전	울산
'86	5.3	5.2	5.4	5.5	6.1	5.4	5.2
'90	5.0	5.2	5.7	5.9	5.5	5.4	5.6
'95	5.8	5.2	5.7	5.9	6.2	5.9	5.2
'00	4.8	4.9	5.8	5.0	5.2	4.7	5.0
'05	4.4	4.8	5.3	4.5	4.8	4.6	–

* 1997년까지는 산술평균, 1998년 이후는 가중평균값임.

18) 우리나라의 빗물은 초기 빗물보다 후속 빗물의 산성도가 더 높은 특징이 있다. 그 이유는 우리나라의 경우 초기 강우에 의해서 제거되기 쉬운 먼지가 대기 중에 존재하다가 강우 시 흡수되어 빗물을 중화시키기 때문이다. 계절적 변화를 보면 가을, 겨울에는 pH가 4.8 부근으로 비교적 낮고, 여름(5.5), 봄(6.2)에는 상대적으로 높다. 여름철의 pH가 높은 것은 여름철에 강수량이 집중되고 강우 강도가 높아서 초기 강우의 pH가 낮으나 후속 강우의 pH는 5.6 근방을 보이기 때문이다. 봄철에는 강우 강도가 적고 가뭄에 의해서 토양 먼지와 장거리 이동하는 황사의 영향으로 빗물 중 양이온이 풍부하게 존재하기 때문이다. 가을과 겨울에는 화석연료의 사용이 증가하여 대기 중 황산화물, 질소산화물이 증가하여 산성도를 높이는 것으로 보인다.

우리나라의 산성비 특성은 빗물을 중화해 주는 먼지 때문에 나타난다고 해도 과언이 아니다. 황사현상이 있을 때나 대기 중 먼지 성분이 다량 존재할 경우에는 pH7 이상인 알칼리비가 내리기도 한다.

1-3. 대기오염 저감

대기오염을 저감시키기 위해서는 대기오염물질을 줄여나가는 것이 궁극적인 방법이다. 대기오염 저감대책을 대기오염물질별로 살펴보면 다음과 같다.

1) 일산화탄소와 이산화질소

연소 시 산소가 부족하거나 연소온도가 낮으면 완전연소가 일어나지 못하여 불완전 연소 생성물들인 일산화탄소(CO)가 생성된다. 그러므로 일산화탄소는 연탄의 연소 가스나 자동차의 배기가스 중에 많이 포함되어 있으며, 큰 산불이 일어날 때도 주위에 산소가 부족하여 많은 양의 일산화탄소가 발생되기도 하고 담배를 피울 때 담배연기 속에 함유되어 배출되기도 한다. 따라서 일산화탄소의 저감방법은 효율적인 공정관리와 연소 시 완전연소를 유도하는 것이다. 그리고 자동차에는 삼원촉매장치[19] 등과 같은 저감장치를 부착하는 것이 좋다.

질소산화물인 이산화질소는 자체적으로 독성을 갖고 있을 뿐만 아니라 대기 중에서 산성비를 유발하고, 광화학반응을 일으켜 2차 오염물질인 오존 및 PAN과 같은 광화학산화물을 발생시킨다. 저감 대책에 있어서도 연료 중 질소 성분보다는 연소공기 중의 질소에 의한 발생이 대부분이므로 연료의 개선만으로는 질소산화물 저감에 어려움이 있다. 따라서 이산화질소의 저감을 위해서는 연소시설의 개선 및 탈질기술이 매우 필요하나 국

---

19) 삼원촉매장치(CONVC catalytic convertor three exhaust convertor)는 자동차 배출가스 저감장치의 하나로 질소산화물을 질소가스로 환원시키며 대기오염저감에 획기적인 기능을 한다.
삼원은 배기가스 중 유독한 성분 CO, HC, Nox를 가리키며 이들 3개의 성분을 동시에 감소시키는 장치가 삼원촉매장치이다. 배기관 도중에 설치되어, 촉매로서는 백금과 로듐이 사용된다. 유해한 일산화탄소(CO)와 탄화수소(HC)를 산화하여 각각 무해한 이산화탄소(CO_2)와 물(H_2O)로 변화시키는데 충분한 산소가 필요하지만 산화질소(Nox)를 무해한 질소(N_2)로 변화시키는데 산소는 방해된다. 따라서 3개의 성분을 동시에 감소시키기 위해서는 혼합기를 이론 공연비에 가까운 곳에서 조정할 필요가 있다.

내에서는 이러한 대책이 경제적, 기술적 이유 때문에 아직 널리 보급되지 않고 있다.

현재 실시하고 있는 질소산화물의 저감방법으로는 발생원으로부터 질소산화물의 배출을 억제하는 방법과 배출가스 중의 질소산화물을 제거하는 방법을 들 수 있다. 이때 공장과 같은 고정발생원과 자동차와 같은 이동발생원에 대해서는 서로 다른 대책을 강구하지 않으면 안 된다. 고정발생원에 대한 배출억제책으로 저질소연료의 사용과 저질소산화물 버너, 다단연소법, 배기가스 재순환법 등과 같은 연소개선책이 필요하며, 배기가스 처리측면에서는 선택적 촉매환원법(SCR)과 선택적 비촉매환원법(SNCR) 등을 적용하는 것이 좋다.

2) 아황산가스

석유나 석탄과 같은 화석연료에는 상당량의 황이 함유되어 있는데 이것이 연소, 특히 고온연소과정에서 아황산가스가 되어 대기 중에 방출된다. 따라서 대기 중의 아황산가스는 황 함유량이 적은 연료의 사용, 대기오염물질 배출사업장에 대한 배출허용기준제도의 강화를 통하여 저감시킬 수 있다. 또는 청정연료로 대체 사용하거나 고체연료의 사용금지, 연료 연소 후 배출되는 가스를 탈황(배연탈황)하는 방법이 있다.

3) 비산먼지

비산(飛散)먼지는 다른 대기오염물질에 비하여 국민들의 체감오염도가 크고 많은 민원을 야기하고 있다.

비산먼지 발생사업장은 비산먼지 발생을 억제하기 위하여 시설(비산먼지 저감공법 등)이나 필요한 조치(사업장 종사자들에 대하여 비산먼지 저감교육의 주기적 시행)를 하고, 비산먼지 발생사업장 외에 도로(도로 청소), 나대지(꽃밭 조성, 잔디 또는 수목 식재) 등 비산먼지 발생원의 관리를 통하여 비산먼지를 저감시킬 수 있다.

특히, 2002년 4월 10일부터 황사 피해 최소화를 위해 황사에 대한 예보 및 경보제 운영을 기상청에서 하고 있다. 황사가 발생하기 전에는 황사가 실내로 들어오지 못하도록 창문 등을 점검하고, 실내 공기정화기 및 가습기 등을 준비한다. 그리고 외출 시 필요한 보호안경, 마스크, 긴소매 의복 등을 준비하고 포장되지 않은 식품 등은 운반 시 오염되지 않도록 위생용기 등을 준비한다. 황사가 발생 중에는 가급적 외출을 삼가 하고, 부득이하게 외출할 시에는 보호안경, 마스크, 긴소매 의복을 착용하고, 귀가 후 손과 발 등을 깨끗이 씻고 양치질한다. 그리고 황사가 들어오지 못하도록 창문을 닫고 실내공기의 정화 및 가습기를 사용한 실내 적정습도를 유지한다. 또한 황사에 노출된 채소, 과일 등 농수산물은 충분히 세척 후 섭취하고, 식품가공, 조리 시 철저한 손 씻기 등 위생관리로 2차 오염을 방지한다. 황사가 발생 후에는 실내공기의 환기 및 환경 정화를 한다. 황사에 노출 및 오염된 물품 등은 충분히 세척 후 사용한다.

〈표 2-1-9〉 황사경보제

구분	오염도 기준 (1시간 평균)	행동요령
황사 정보	300㎍/㎥ 이상	① 노약자, 어린이, 호흡기 질환자의 실외활동 자제 권고 ② 유치원과 초등학교의 실외활동(운동, 실외학습 등) 자제 권고 ③ 일반인(중고생 포함)의 과격한 실외운동 자제 권고
황사 주의보	500㎍/㎥ 이상	① 노약자, 어린이, 호흡기 질환자의 실외활동 금지 권고 ② 유치원과 초등학교의 실외활동(운동, 실외학습 등) 금지 권고 ③ 일반인(중고생 포함)의 과격한 실외운동 금지 및 실외활동 자제 권고
황사 경보	1000㎍/㎥ 이상	① 노약자, 어린이, 호흡기 질환자의 외출금지 권고 ② 유치원과 초등학교의 실외활동(운동, 실외학습 등) 금지 및 수업단축, 휴업 등의 학생 보호조치 강구 권고 ③ 일반인(중고생 포함)의 실외운동 금지 및 외출자제 권고 ④ 실외운동경기 중지 및 연기 권고

4) 오존

오존 원인물질 및 오존은 기류를 따라 이동하므로 고농도의 오존이 나타났을 경우 지속시간을 예측하는 데 어려움이 있어 실효성 있는 저감방안을 마련하기가 어렵다. 따라서 오존오염의 피해를 줄이기 위해서는 오존이 일정기준 이상 높게 나타났을 때 피하는 것이 인체 및 생활환경상의 피해를 최소화하는 차선책이다.

오존주의보가 발령되면 실외활동을 자제해야 하고, 경보가 발령되면 자동차 사용자제와 사업장의 연료사용량을 감축해야 하며, 중대경보가 발령되면 자동차 통행금지와 사업장의 조업시간을 단축해야 한다. 오존주의보가 발령되면 과격한 운동경기를 삼가 하고, 특히 호흡기 환자와 노약자, 어린이는 외출을 자제해야 한다. 발령지역 내에서는 해제 시까지 자동차 운행, 스프레이 사용, 드라이클리닝, 페인트칠, 신나 사용을 억제하고, 승용차 사용을 자제하고 대중교통을 이용하여야 한다. 그리고 오존층 파괴를 막는 가장 좋은 방법은 파괴물질인 프레온가스 등의 사용을 줄이고 대체물질을 개발하는 것이다. 우리나라도 1992년 5월 27일 비엔나 협약[20]과 몬트리올 의정서[21]에 가입하여 프레온 가스 감축에 참여하고 있다.

〈표 2-1-10 〉 오존경보발령

구분	기준	조치내용
주의보	오염도 0.12ppm/시간 이상	· 실외 운동 및 노약자 활동자제 · 자동차 사용자제 및 대중교통 이용
경보	오염도 0.3ppm/시간 이상	· 유치원, 학교의 실외활동 억제 · 노약자 등 실외 활동 자제 · 해당지역 차량운행 자제
중대 경보	오염도 0.5ppm/시간 이상	· 해당지역 유치원, 학교 휴교 권장 · 노약자의 불필요한 활동중지 · 해당지역 차량진입 억제

5) 산성비

20) 오존층 보호를 위한 비엔나 협약(The Vienna Convention for the Protection of the Ozone Layer)은 오존층 파괴 예방을 위한 법적·행정적 조치 실시, 오존층 보호를 위한 조사 연구·관찰 및 정보 교환 등 추상적 의무만 당사국에 부과한 것으로 1985년 3월 채택되었고 1985년 9월부터 발효되었다.

21) 1987년 9월 오존층 파괴물질의 생산 및 소비 감축을 내용으로 하는 몬트리올 의정서가 채택되었다. 이 협약의 주요 내용은 프레온 가스 사용을 1997년까지 15%로, 2000년에는 전면 규제하는 것이다. 1992년 5월 우리나라도 이 협약에 가입하여 1999년 1월 이후에는 사용을 전면 금지하고 있다.

산성비는 대기 중의 황산화물 및 질소산화물 등에 의해 주로 유발된다. 산성비 저감대책은 결국 산성비 원인물질을 줄여나가는 것이라고 할 수 있는데 이는 일반 대기오염물질 저감대책과 큰 차이가 없다. 즉 저황유 및 청정연료의 공급확대, 저공해차의 보급 등 대기오염물질의 저감이 산성비의 저감을 가져온다. 화석연료의 사용을 줄이고 청정연료 및 저유황유 사용을 확대하고 있다.

한편, 산성비의 원인인 황산화물, 질소산화물 등은 기류에 의해 장거리까지 이동하는 특성이 있어, 중국 동해안지역에서 배출되는 대기오염물질이 우리나라에 영향을 미칠 수 있을 것으로 추정[22]되고 있다. 이에 대처하기 위하여 국제협력을 강화하여야 한다. 우리나라에서도 대기오염물질 장거리 이동과 산성강하물 조사를 위하여 산성강하물 국가 모니터링 계획을 추진하고 있다.

1-4. 실내생활공간의 공기환경

1) 실내공간의 공기환경 기준

---

22) 동아시아의 대기오염물질 월경문제를 다룬 미국 아이오와 주립대학의 <동아시아 산성비 연구 프로젝트>에선, 한반도상공의 오염물질 중 12~33%가 중국산이라 추정했다. 또 환경부지원 연구결과에서도 한국 산성비 원인 물질의 35.6%가 중국에서 비롯된다는 실측수치가 나왔다. 중국은 현재, 연간 한국의 11배에 달하는 아황산가스를 배출하고 있다. 안산 해양연구소의 연구결과에 따르면 안산에 내린 비를 3년간 측정한 결과, 방사능이 0.05에서 131 마이크로 베키엘까지 검출됐고 그중 최대치는 황사비에서 나타났다. 전세계적으로 대기중 핵실험이 금지됐으나 중국은 지난 80년까지도 중국내륙의 건조지대에서 지상 핵실험을 계속 해왔다. 그 중심지역이 신강지구, 황사의 한 발원지가 되는 사막지대이다. 그런데 이 일대는 늘 편서풍에 노출돼 있고, 가라앉아 있던 핵실험의 찌꺼기들이 매년 편서풍이 강한 황사철에 한반도로 이동한다. 최근, 일본의 연구도 이런 사실을 뒷받침한다. 쓰꾸바에 날라 온 황사에서도 방사성 물질이 발견됐는데, 역시 중국 발원지 일대의 핵실험 결과물들이란 것이다. 이에 중국정부도 황사를 줄이기 위한 사막의 조림사업을 하고 있으나 중국에선 전 국토 면적의 27%가 황폐화되어 있고 매년 2500㎢가 새로운 황무지가 되고 있다. 그만큼 황사의 발원지도 더 커지고, 황사의 발생 가능성도 커지고 있는 것이다. 또 황사현상의 횟수도 크게 늘고 있다.

최근 사람들이 실내에서 생활하는 시간이 많아지고 있는 반면, 실내공기의 오염은 심화되고 있다. 실내공기의 오염과 그로 인한 건강상의 위해문제는 세계보건기구(WHO)의 주요 관심사이다. WHO의 보고서에 따르면 공기오염에 의한 사망자수는 연간 최대 600만 명에 이르며, 특히 실내공기 오염의 의한 사망자는 280만 명으로 추정되고 있다.

환경부는 1997년에 「지하생활공간공기질관리법」을 제정하여 시행하였으며, 이를 전면 개정하여 2004년에 「다중이용시설 등의 실내공기질 관리법」을 시행하고 있다. 또한 새집증후군의 주요 원인 오염물질인 포름알데히드, 휘발성유기화합물 등에 대한 합리적인 실내공기질 권고기준을 마련하여, 2006년 1월 1일부터 100세내 이상 규모의 신축 공동주택을 대상으로 입주 전 실내공기질 측정·공고제도를 시행하고 있다.

「다중이용시설 등의 실내공기질 관리법」의 적용대상 다중이용시설은 <표 2-1-11>과 같으며, 2006년도 전체 관리대상 다중이용시설은 6,394개소이다. 지역별로는 서울 1,982개소(31.0%)로 가장 많으며, 부산 488개소(7.6%), 대구 325개소(5.0%), 인천 325개소(5.0%), 광주 191개소(3.0%), 대전 247개소(3.9%), 울산 115개소(1.8%) 등이다.

〈표 2-1-11〉 적용대상 다중이용시설

시설명	규모
지하역사	모든 지하역사
지하도상가, 여객자동차터미널, 철도역사의 대합실, 실내주차장(기계식 주차장 제외)	연면적 2,000㎡ 이상
공항시설중 터미널	연면적 1,500㎡ 이상
항만시설중 터미널	연면적 5,000㎡ 이상
도서관, 박물관, 미술관	연면적 3,000㎡ 이상
의료기관(입원진료병상이 100개 이상)	연면적 2,000㎡ 이상
지하에 위치한 장례식장, 국공립 보육시설, 찜질방, 국공립 노인전문요양시설, 유료노인전문요양시설, 노인전문병원	연면적 1,000㎡ 이상
산후조리원	연면적 500㎡ 이상
대규모 점포	모든 대규모 점포

다중이용시설에 대한 실내공기질의 엄격한 관리를 위해 미세먼지,

이산화탄소, 포름알데히드, 총부유세균, 일산화탄소 등 5개 물질에 대하여 유지기준<표 2-1-12>을 설정하고, 위반 시 과태료 부과 등 행정조치를 하고 있다. 또한 외부에 오염원이 있거나 위험도가 비교적 낮은 이산화질소, 라돈, 총휘발성유기화합물, 석면, 오존 등 5개 오염물질에 대해서는 권고기준<표 2-1-13>을 설정하여 자율적으로 준수하도록 하고 있다.

이 외에도 포름알데히드, 총휘발성유기화합물 등의 오염물질을 기준 이상으로 방출하는 건축자재('06년말 기준 76종)를 고시하고, 다중이용시설과 공동주택, 신축학교에서의 실내사용을 제한하고 있다. 또한 새집증후군이 특히 문제가 되는 100세대 이상 신축 공동주택의 시공자에게 주민 입주 전에 포름알데히드, 휘발성유기화합물(벤젠, 톨루엔, 에틸벤젠, 자일렌, 스티렌) 등 총 6종의 오염물질<표 2-1-14> 농도를 측정하여 공고 시행)하고 있으며, 대중교통수단에 대해 실내공기질 권고기준<표 2-1-15>을 설정하고 대중교통수단 실내공기질 관리 가이드라인을 제정)하여 시행하고 있다.

〈표 2-1-12〉 실내공기질 유지기준

<table>
<tr><th>다중이용시설 \ 오염물질항목</th><th>PM_{10} (㎍/㎥)</th><th>CO_2 (ppm)</th><th>HCHO (㎍/㎥)</th><th>총부유세균 (CFU/㎥)</th><th>CO (ppm)</th></tr>
<tr><td>지하역사, 지하도상가, 여객자동차터미널의 대합실, 철도역사의 대합실, 공항시설 중 여객터미널, 항만시설 중 대합실, 도서관, 박물관, 미술관, 장례식장, 찜질방, 대규모 점포</td><td>150 이하</td><td rowspan="3">1,000 이하</td><td rowspan="3">120 이하</td><td>–</td><td rowspan="2">10 이하</td></tr>
<tr><td>의료기관, 보육시설, 노인의료시설, 산후조리원</td><td>100 이하</td><td>800 이하</td></tr>
<tr><td>실내주차장</td><td>200 이하</td><td>–</td><td>25 이하</td></tr>
</table>

〈표 2-1-13〉 실내공기질 권고기준

<table>
<tr><th>다중이용시설 \ 오염물질항목</th><th>NO_2 (ppm)</th><th>Rn (pCi/L)</th><th>VOC (㎍/㎥)</th><th>석면 (개/cc)</th><th>오존 (ppm)</th></tr>
<tr><td>지하역사, 지하도상가, 여객자동차터미널의 대합실, 철도역사의 대합실, 공항시설 중 여객터미널, 항만시설 중 대합실, 도서관, 박물관, 미술관, 장례식장, 찜질방, 대규모 점포</td><td rowspan="2">0.05 이하</td><td rowspan="3">4.0 이하</td><td>500 이하</td><td rowspan="3">0.01 이하</td><td rowspan="2">0.06 이하</td></tr>
<tr><td>의료기관, 보육시설, 노인의료시설, 산후조리원</td><td>400 이하</td></tr>
<tr><td>실내주차장</td><td>0.30 이하</td><td>1,000 이하</td><td>0.08 이하</td></tr>
</table>

〈표 2-1-14〉 신축 공동주택 실내공기질 권고기준 (단위: ㎍/㎥)

대상 \ 항목	포름알데히드	벤젠	톨루엔	에틸벤젠	자일렌	스티렌
100세대 이상 신축 공동주택	210 이하	30 이하	1,000 이하	360 이하	700 이하	300 이하

〈표 2-1-15〉 대중교통수단 실내공기질 권고기준(노선 1회 운행 시 평균값)

오염물질	구분	Level 1	Level 2
이산화탄소	도시철도	2,500ppm 이하	3,500ppm 이하
	열차, 버스	2,000ppm 이하	3,000ppm 이하
미세먼지	도시철도	200㎍/㎥ 이하	250㎍/㎥ 이하
	열차, 버스	150㎍/㎥ 이하	200㎍/㎥ 이하

주: Level 1은 평상시 기준, Level 2는 혼잡시 기준

2) 실내공간의 공기환경 개선

실내공간의 공기환경을 개선하기 위하여 다중이용시설 관리대상을 확대하고, 기준을 합리적으로 하기 위한 연구를 추진 중이다. 특히 실내공기

질 오염에 민감한 영유아의 건강을 보호하기 위해「다중이용시설 등의 실내공기질 관리법 시행령」을 개정하여 관리대상 보육시설의 범위를 확대할 예정이며, 유아의 경우 천식을 유발하는 등 건강상의 유해물질로 알려져 있는 포름알데히드의 유지기준을 현행 120㎍/㎥에서 WHO의 권고수준인 100㎍/㎥로 강화할 계획이다. 또한 국제암연구센터(IARC)가 건강위험성 측면에서 석면과 함께 1급 발암물질로 규정하고 있고, 흡연 다음으로 폐암을 유발하는 고위험물질로 알려져 있는 라돈의 관리를 종합적으로 시행할 예정이다.

한편, 지하철은 도시의 대표적인 대중교통수단이나 자연환기가 어렵고 밀폐된 좁은 공간에 많은 이용자가 밀집되어 공기질 문제가 심화되고 있으므로 지하철역 공기질 개선대책을 수입하여 지속적인 관리를 하고, 과학적이고 효율적인 실내공기질 관리를 위하여 다중이용시설군별로 대표적인 시설에 대해 실내공기질 자동측정망을 구축하여 관리함으로써 실내공간의 공기질을 개선하기 위한 다각적인 노력을 하고 있다.

2. 물환경

2-1. 물환경의 기준과 오염원

1) 물환경의 기준

수질환경기준은 국민의 건강 보호와 쾌적한 물환경 조성을 위한 국가의 수질관리 목표로서 배출허용기준 설정 등 수질오염에 대한 각종 규제수단의 근거가 되고 있다. 이에 수질환경기준은 수자원의 상태, 행정적 관리여건, 경제수준 및 국민의 의식수준 등에 따라 나라와 시대별로 그 항목과 기준치를 달리 정하고 있다.

우리나라의 수질환경기준은 1978년 「환경보전법」이 처음으로 제정된 이후 몇 차례에 걸쳐 보완되었으며, 「환경정책기본법시행령」을 개정(2006.12)하여 2007년 1월1일부터 기존의 수질환경기준을 수질 및 수생태계환경기준으로 변경하여 시행하고 있다. 수질환경기준의 개선의 주요 내용을 보면, 먼저 오염물질의 이화학적인 농도뿐 아니라 수생태계 내에 존재하는 생물이 받는 영향을 고려하는 환경을 제시하고 있으며, 생활환경항목을 7등급 이상으로 조정하고 등급에 따른 서식생물, 외관상태 등 생태특성을 신설하여 수질에 대한 이해를 돕고 수생태계 관리개념을 도입하고 있다. 또한 사람의 건강에 직간접적인 영향을 미치는 유해물질 중심으로 환경기준 항목을 새로이 추가하고 기존 항목 중 카드뮴과 납의 환경기준을 2배로 강화하는 등 건강보호항목을 확대하였으며, 수질 및 수생태계 상태별 생물학적 특성 이해표를 도입하여 다양한 수질평가시표를 개발하였다.

수질 및 수생태 환경기준<표 2-2-1>은 하천과 호소에 공통으로 적용되는 건강항목과 하천과 호소에 각각 적용되는 생활환경기준으로 구성되어 있다. 건강항목은 카드뮴을 비롯한 16개의 항목이며, 생활환경기준은 하천의 경우에는 5개의 항목을, 호소의 경우에는 8개의 항목을 매우 좋음부터 매우 나쁨까지 7단계로 등급구분을 하고 있다.

그리고 물 등급별 생물지표종을 신설하여 매우 좋음부터 좋음 단계에서 약간 나쁨부터 매우 나쁨 단계까지 물 등급을 4등급으로 구분하고 생물지표종을 어류와 저서생물로 나타내어 물 상태에 대한 이해를 쉽게 하였다.

한편, 지하수 수질기준은 지하수를 이용하기 위한 목적 이외에도 지하수의 오염을 방지하기 위한 목적에 적합하도록 지하수를 관리하기 위하여 설정되어 있다. 2003년 6월에 개정된 「지하수의 수질보전 등에 관한 규칙」에서는 지하수를 음용수로 사용하는 경우에는 먹는 물의 수질기준을 준수하도록 규정하였으며, 생활용수, 농업어업용수, 공업용수로 이용시에는 각각의 지하수 수질기준이 설정되어 있다. 생활용수로 사용하는 지하수의 수질기준<표 2-2-3>은 5개의 일반오염물질과 15개의 특정유해물질로 구성되어 있다.

〈표 2-2-1〉 수질 및 수생태 환경기준(2007년)

- 건강항목(하천 · 호소공통) (단위 : mg/ℓ)

카드뮴 (Cd)	비소 (As)	시안 (CN)	수은 (Hg)	유기인	납 (Pb)	6가크롬 (Cr+6)	PCB
0.005 이하	0.05 이하	불검출	불검출	불검출	0.05 이하	0.05 이하	불검출
사염화탄소	1,2-디클로로메탄	디클로로메탄	벤젠	클로로포름	디에틸헥실프탈레이트	안티몬	ABS
0.004 이하	0.03 이하	0.02 이하	0.01 이하	0.08 이하	0.008 이하	0.02 이하	0.5 이하

- 생활환경 기준(호소)

등급		상태 (캐릭터)	기준								
			pH	COD (mg/ℓ)	SS (mg/ℓ)	DO (mg/ℓ)	T-P (mg/ℓ)	T-N (mg/ℓ)	Chl-a (mg/m³)	대장균군 (군수/100mℓ)	
										총대장균군	분원성대장균군
매우 좋음 (Very Good)	Ⅰa		6.5~8.5	2 이하	1 이하	7.5이상	0.01 이하	0.2 이하	5 이하	50 이하	10 이하
좋음 (Good)	Ⅰb		6.5~8.5	3 이하	5 이하	5 이상	0.02 이하	0.3 이하	9 이하	500 이하	100 이하
약간 좋음 (Fairly Good)	Ⅱ		6.5~8.5	4 이하	5 이하	5 이상	0.03 이하	0.4 이하	14 이하	1,000 이하	200 이하

보통 (Fair)	Ⅲ		6.5~8.5	5 이하	15 이하	5 이상	0.05 이하	0.6 이하	20 이하	5,000 이하	1,000 이하
약간 나쁨 (Fairly Poor)	Ⅳ		6.0~8.5	8 이하	15 이하	2 이상	0.1 이하	1.0 이하	35 이하	–	–
나쁨 (Poor)	Ⅴ		6.0~8.5	10 이하	쓰레기 등이 떠 있지 아니할 것	2 이상	0.15 이하	1.5 이하	70 이하	–	–
매우 나쁨 (Very Poor)	Ⅵ	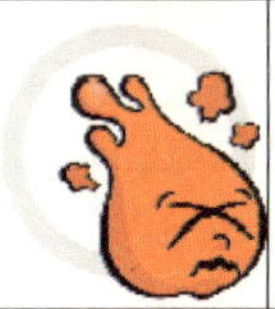	–	10 초과	–	2 미만	0.15 초과	1.5 초과	70 초과	–	–

- 생활환경 기준(하천)

등급		상태 (캐릭터)	기준					
			pH	BOD (mg/ℓ)	SS (mg/ℓ)	DO (mg/ℓ)	대장균군(군수/100㎖) 총대장균군	대장균군(군수/100㎖) 분원성 대장균군
매우 좋음 (Very Good)	Ⅰa		6.5~8.5	1 이하	25 이하	7.5 이상	50 이하	10 이하
좋음 (Good)	Ⅰb		6.5~8.5	2 이하	25 이하	5 이상	500 이하	100 이하
약간 좋음 (Fairly Good)	Ⅱ		6.5~8.5	3 이하	25 이하	5 이상	1,000 이하	200 이하

보통 (Fair)	Ⅲ		6.5~8.5	5 이하	25 이하	5 이상	5,000 이하	1,000 이하
약간 나쁨 (Fairly Poor)	Ⅳ		6.0~8.5	8 이하	100 이하	2 이상	-	-
나쁨 (Poor)	Ⅴ		6.0~8.5	10 이하	쓰레기 등이 떠 있지 아니할 것	2 이상	-	-
매우 나쁨 (Very Poor)	Ⅵ		-	10 초과	-	2 미만	-	-

〈표 2-2-2〉 물등급별 생물지표종

물 등급	생물지표종			
	어류		저서생물	
매우 좋음 ~ 좋음	산천어	금강모치	보통옆새우	가재
	버들치	열목어	뿔하루살이	민하루살이
좋음 ~ 보통	갈겨니	쉬리	다슬기	조개넙적거머리
	은어	쏘가리	강하루살이	동양하루살이
보통 ~ 약간 나쁨	피라미	끄리	물달팽이	돌거머리
	모래무지	참붕어	물벌레	밀잠자리
약간 나쁨 ~ 매우 나쁨	붕어	잉어	왼돌이물달팽이	실지렁이
	메기	미꾸라지	붉은깔다구	나방파리류

〈표 2-2-3〉 지하수 수질기준 (단위 : mg/ℓ)

항목 \ 이용목적별		생활용수
일반오염물질 (5개)	수소이온농도(pH)	5.8～8.5
	일반세균	1㎖중 100CFU 이하
	대장균군수(MPN/100㎖)	5,000 이하
	질산성질소	20 이하
	염소이온	250 이하
특정유해물질 (15개)	카드뮴(Cd)	0.01 이하
	비소(As)	0.05 이하
	시안(CN)	불검출
	수은(Hg)	불검출
	유기인	불검출
	페놀	0.005 이하
	납(Pb)	0.1 이하
	6가크롬(Cr^{+6})	0.05 이하
	트리클로로에틸렌(TCE)	0.03 이하
	테트라클로로에틸렌	0.01 이하
	1.1.1-트리클로로에탄	0.15 이하
	벤젠	0.015 이하
	톨루엔	1 이하
	에틸벤젠	0.45 이하
	크실렌	0.75 이하

2) 물 오염원

(1) 물 오염원

수질오염이란 생활하수, 산업폐수, 농축산폐수 등이 정화되지 않고 하천이나 호수로 유입되어 물을 오염시켜 각종 용수로 사용할 수 없게 되거나 생물의 서식에 심각한 피해를 줄 정도로 수질이 나빠지는 것을 말한다. 모든 질병의 80% 정도가 오염된 물에 기인하며, 매년 2500만 명 이상이 수인성 질병으로 5세 이하에서 사망한다.

현재 수질오염물질로는 유기물질, 구리, 납, 니켈, 시안 등 29종이 지정되어 있으며, 특히 수질의 안전성 관리를 위해 중금속, 페놀류 등 12종의 특정수질유해물질이 지정되어 있다.

〈표 2-2-4〉 물 오염원의 배출형태

점오염원 (point source)	· 생활하수, 산업폐수, 축산폐수 등 일정한 배출경로의 오염원 · 인위적이며, 배출지점이 특정하다. · 한 지점으로 집중적으로 배출한다. · 자연적 요인에 영향을 적게 받아 계절적인 변화 작음 · 차집이 용이하며, 처리효율이 높다. · 오염물질 배출기준을 정하고 있다.
비점오염원 (non-point source)	· 강우 시 노면배수, 농경지 배출수 등 불특정한 배출경로의 오염원 · 인위적 및 자연적이며, 배출지점이 불특정하다. · 희석, 확산되면서 넓은 지역으로 배출한다. · 계절에 따른 변화가 심하여 예측이 곤란하다. · 차집이 곤란하며, 강우의 영향을 받아 처리효율이 일정하지 않다. · 오염물질 배출기준을 정하지 않고 있다.

(2) 물 오염물질 배출기준

생활하수·산업폐수·축산폐수 등에 대한 오염물질 배출기준을 설정하고 있으며, 이 중에서 양적으로 가장 큰 비중을 차지하는 것은 생활하수이다. 여기에서는 산업폐수와 축산폐수에 관한 사항은 생략한다.

생활하수의 경우, 도시화된 지역에 설치되는 하수처리장의 방류수 기준과 비시가화 지역의 개별건축물에 설치되는 오수처리시설의 방류수 기준으로 구분된다. 전자는 하수도법에 의해 하수도정비기본계획을 수립하고 생활하수를 종말처리하고 있는데, 하수처리율은 70%까지 향상되었다. 후자는 오수·분뇨 및 축산폐수의 처리에 관한 법률에서 지역에 따라 차등적으로 규정하고 있는데, 개별건축물별로 오수정화시설을 설치하도록 하고 있다. 방류수 수질기준은 생물화학적 산소요구량[23], 화학적 산소

23) 생물화학적 산소요구량(Biochemical Oxygen Demand : BOD)은 물 속에 들어 있는 유기오염물질을 미생물이 분해하기 위해서 필요로 하는 산소의 양을 말한다. 다시 말해 물이 어느 정도 오염되었는가를 나타내는 기준으로 일정시간 내에 미생물이 물 속의 유기물을 분해하여 정화하는데 소비되는 산소의 양을 ppm으로 나타낸 것이다.

BOD가 10ppm이라면 물 100만g(1톤)에 포함된 오염물질을 분해하기 위해서 필

요구량[24], 부유물질량과 기타 총질소, 총인 등 5가지 항목으로 이루어져 있다.

〈표 2-2-5〉 방류수 수질기준 (단위 : mg/ℓ)

구분	생물화학적 산소요구량 (BOD)	화학적 산소요구량 (COD)	부유물질량 (SS)	기타
하수종말처리장	20 이하	40 이하	20 이하	총질소 : 60 이하 총인 : 8 이하
폐수종말처리장(농공단지 오폐수종말처리시설 포함)	30 이하	40 이하	30 이하	

2-2. 수질오염의 현황

1) 하천

4대강(한강, 낙동강, 금강, 영산강) 주요지점의 수질은 1997년 이후 전반적으로 수질이 회복되는 경향을 보이고 있다. 한강수계의 팔당상수원은 BOD 1.1ppm 수준, 낙동강의 물금상수원은 2.6ppm, 금강의 부여상수원은 2.9ppm, 영산강권역의 나주상수원은 5.3ppm의 수준(2005년도)을 보이고 있다.

요한 산소량이 10g이라는 뜻이다. 통상 상수원으로 적합한 BOD는 2ppm이하이어야하며, 5ppm이 넘으면 하천은 자기 정화능력을 상실하기 시작한다.

24) 화학적 산소요구량(Chemical Oxygen Demand : COD)은 수중에 있는 각종 오염물질을 화학적으로 산화시키기 위해서 필요한 산소의 양을 말한다. 특히 해양이나 호수에 흘러들어 온 유해물질을 함유한 공장폐수의 오염도를 알고자 할 때 COD를 이용한다. 물이 오염된 정도를 지표로 나타낼 때는 BOD나 COD단위를 써서 나타내며 이 수치가 높을수록 그 만큼 유기물이 많다는 것을 의미 하므로 오염이 심한 물이라고 할 수 있다.

〈표 2-2-6〉 전국 하천의 수질등급 현황 (단위: 수역구간수)

수계	계	I	II	III	IV	V	등외
계	194	36	96	39	11	4	8
한강	52	10	25	7	3	2	5
낙동강	40	8	26	6	0	0	0
금강	38	5	20	12	1	0	0
영산강	12	0	8	0	2	0	2
섬진강	6	3	3	0	0	0	0
기타	46	10	14	14	5	2	1

출처: 환경부, 환경백서, 2007.

2) 호소

호소란 하천 등에 댐, 보 또는 제방 등을 쌓아 흐르는 물을 가두어 놓거나 흐르는 물이 자연적으로 가두어진 곳을 말한다. 현재 우리나라에는 18,796개의 호소(다목적댐 15, 발전용 댐 21, 생공용수댐 63, 관계용수댐 1,114, 저수지 17,573, 하구호 5, 자연호 5)가 있으며, 이들 대부분은 댐 등을 건설하여 조성된 인공호소로서 농업용 저수지가 대다수를 차지하고 있다.

호소는 대부분 폐쇄성 또는 준폐쇄성 수역공간이라는 구조적 특성 때문에 하천에 비해 자체정화 능력이 떨어지며 영양염류의 축적이 용이하여 일단 오염이 되면 부영양화[25] 등 2차 오염이 유발될 우려가 크다는 특성을 지니고 있다. 특히 우리나라의 호소는 호소면적에 비하여 유역면적이

25) 부영양화(富營養化, Eutrophication)란 강과 바다 그리고 호수 등의 수역이 미생물에 의한 유기물의 분해로 인하여 영양이 많아지는 현상이다. 즉 깨끗한 물에 오염된 유기물질(질소나 인)이 흘러들어 오면 이것을 영양분으로 해서 해조류와 플랑크톤이 번식하게 되고 물 속에 녹아있는 산소를 거의 다 쓰는데 잡초나 침전물들이 밑바닥에 쌓여 결국 오염된 물로 변하게 된다. 자연 생태계의 물질 순환의 사이클이 순조로우면 자연은 균형이 잡혀 소위 자연의 자정작용이 이루어지나, 이 자정능력을 넘는 대량의 유기물이나 염류가 강과 바다로 배출되면 수역은 분해 산물 또는 이차 생성물 등의 영양 염류가 풍부해지며 특정 생물(적조플랑크톤 등)의 이상 발생이 일어난다. 이와 같이 하천이나 호수에서 부영양화가 발생하면 물이 악취를 풍기면서 썩기 때문에 물고기들이 살 수 없게 되고 이로 인해 수중생태계의 균형이 깨지게 된다.

넓고 호소의 형태도 폭에 비하여 길이가 긴 하천형 호소가 많으며, 평균 수심이 얕고 체류일수가 길어 호소에 유입되는 오염물질 등 영양염류의 양이 많아 부영양화 발생 등 오염에 매우 취약한 구조적 특성을 지니고 있다.

우리나라 호소의 수질은 대부분 Ⅱ~Ⅲ급수 수준으로 환경기준에 크게 못 미치고 있다. 농림부에서 전국의 농업용 저수지 18,000개소 중 수질이 오염되었거나 우려되는 436개소에 대해 조사한 결과(2000), 농업용수기준을 초과하는 저수지는 130개소(조사대상 저수지의 29.8% 수준)로 나타났다. 특히 대규모 간척사업으로 조성된 담수호의 경우에는 집수구역 내 주변 환경기초시설의 부족 등으로 수질이 좋지 않은 실정이다. 또한 국내 호소에서의 조류 발생도는 갈수해였던 1994년을 경계로 상승하고 있는 추세이며, 특히 여름철 장마 이후 조류의 대량증식에 의한 녹조현상[26]의 심화로 정수처리과정에서의 여과장애 유발 등 용수이용에 장애가 증대되고 있는 실정이다.

---

26) 녹조현상이란 '부영양화된 호소나 유속이 느린 하천에서 부유성의 조류(식물플랑크톤)가 대량증식하여 수면에 집적하여 물색을 현저하게 녹색으로 변화시키는 현상'을 가리키는 말이다. 녹조(綠潮)현상(green tide)이라는 말은 1996년 우리나라에서 처음 사용된 말로 연안의 해수가 붉게 변하는 적조(赤潮)현상(red tide)과 비교하여 물색이 녹색으로 변한다고 하여 신문이나 방송 등을 통해 붙여진 이름이지만 실제 녹조현상을 일으키는 원인 조류들은 대부분 남조류이므로 학문적으로 정확한 표현이라고는 할 수 없으나 일반시민들이 쉽게 이해할 수 있는 표현이기 때문에 점차 널리 사용되고 있다.

녹조현상도 유해조류의 대발생(Harmful Algal-bloom : HAB)의 한 형태로 부영양화된 수역에서 종다양성이 깨어지고 1종 또는 적은 수의 남조류가 우점하여 대량 증식하는 현상이다. 이런 현상이 일어나면 그 수역의 생태계가 파괴되며 그 이외에도 사회적, 경제적, 환경적인 측면에서 많은 문제를 유발하게 된다.

〈표 2-2-7〉 주요 호소의 수질현황(2006년 기준) (단위: mg/ℓ)

수계	호소명	적용등급	COD	BOD	현재등급	T-N	T-P	영양상태
한강	춘천호	Ⅰa	-	1.1	Ⅰb	1.255	0.012	중영양
	소양호	Ⅰa	2.7	-	Ⅰb	1.537	0.035	중부영양
	청평호	Ⅰa	-	0.9	Ⅰa	2.125	0.053	중부영양
	충주호	Ⅰa	2.2	-	Ⅰb	2.352	0.018	중영양
	팔당호	Ⅰa	-	1.2	Ⅰb	2.190	0.055	중부영양
낙동강	안동호	Ⅰa	2.2	-	Ⅰb	1.192	0.017	중영양
	합천호	Ⅰa	2.3	-	Ⅰb	1.532	0.018	중영양
	가창호	Ⅰa	2.1	-	Ⅰb	1.127	0.008	반중영양
금강	대청호	Ⅰa	3.1	-	Ⅱ	1.602	0.021	중영양
	탑정지	Ⅰb	4.2	-	Ⅲ	1.481	0.026	중영양
영산강	담양호	Ⅰa	1.9	-	Ⅰa	1.131	0.023	중영양
	영산호	Ⅰb	-	1.9	Ⅰb	4.425	0.136	부영양
섬진강	옥정호	Ⅰb	3.0	-	Ⅰb	1.916	0.026	중영양
	보성호	Ⅰa	-	2.0	Ⅰb	1.956	0.032	부영양

주: BOD평가지점은 체류시간이 35일 이내인 호소로 측정망상의 최종 방류지점으로 평가
주: Ⅰa는 매우 좋음, Ⅰb는 좋음, Ⅱ는 약간 좋음, Ⅲ는 보통

3) 지하수

지표수는 땅 위에 있는 모든 물로 강우가 98%, 강설이 2% 정도를 차지하며 하천수도 포함된다. 지하수란 땅 속에 있는 물로 지표 아래 800m까지 50%, 나머지 4km 내에 50%가 존재한다. 우리나라는 물 공급을 주로 지표수에 의존하였으나, 지표수의 오염, 댐에 의한 용수공급의 한계 및 물 소비량의 증가로 인하여 점차 심화되고 있는 물 수요·공급의 불균형을 해소하기 위하여 지하수의 이용량이 증가하고 있다. 건교부의 지하수 조사연보(2000)에 따르면, 1999년 말 기준으로 우리나라의 연간 지하수 개발이 가능한 양은 133억 톤이나, 이는 총 이용량의 29.8%(39.6억 톤, 지하염수 제외)에 머물러 장래 물 부족에 대비한 대체수원으로서 지하수의 가치가 매우 높음을 알 수 있다.

대기오염으로 인한 산성비, 각종 생활하수, 산업폐수, 쓰레기 및 농약으로 인한 토양오염 등으로 더러워진 지표수가 지하로 침투되어 지하수를 오염시킨다. 뿐만 아니라 지하수 수질관리가 제대로 이루어지지 않아 지하수를 마구잡이로 개발하고 있어 오염은 물론 지하수 고갈, 지반 침하까지 우려되고 있는 실정이다.

환경부(2006)의 지하수 수질조사 결과, 전국 4,740개 지점(2,462개 측정지점을 연 2회 측정) 중 299개(6.3%)가 지하수 수질기준을 초과하였다. 항목별로는 일반세균 31%, 질산성질소 23%. 염소이온 12%, 트리클로로에틸렌 10% 순으로 수질기준을 초과하였다. 암반지하수에서 나타나는 일반세균의 초과는 지하수 관정의 부실관리로 인한 지표수 또는 천층지하수의 유입이 주원인이며, 질산성 질소는 생활오수와 폐기물침출수, 과다시비된 비료 등의 지하 침투가 주된 원인이다.

4) 생활폐수

우리나라에서 발생되는 오·폐수는 하루 19,680,000톤에 이른다. 생활하수는 가정, 상업지역, 공공시설 등 일상적인 과정 및 도시생활과정에서 배출되는 것으로 사람이 주된 오염원이 된다. 생활하수는 사람이 생활하면서 발생시키는 생활잡수와 분뇨로 구분된다.

인구증가 및 국민생활 수준의 향상과 더불어 오수 발생량도 매년 증가하고 있는데, 부엌, 목욕탕, 청소, 세탁 등에 사용한 물로 음식찌꺼기, 때, 세제, 먼지 등으로 오염된 생활폐수는 하루 평균 1인당 약 400~500ℓ 정도가 되며, 2005년 말 현재 전국의 생활오수 발생량은 약 16,833천㎥/일에 이르고 있으며, 이 중 76%가 하수처리 구역 내에서 발생하고 있다. 오수 발생량은 상수 급수량과 밀접한 관계가 있으며, 주요 발생원은 일반가정, 숙박업, 식품접객업, 목욕탕업, 공장 등의 수세식화장실, 목욕탕, 세면장, 주방 등이다. 주요 오염물질은 유기물질, 부유물질 및 영양염류 등이며, 오수의 수질상태는 생활수준과 밀접한 관계가 있다.

분뇨의 발생 또한 인구증가와 함께 계속 증가하고 있는데, 우리나라 분뇨 발생량은 1987년에는 42,272㎥/일이던 것이 1998년에는 47,162㎥/일로 10년간 연평균 약 1% 정도가 증가한 것으로 나타나고 있다. 2000년에는 47,389㎥/일로 1인당 1일 약 1ℓ 정도의 분뇨를 배출하며, 1/10 정도가 고형분이다.

한편, 분뇨처리과정을 보면 수세식 화장실이 설치된 가정, 산업체 등에서 발생되는 분뇨는 각 가정과 산업체 내에 설치된 단독 정화조 또는 오수처리시설에서 처리하고, 이들 시설의 청소과정에서 발생되는 오니(汚泥)와 재래식 화장실의 발생분뇨는 수거하여 분뇨처리시설 등에서 최종 처리된다. 1998년도 분뇨 발생량을 수거식과 수세식 비율로 보면 수세식이 전체 발생량의 86%(40,573㎥/일)를, 수거식은 14%(6,589㎥/일)를 차지하는 것으로 나타났다.

수거식 화장실 분뇨와 정화조 및 오수처리시설의 청소과정에서 발생하는 생활오수의 대부분은 분뇨처리시설(2005년 말 195개소)에 유입, 처리하는데, 전체 분뇨처리시설의 66%(129개소)는 공공하수처리시설과 연계처리하는 체계로 되어 있다.

생활오수와 분뇨의 처리는 하수관거를 통하여 하수종말처리시설로 유입·처리되는 종말처리체계와 발생원에 오수처리시설을 설치하여 하수종말처리시설과 동일한 수준인 BOD 20㎎/ℓ 이하로 처리하는 개별처리체계로 대별할 수 있다. 우리나라는 2000년 말 현재에는 하수종말처리시설에 의한 하수도 보급율이 70.5%에 이르고 있다. 그러나 농어촌 지역 등 건축물이 산재되어 있는 지역은 하수관거의 설치가 어려워 생활오수 등의 처리를 하수종말처리시설에만 전적으로 의존할 수 없는 실정이다. 따라서 하수종말처리시설이 설치되어 있지 않은 지역에 건축되는 건물에 대해서는 건축연면적 규모에 따라 오수처리시설의 설치를 의무화하여 오염원을 발생원에서 개별 처리하도록 하고 있다.

하수처리구역 외에서 발생되는 오수는 개별건물에 설치된 오수처리시설로 유입·처리되고 있으나, 기존 오수처리시설의 방류수 수질기준이 처리용량별로 BOD기준 20mg/ℓ 내지 80mg/ℓ 로 높아 오수처리시설이 총 오염부하량의 삭감에 기여하는 비율은 유입·처리되는 비율보다 훨씬 낮은 것으로 추정된다.

2-3. 수질오염 저감

1) 폐수의 저감

고농도 오염물질인 분뇨를 처리하는 분뇨처리시설은 다른 환경기초시설보다 기계설비의 부식이 빠르며, 일정기간 내구연한이 지난 시설은 각종 기기 및 구조물 등의 노후로 자체 분뇨처리능력이 저하된다. 따라서 정상적인 가동을 위해 10년 이상 된 분뇨처리시설은 효율이 좋은 최신시설로 교체하고, 질소·인 처리시설이 설치되지 않은 시설에 대해서는 질소·인 처리시설을 보완하여야만 효율적인 처리를 할 수 있다.

2) 지하수 오염방지

지하수 오염의 경우, 유입된 오염물질이 멀리 이동하고 지하 대수층 내에서 장기간 잔존하여 지표수에 비해 희석 또는 자정이 어려운 특성이 있으므로 무엇보다 일차적으로 오염이 되지 않도록 세심한 주의를 기울여야 한다.

지하수의 개발·이용시설을 설치하거나 폐쇄하는 경우에 지표(地表)나 지중(地中)으로부터 오염물질의 유입을 방지할 수 있는 시설을 설치하여야 한다(지하수법 제16조, 시행령 제25조). 즉 취수정으로부터 오염물질 유입방지 및 부대시설의 보호를 위해 지표상부에 콘크리트로 상부 보호공을 설치하고 지표하부에는 보호벽(케이싱)을 암반선까지 설치하여야 하며, 토지굴착 후 토지와 보호벽 사이의 공간에는 차수용 시멘트를 주입하여 그라우팅을 실시하여야 한다.

지하수의 개발·이용시설의 사용이 종료되거나 폐쇄될 경우에는 지표로부터 오염물질이 직접 지하수층으로 유입될 소지가 있으므로 이들 폐공의 관리를 보다 철저히 해야 한다. 보호벽이나 유공관(파이프) 등이 설치되었을 때에는 가능한 이를 제거한 후 토지깊이까지 불투수성 재료(시멘트 슬러리 등)를 주입하여 다지면서 되메움(공매작업)을 실시하여 원상 복구해야 한다.

3) 하천의 관리

하천의 관리를 위해서는 먼저 오염원의 발생지점에서 오염물질을 규제하는 수질기준의 강화와 엄격한 감시를 통하여 오염물질의 배출을 억제하는 방법과 하수처리장과 공장폐수처리장의 건설, 그리고 분뇨처리장의 건설 등을 통하여 오염물질을 처리하여 방류하는 방법 등을 적절히 활용하여야 한다. 그리고 유역의 종합적 관리의 일부로서 평상시의 갈수(渴水) 및 이상수질 발생시의 유역관리대책으로 저수관리를 강화해야 한다. 또한 수해로부터 국민을 보호하고 국토를 보전하기 위해서 수해현황과 원인에 따른 문제점을 분석하고 이에 대한 체계적이면서도 종합적인 홍수관리 대책을 강구하여야 한다.

2-4. 먹는 물환경

1) 먹는 물 기준

먹는 물이란 「먹는 물 관리법」 제3조에 의하면 "통상 사용하는 자연상태의 물과 자연상태의 물을 먹는데 적합하게 처리한 수돗물, 먹는 샘물 등을 말한다"이다. 통계청 사회통계조사(2002) 결과에 따르면 1997년 우리나라 국민들은 수돗물(62.8%)을 가장 많이 음용수로 택하고 있으며, 다음으로 지하수(18.9%), 약수(8.9%), 생수(8.4%), 기타(1.0%)인 것으로 나타났다. 즉 우리나라 사람들의 먹는 물은 수돗물이 대표적인 것이다.

우리나라에서는 1963년 최초로 「수도법」에 근거하여 29개 항목에 대한 먹는 물 수질기준을 설정하였으며, 현재(2007년) 총 55개 물질에 대하여 먹는 물 수질기준을 설정·관리하고 있다. 음용수에 대한 권장 기준치(WHO)는 인구 100,000명당 1명의 암 발생 가능성을 기준으로 하거나 보통사람이 하루 약 2ℓ 씩 70년간 물을 마셨을 때 몸에 해가 발생하지 않을 수치에서 다시 안전율을 감안하여 정하므로 매우 안전한 수준이다.

〈표 2-2-8〉 먹는 물 수질기준(55개 항목) (단위 : mg/ℓ)

구분	항 목	기 준	구분	항 목	기 준
미생물(4)	일반세균	100 CFU/mℓ		크실렌	0.5mg/ℓ
	대장균 군	ND/100mℓ		1.1-디클로로에틸렌	0.03mg/ℓ
	분원성대장균 군	ND/100mℓ		사염화탄소	0.002mg/ℓ
	대장균	ND/100mℓ		1.2-디브로모-3-클로로프로판	0.003mg/ℓ
유해영향무기물질(11)	납	0.05mg/ℓ	소독부산물질(8)	유리잔류염소	4.0mg/ℓ
	불소	1.5mg/ℓ		총트리할로메탄	0.1mg/ℓ
	비소	0.05mg/ℓ		클로로포름	0.08mg/ℓ
	세레늄	0.01mg/ℓ		클로랄하이드레이트	0.03mg/ℓ
	수은	0.001mg/ℓ		디브로모아세토니트릴	0.1mg/ℓ
	시안	0.01mg/ℓ		디클로로아세토니트릴	0.09mg/ℓ
	암모니아성질소	0.5mg/ℓ		트리클로로아세토니트릴	0.004mg/ℓ
	6가크롬	0.05mg/ℓ		할로아세틱에시드	0.1mg/ℓ
	질산성질소	10mg/ℓ	심미적영향물질(16)	경도	300mg/ℓ
	카드뮴	0.01mg/ℓ		과망간산칼륨소비량	10mg/ℓ
	보론	0.3mg/ℓ		냄새 (소독외의 냄새)	ND
휘발성유기물질(16)	다이아지논	0.02mg/ℓ		맛 (소독외의 맛)	ND
	파라티온	0.06mg/ℓ		동	1mg/ℓ
	페니트로티온	0.04mg/ℓ		색도	5도
	카바릴	0.07mg/ℓ		세재	0.5mg/ℓ
	페놀	0.005mg/ℓ		수소이온농도	5.8~8.5
	1.1.1트리클로로에틸렌	0.1mg/ℓ		아연	1mg/ℓ
	테트라클로로에틸렌	0.01mg/ℓ		염소이온	250mg/ℓ
	트리클로로에틸렌	0.03mg/ℓ		증발잔류물	500mg/ℓ
	디클로로메탄	0.02mg/ℓ		철	0.3mg/ℓ
	벤젠	0.01mg/ℓ		망간	0.3mg/ℓ
	톨루엔	0.7mg/ℓ		탁도	0.5NTU
	에틸벤젠	0.3mg/ℓ		황산이온	200mg/ℓ
				알루미늄	0.2mg/ℓ

2) 먹는 물의 현황

2005년 12월말 현재 우리나라에서는 1060개 급수구역(90개 시, 212개 읍, 758개 면)내에 전체인구의 90.7%가 상수도를 공급받고 있다. 1일 1인당 363ℓ 의 급수를 하고 있다. 지역규모별로 상수도 보급수준을 비교해 보면 7대 특·광역시의 상수도보급률이 98.9%, 시지역이 97.5%, 읍지역이 82.6%, 면단위 농어촌지역이 37.7%이다.

2006년에 실시한 먹는 물 수질확인검사 결과(환경부, 환경백서, 2007)를 보면, 시도지사가 지정한 먹는 물 공동시설은 1,709개소이며, 이용인원은 1일 27만여 명에 이르고 있다. 그러나 그 수질은 그리 양호하지 못하다. 그 원인은 먹는 물 공동시설 대부분이 지표수와 유사한 시설로 오염원에 쉽게 노출되어 시설의 주변 청결 불량과 관리소홀 시 나타나는 미생물(일반세균, 대장균 군 등) 기준초과 시설인 것으로 밝혀져 시설관리의 필요성이 강조된다.

한편, 최근 상수원의 수질오염과 상수도관의 부식문제 등 수돗물에 대한 불신이 커지는 반면 정수기 사용 가구 수는 점차 늘어나고 있다. 현재 약 500만대 이상의 정수기가 보급되고, 연간 판매대수가 약 110만대에 이르고 있는 것으로 추정된다. 정수기 특성을 이해하지 못하고 제대로 관리하지 않으면 정수기 사용이 오히려 먹는 물의 질을 떨어뜨릴 수 있으므로 주의하여야 한다. 대부분의 정수기는 내부 용기에 물을 저장하는 역삼투압 방식이므로 하루 이상 사용하지 않은 경우에는 저장된 물을 빼내고 다시 정수해서 마셔야 한다. 그리고 정해진 필터교환시기를 지켜야 한다. 정수기의 기준과 규격은 환경부 고시로 정하고 있다.

〈표 2-2-9〉 상수도 보급추이

구 분	'95	'00	'05
총 인 구(천명)	45,974	47,977	49,268
급수인구(천명)	38,107	41,774	44,671
보 급 률(%)	82.9	87.1	90.7
시설용량(천톤/일)	22,000	26,980	30,950
급수량(ℓ /일 · 인)	398	380	363

〈표 2-2-10〉 지역규모별 상수도 보급

구 분	총인구(천명)		급수인구(천명)		보급률(%)	
	′00	′05	′00	′05	′00	′05
전 국	47,977	49,268	41,774	44,671	87.1	90.7
특별시 · 광역시	23,096	23,079	22,682	22,832	98.2	98.9
시 지 역	15,259	17,061	14,641	16,641	96.0	97.5
읍 지 역	3,683	3,909	2,795	3,231	75.9	82.6
면 지 역	5,939	5,219	1,656	1,967	27.9	37.7

3) 물의 절약

우리나라는 연강수량이 1,274㎜로 세계 평균 973㎜보다 많다. 그러나 국토가 좁고 인구 밀도가 높아 연강수량을 국토면적과 인구에 대비하여 보면 1인당 연 강수량은 22,096㎥의 12.5%에 불과하다. 그리고 활용 가능한 수자원량은 630억㎥로 국민 1인당 1,452㎥이다. 이는 물 부족국가에 해당되는 수준이다.

〈표 2-2-11〉 물 풍요, 부족, 기근 국가(1999년 UN 국제인구행동연구소 분류)

구분	1인당 사용가능한 물의 양	국가 분류
물 기근 국가군	매년 1,000㎥ 미만 만성적인 물 부족을 경험하여 그 결과 경제발전 및 국민 복지, 보건이 저해	알제리, 바레인, 바베이도스, 부룬디, 카포베르데, 이집트, 이스라엘, 요르단, 쿠웨이트, 리비아, 몰타, 오만, 카타르, 사우디아라비아, 싱가폴, 튀니지, 아랍에미레이트연방, 예멘
물 부족 국가군	매년 1,700㎥ 미만 주기적인 물 압박을 경험	**한국**, 벨기에, 코모로스, 키프러스, 아이티, 케냐, 모르코, 폴란드, 르완다, 소말리아, 남아프리카공화국, 영국
물 풍요 국가군	매년 1,700㎥ 이상 지역적 또는 특수한 물 문제만을 경험	미국, 일본, 캐나다 등 131개국

우리 국민 한 사람이 하루에 사용하는 물은 395ℓ 로 프랑스보다 많으며 독일의 3배에 가깝다. 국민소득 1천 달러를 기준으로 할 때, 우리나라의 물 사용량은 41.6ℓ 로 영국의 22.2ℓ , 호주의 23.1ℓ ,프랑스 10.9ℓ , 일본 11.4ℓ , 독일 4.8ℓ 등에 비해 많다. 이렇게 선진국에 비해 물을 지나치게 많이 사용하고 있는 이유는 물 값이 저렴하며, 예로부터 물은 공짜라는 생활습관이 있기 때문이다. 2005년 전국의 평균 수도요금은 563.2원/톤으로 생산원가 680.0원/톤의 82.8% 수준이다.

물 절약을 위해 단기적으로는 절수기기 도입을, 중장기적으로는 노후 수도관 교체, 물 절약형 수도요금체제 도입, 중수도 보급 등이 실시되어야 한다.

〈표 2-2-12〉 수도요금 변화추이

구분	'93	'96	'99	′02	′05
요금(원/톤)	238	307	396.9	514.0	563.2
생산원가(원/톤)	309	397	535.3	593.9	680.0
현실화율(%)	77.0	77.2	74.1	86.5	82.8

〈표 2-2-13〉 가정에서의 물 절약 방법

부엌	· 자동식기 세척기 사용할 때 모아서 한꺼번에 사용한다. · 설거지나 채소 과일을 씻을 때 물을 틀어놓고 하지 말고 받아서 한다. · 먹는 물은 냉장고에 넣어두면 찬물을 얻기 위해 오랫동안 물을 틀어놓는 걸 막을 수 있어 물 낭비를 막을 수 있다. · 설거지 할 때 세제는 조금만 사용하면 헹구는 물도 줄고 오염도 줄일 수 있다. · 음식물 찌꺼기나 국물, 식용유나 기름 등을 하수구로 버리지 않는다. · 그릇에 묻은 기름기는 휴지 등으로 닦아 낸 후 씻는다.
세탁실	· 세탁은 빨래를 많이 모아서 한꺼번에 한다. · 세탁 후 물을 흘러 보내지 않고 재활용한다.
욕실	· 샤워시간은 짧게 하고 물을 오랫동안 사용할 경우 샤워기 대신 욕조를 사용한다. · 절약형 샤워꼭지나 유량 조절기가 부착된 것을 설치한다. · 양치, 면도할 때에는 물을 틀어놓고 하지 말고 물을 받아서 이용한다. · 수도꼭지나 관의 누수를 점검한다. · 샤워할 때 따뜻한 물을 받기 위해 찬물을 틀어 버리지 말고 그 물을 받아서 정원수나 변기세척수로 사용한다. · 비누칠하는 동안 수도꼭지를 잠근다. · 샴푸나 린스는 되도록 적게 쓰도록 노력한다.
화장실	· 화장실 변기 누수를 없앤다. 누수확인 방법: 1년에 한번씩 변기통 덮개를 열고 물감을 열 방울 떨어뜨린다. 15분 후 변기 안의 색이 나타나면 즉시 교환한다. · 변기에 휴지나 다른 쓰레기 조각을 버리는 대신에 쓰레기통을 사용하면 변기 고유 용도 이외의 물 낭비를 줄일 수 있다. · 변기물통에 모래나 자갈을 채운 플라스틱 물병을 넣으면 가구당 약 35리터의 물을 절약할 수 있다. · 저유량 변기를 사용하면 20% 정도를 절약할 수 있다.
옥외	· 잔디의 물주기는 바람이 없을 때, 시원할 때, 이른 아침이 좋다. · 물주기를 할 때는 한 번에 충분히 주어 뿌리까지 적셔주고 정확한 위치에다 준다. 물 주기가 충분하지 않으면 빨리 물이 증발하고, 다른 위치에 주면 물을 허비하게 된다. · 나무나 큰 식물에는 덮개를 하여 수분의 증발을 막는다. · 잔디를 조금 더 기르면 물 증발을 막을 수 있고 잔디에 물은 허드렛물을 준다. · 보도나 복도 등을 청소할 때는 호스를 이용한 물청소를 하지 말고 비로 쓴다. · 세차 시에는 가급적 호스를 쓰지 말고 비누로 닦아 마지막에는 물로 헹군다. · 아이들에게 호스나 스프링클러 등으로 장난치지 못하게 한다.
기타	· 중수도 설치의무화 추진을 확대하도록 시민인식을 제고한다. · 수도꼭지 등 누수방지를 위해 점검과 관리를 철저히 한다. · 어린이는 수돗물로 장난을 못 치게 한다. · 한번 사용한 물을 재사용한다. · 수원지나 그 상류에서 위락행위(낚시, 야영, 세차, 쓰레기투기 등)를 하지 않는다.

3. 폐기물환경

3-1. 폐기물환경의 분류와 관리방식

1) 폐기물환경의 분류

폐기물이란 인류의 생산 및 소비활동의 필연적 결과물로써 사람의 생활이나 사업활동에 필요하지 아니하게 된 물질을 뜻하며, 인류가 지구상에 탄생한 이후 지금까지 계속 발생하고 있다. 「폐기물관리법」 제2조 제1항에 의하면 “폐기물이라 함은 쓰레기·연소재·오니·폐유·폐산·폐알카리·동물의 사체 등으로써 사람의 생활이나 사업활동에 필요하지 아니하게 된 물질을 말한다”.

〈표 2-3-1〉 폐기물의 분류

분류기준	분류
고형물의 함량	액상폐기물: 고형물 함량 5% 미만인 것
	반고상폐기물: 고형물 함량이 5% 이상 15% 미만인 것
	고상폐기물: 고형물 함량이 15% 이상인 것
발생원	생활폐기물: 사업장폐기물 외의 폐기물
	사업장폐기물: 대기환경보전법 · 수질환경보전법 또는 소음 · 진동규제법의 규정에 의하여 배출시설을 설치 · 운영하는 사업장 기타 대통령령이 정하는 사업장에서 발생되는 폐기물 사업장 일반폐기물, 건설폐기물, 지정폐기물이 있다.

주: 대통령이 정하는 사업장이라 함은 ① 지정폐기물을 배출하는 사업장 ② 폐기물을 1일 평균 300㎏ 이상 배출하는 사업장 ③ 일련의 공사 · 작업 등으로 인하여 폐기물을 5톤(공사의 경우에는 착공하는 때부터 완료하는 때까지 발생하는 폐기물의 양을 말한다) 이상 배출하는 사업장이다.

인구가 적은 농경중심의 사회에서는 폐기물이 발생되어도 자연의 자정작용으로 자연적으로 소화·흡수되어 문제가 없었으나, 사회구조와 생활방식이 대량생산, 대량소비 형태로 변화하면서 그 과정에서 발생되는 폐기물도 다량화·난분해화하여 자연의 자정작용만으로는 해결될 수 없는 사회문제로 대두되었다. 즉 자연계가 소화할 수 없는 폐기물은 매립장·소각시설 등 인위적인 폐기물처리시설을 설치하여 처리할 수 밖에 없으며, 이러한 과정에서 NIMBY(Not In My Back Yard)문제, 엄청난 시설투자 등 사회경제적 문제가 수반된다.

이와 같이 폐기물 문제는 현대사회의 대량생산·대량소비 체제에서 비롯되었기 때문에 이를 효과적으로 극복하기 위해서는 대량생산·대량소비 체제를 지속 가능한 자원순환형 사회경제 체계로 전환시켜 나가고 기술개발을 통하여 저렴한 비용으로 폐기물을 안전하게 처리하는 등 종합적이고 근본적인 접근이 이루어져야 한다.

〈표 2-3-2〉 폐기물관리정책의 흐름

구분	정책특징
방어적 위생개념 (1961~1977년)	· 주로 쓰레기를 주거지역에서 신속하게 치움으로써 도시지역 주민의 보건위생 수준을 향상시키는데 중점을 둠 · 청소구역, 하수도, 하천 및 해역 등에 오물투기를 금지함 · 1973년 개정된 오물청소법에서는 '오물'의 개념에 '폐기물'을 포함시켜 산업활동으로 생기는 오물을 사업자 스스로 처리하도록 규정함으로써 산업폐기물이 형식적으로는 제도권 내에서 관리됨
적극적 환경보전개념 (1978~1986년)	· '소극적 방어적 개념'에서 '적극적 환경보전적 개념'으로 전환됨 · 농촌폐비닐이 사회문제가 되어 "합성수지 폐기물 처리사업법"이 제정되고, 이의 집행을 위해 한국자원재생공사가 설립됨 · 생활폐기물은 여전히 "오물청소법"에 의해 관리되고, 산업폐기물은 새로 제정된 "환경보전법"에 의해 관리됨 · 아직 폐기물은 '처리개념' 중심으로 다루어짐
재활용 개념 (1986~1992년)	· 1986년 "폐기물관리법"을 제정하여 '재활용'이란 개념이 도입됨 · 1991년 "오수·분뇨 및 축산폐수의 처리에 관한 법률"이 제정되어 오수, 분뇨 등이 수질관리측면에서 다루어짐
폐기물 최소화 개념 (1993~현재)	· 1994년 바젤협약의 국내이행을 위해 "폐기물의 국가 간 이동 및 그 처리에 관한 법률"을 제정함 · 1995년 님비(NIMBY)현상을 극복하고 폐기물처리시설 설치를 효율적으로 추진하고 그 과정에 주민참여를 확대하기 위한 "폐기물 처리시설 설치촉진 및 그 주변지역 지원 등에 관한 법률"이 분법·정비됨

注: 바젤협약은 유해폐기물의 국가 간 불법이동에 따른 지구 규모의 환경오염 방지와 개도국의 환경친화 사업을 지원할 목적으로 UNEP와 세계환경단체들이 1983년 3월 스위스 바젤에서 채택한 협약으로 전문, 본문 29조 및 부칙 6조로 구성되어 있다. 1992년 5월부터 협약의 효율이 발효되어 1999년 현재 117개국이 가입되어 있다.

2) 폐기물의 관리방식

폐기물은 발생원을 기준으로 생활폐기물과 사업장폐기물로 구분된다. 생활폐기물이란 가정, 소규모 사업장에서 발생되는 사업장폐기물 이외의 폐기물을 말하는데, 생활폐기물의 수거·운반 및 처리는 관할 시장·군수·구청장의 의무이다.

폐기물의 관리방식은 원천적 발생억제 및 감량(prevention and reduction)→재이용(reuse)→재활용(recycling)→에너지회수(energy recovery)→소각(incineration) →매립(landfill)의 순으로 우선순위(발생억제에서 에너지회수까지를 '폐기물최소화'라 함)를 두는 것을 기본원칙으로 하고 있다. 이러한 기본원칙 하에 생산단계에서는 사업장폐기물 감량화제도, 제품의 환경성 제고를 위한 부담금제도 등을 운영하고 있으며, 유통단계에서는 과대포장규제, 리필제품 생산권고제도, 합성수지 포장재의 감량화제도를 운영하고, 소비단계에서는 쓰레기종량제, 1회용품 사용억제 시책을 추진하고 있다. 그리고 포장용기, 윤활유, 가전제품 등에 대해서는 소비 후 생산자가 회수·재활용하도록 예치금제도를 운영하고 있으며, 처분단계에서는 폐기물의 보관·운반기준, 폐기물처리시설 설치기준, 폐기물처리시설 관리기준 등을 설정하여 관리 하고 있다.

〈표 2-3-3〉 자원순환형 폐기물 관리체계

단계	내용
발생억제	1회용품 사용억제: 1회용 컵, 용기, 수저, 면도기, 쇼핑백, 응원용품 등 18개 품목
	과대포장 규제: 음식료품류, 화장품, 세제류, 의류, 잡화류 등 7개 품목
	폐기물부담금제도: 플라스틱제품, 유독물제품, 껌, 담배, 1회용품기저귀 등 7개 품목
재사용	빈 용기(공병)보증금제: 증류주류, 청량음료류 빈병 세척, 재사용
재활용	생산자책임재활용제: 금속캔, 유리병, 종이팩, 합성수지포장재, 전자제품, 형광등, 타이어, 윤활유 등 21개 품목
	재활용시설 지원: 선별, 보관 및 압축, 파쇄시설 등 국고 지원
	재활용산업 육성: 재활용시설자금 지원, 재활용품 사용 촉진
소각	소각시설 설치: 다이옥신 관리기준 강화, 주민지원
	소각 에너지 회수: 지역난방, 전력생산
매립	매립시설 확충: 위생매립 및 침출수 처리강화, 주민지원사업
	매립지 자원화: 가스발전 전력생산, 생태공원, 체육시설 조성

3-2. 폐기물환경 현황

1) 폐기물의 발생현황

우리나라 국민 한사람이 70년을 산다고 하면 일생동안 배출하는 쓰레기는 2,500톤의 폐수, 7,765톤의 대기오염물질, 55톤의 생활쓰레기, 7톤의 자동차, 냉장고, 세탁기 등의 도시 쓰레기를 배출한다. 폐기물의 발생실태를 보면 폐기물의 총량은 1993년을 기점으로 다시 점진적으로 증가하는 추세에 있다. 생활폐기물은 1990년대 들어 점진적으로 감소추세를 보이는 반면, 사업장폐기물(사업장 일반폐기물과 지정폐기물)은 매년 10% 이상의 높은 증가율을 보이면서 1993년을 기점으로 사업장폐기물이 생활폐기물보다 많아졌다. 1인당 생활쓰레기 발생량은 1994년에 1일 1.3kg이었으나, 쓰레기종량제 실시(1995년 1월) 및 감량정책 등으로 2005년에는 1일 0.99kg으로 감소되어 영국의 0.96kg, 독일의 0.99kg과 유사한 수준에 도달했다. 사업장 폐기물은 매년 증가하다가 2005년부터 감소추세를 보이고 있다.

〈표 2-3-4〉 폐기물 발생추이 (단위 : 톤/일)

구분	'95	'00	'05
계	148,100	234,100	299,023
생활폐기물	47,800	46,400	48,398
사업장폐기물	100,300	187,700	250,625

〈표 2-3-5〉 폐기물 발생량에 영향을 끼치는 요소

요소	설명
장소	주택지역은 음식물 쓰레기, 사무실 등이 많은 상업지역은 종이류, 공원은 캔류, 비닐류의 쓰레기가 많다.
도시규모	도시규모가 클수록 쓰레기 발생량이 많다.
생활수준	생활수준이 높을수록 쓰레기 발생량이 많으며 쓰레기의 성상도 다양하다.
기후	추운 지방은 연료의 쓰레기, 김장철에는 채소류의 쓰레기 발생이 많다.
관리상태	수집빈도가 높을수록, 쓰레기통이 클수록 쓰레기 발생량이 증가한다. 가정의 부엌에서 분쇄기를 사용하면 발생량이 감소한다. 재활용 회수 및 재이용이 증가할수록 발생량이 감소한다. 쓰레기 관리정책에 따라 발생량 및 성상이 변한다.

2) 폐기물의 처리현황

폐기물의 처리방법은 재활용, 위생매립, 소각이 있다. 재활용은 분리수거한 폐기물을 다시 자원화 하는 방법이며, 위생매립은 폐기물 속의 유기물 분해를 촉진시키는 방법으로 침출수의 토양유입을 방지하며, 메탄가스를 이용하는 방식이다. 소각은 폐기물을 태워서 없애는 방법으로 부피를 감소시키고 유해물질을 사전 제거할 수 있으며 적은 면적에 설치가 가능하여 국토 면적이 좁은 우리나라에는 소각 처리가 적합한 방식이라 할 수 있으나, 대기오염의 우려가 있다.

우리나라의 경우, 전체적으로 매립처리비율이 크게 낮아지고 재활용이 크게 확대되는 한편, 소각처리율도 점진적으로 증가하는 추세에 있다. 즉 1991년에는 생활폐기물 중 89.2%를 매립처리하고 7.9%만을 재활용하였으나, 2005년에는 매립처리율이 27.7%로 줄어드는 한편 재활용률이 56.3%로 증가하는 등 바람직한 폐기물처리구조로 변화되고 있다. 그러나 생활폐기물 중 가연성폐기물이 59.3%에 이르고 있는데도 소각처리율이 11.7%에 불과하다는 것은 시급히 개선되어야 할 과제이다.

〈표 2-3-6〉 생활폐기물의 분해기간

생활폐기물	분해기간	생활폐기물	분해기간
종이	2～5개월	금속 캔	100년
우유팩	5년	일회용 기저귀	100년 이상
담배필터	10～12년	칫솔	500년 이상
나무젓가락	20년	알루미늄 캔	500년 이상
일회용 컵	20년 이상	플라스틱 병	500년 이상
가죽구두	25～40년	플라스틱 백	500년 이상
나일론 천	30～40년	스티로폼	500년 이상

〈표 2-3-7〉 폐기물 처리현황 (단위: 톤/일, %)

구분		'00	'05
발생량	생활폐기물	46,438(100.0)	48,398(100.0)
	사업장폐기물	187,845(100.0)	250,625(100.0)
매립	생활폐기물	21,831(47.0)	13,402(27.7)
	사업장폐기물	29,904(15.9)	21,431(8.5)
소각	생활폐기물	5,441(11.7)	7,753(16.0)
	사업장폐기물	11,732(6.2)	9,660(3.9)
재활용	생활폐기물	19,166(41.3)	27,243(56.3)
	사업장폐기물	138,031(73.5)	207,557(82.8)
기타 (해양투기, 보관 등)	생활폐기물	-	-
	사업장폐기물	8,178(4.4)	11,977(4.8)

(1) 수거 및 운반

폐기물은 재활용성, 가연성, 불연성으로 구분하여 수집, 운반하여야 한다(폐기물관리법 시행령 제6조 제2항). 생활폐기물의 수거 운반 및 처리 업무는 자치단체가 담당하고 있으며, 자치단체 조례에 따라 업무의 일부를 민간에 위탁하여 수행하고 있다. 생활폐기물의 수거 운반은 지역별·계절별 발생특성에 따라 수거·적환·운반단계를 거치며 매우 다양한 방법으로 운영되고 있다.

폐기물 관리의 비용 면에서 볼 때 약 70%가 수거비용이다. 따라서 효율적인 수거는 비용 면에서 효과가 크다. 효율적인 수거노선을 택하며 교통량이 많은 출퇴근 시간은 피하여 수거한다. 그리고 고지대에서 저지대로 하향식 수거노선을 택하며 U자 회전의 수거노선은 피한다. 쓰레기 발생량이 많은 지역부터 수거하고 가능한 한 시계방향으로 수거노선을 정하는 것이 좋다. 수거방식은 단독주택지역은 문전수거방식으로 수거하며 공동주택은 컨테이너 수거방식이 채택되고 있다.

이러한 수집·운반체계와 병행하여 재활용품 분리수거체계가 별도로

운영되고 있는데, 수익성이 높은 폐지·고철류 등은 민간업체가 주로 수거하며 폐플라스틱 등 경제성이 낮은 재활용품은 자치단체가 수거하여 보관장이나 집하선별장으로 운송하여 민간에 판매하거나 한국자원재생공사 재활용시설로 운반하는 형태로 처분되고 있다.

(2) 처리시설

현재 매립시설의 향후 사용가능 기간은 2005년 연간 매립량을 기준으로 약 20년 사용이 가능하나, 일부 지자체는 사용 잔여기간이 짧아 지속적인 시설확충이 필요하다.

소각시설은 2006년 말 현재 119개소가 운영 중이며, 53개소가 공사 중이다.

3-3. 폐기물 감소

1) 폐기물 최소화

폐기물 최소화란 우리의 생활환경에서 불가피하게 발생되는 폐기물을 환경시스템으로 배출하지 않고 경제시스템 내에서 작동하게 하는 것이다. 즉 폐기물의 발생억제, 감량, 재이용, 재활용 및 에너지 회수(소각처리 시 열에너지 활용) 등을 통칭하여 폐기물의 최소화라 한다. 우리나라에서 추진 중인 폐기물 감량화를 제품의 라이프사이클 단계별로 구분하면 다음과 같다.

(1) 소비단계에서의 최소화

① 쓰레기종량제

쓰레기종량제(1995년 1월 1일부터 전국적으로 시행)란 쓰레기 배출량에 따라 배출자에게 쓰레기 처리비용을 부담하도록 함으로써 쓰레기의 발생을 근본적으로 억제하고 재활용품의 분리배출을 촉진하기 위한 경제적 유인수단으로서 이전까지 재산세나 건물면적 등을 기준으로 하는 정액부과방식의 쓰레기수수료 부과체계를 쓰레기배출량에 비례하는 부과체계로 전환한 것이다.

16개 시·도의 쓰레기종량제 실시 결과를 분석한 결과, 쓰레기 총 배출량은 1994년에 하루 58,118톤에서 2004년에는 50,007톤으로 감소하였고, 재활용품 배출량은 1994년 하루 8,927톤에서 24,588톤으로 증가하였다. 이러한 쓰레기 감량과 재활용품 분리배출 증가를 경제적 가치로 환산하면 8조원이 넘는 경제적 효과를 가져 온 것으로 분석된다. 즉 쓰레기종량제는 시민에게는 쓰레기 배출량에 대한 책임의식을 고취시켜 절약정신과 환경보전의식을 함양시키며, 기업에게는 과대포장 금지, 1회용품 생산의 자제 등 환경친화적 경영을 유도하며, 지방자치단체에게는 쓰레기를 위생적으로 처리할 수 있는 기반 조성과 대시민 청소행정서비스 개선의 계기를 마련하였다. 따라서 쓰레기종량제 이후 쓰레기 발생량 감소, 재활용품 증가, 쓰레기행정 서비스 개선, 국민들의 환경의식 향상, 제품의 생산·유통·소비 전과정이 친환경적으로 변화하는 효과가 나타났다.

〈표 2-3-8〉 쓰레기종량제에 따른 배출요령

① 생활폐기물은 시장 · 군수 · 구청장이 제작 · 판매하는 규격봉투에 담아 배출하여야 하며 봉투의 가격은 쓰레기 처리비용과 지방자치단체의 재정능력을 고려하여 시 · 군 · 구의 조례로 정한다.
② 연탄재와 재활용가능폐기물(종이, 고철, 캔, 병, 플라스틱)은 규격봉투에 담지 않고 지정된 정기 수거일에 지정된 장소에 배출하거나 자치단체의 여건에 따라 조례에서 정하는 별도의 방법에 따라 배출하면 무료로 수거해 간다.
③ 폐가구 · 폐가전제품 등 대형폐기물은 별도의 수수료를 부담하여 처리하도록 한다.
④ 깨진 유리와 같이 종량제 봉투에 담기 어려운 쓰레기는 자치단체가 제작 · 판매하는 별도의 전용 포대나 마대 등에 담아 배출한다.
⑤ 집수리 등으로 일시에 다량 발생하는 폐기물은 대형폐기물에 준하여 배출 · 처리한다.
⑥ 골목길 · 공원청소 등으로 수거한 쓰레기는 시 · 군 · 구에서 무료로 지급하는 공공용 봉투를 사용한다.

〈표 2-3-9〉 쓰레기종량제 시행성과

구분	총배출량 (톤/일)	재활용량 (톤/일)	최종처리쓰레기 (톤/일)	1인당 발생량 (㎏/인 · 일)
′04	50,007	24,588	25,419	1.03
′94	58,118	8,927	49,191	1.33

② 음식물쓰레기 감량화

음식물쓰레기란 “농·축·수산물 유통과정 중에서 버려지는 쓰레기, 가정·음식점 등에서 조리과정 중 식품을 다듬고 버리는 식품쓰레기, 먹고 남긴 음식물찌꺼기, 보관했다가 그냥 버려지는 식품폐기물”을 말한다.

2005년 음식물쓰레기 발생량은 1일 12,977톤으로서 생활폐기물 발생량 48,398톤/일의 26.8%를 차지함에 따라 음식물쓰레기가 차지하는 점유비율이 상대적으로 높으나, 1996년도의 29.1%에 비교하여 점차 감소하는 추세로 나타났다. 그러나 음식물류 폐기물 직매립금지(‘05.1.1) 이 후 분리배출되는 음식물류 폐기물이 증가하고, 국민의 생활수준 향상 및 웰빙문화 확산으로 인한 과일, 채소류의 소비증가 등으로 음식물류 폐기물 발생량이 대폭 증가한 것으로 나타났다. 우리나라 국민 1인당 하루 음식물쓰레기 발생량은 0.32kg으로 OECD 등 선진국(0.26~0.27kg)에 비해 많이 배출되는 실정이다. 1가구(4인 가족)당 년간 약 72만원의 음식물쓰레기를 버리고 있으며, 1996년 우리나라가 약 81억 달러의 식량을 수입하고 있는 상황에서 약 57억 달러를 쓰레기로 버리고 있는 것이다.

음식물쓰레기는 음식 준비과정에서 생기는 쓰레기(75.4%)가 가장 많으며, 다음으로 먹다 남은 음식물쓰레기(17.7%), 쓰지 못하거나 못 먹은 식품쓰레기(6.9%) 순으로 발생한다. 이러한 음식물쓰레기는 다른 쓰레기와 함께 버리거나(48.8%) 음식물쓰레기만 모아 따로 버리고(41.3%) 있으며, 흙(정원, 화단 등)에 묻기(10.0%)도 한다. 그러나 음식물쓰레기는 수분함량이 80~85%로서 매우 높아 쉽게 부패하기 때문에 수거, 운반 시 악취가 발생하고, 매립처리 시 다량의 침출수가 흘러나와 지하수 오염 등 2차 환경오염을 유발하며, 침출수를 처리하는데 많은 비용 소요된다. 소각 시에도 발열량이 낮고 물기가 많아 소각온도 저하에 따른 보조연료 사용이 필요하다. 그리고 음식물 쓰레기에 비닐, 병마개, 일반쓰레기 등이 함께 섞여 이를 분리해 내기 위해 최소한의 수작업, 기계적 분리 등을 해야 하기 때문에 비용이 발생되고, 재활용 퇴비나 사료의 품질저하의 요인이 된다.

음식물쓰레기를 줄이려면 음식 조리 시 계량을 생활화하고, 일주일 단위로 식단을 작성하여 가능한 버리지 않고 알뜰히 이용하는 것이 좋다. 음식물쓰레기 감량화를 위해 기업에서는 남는 음식을 만들지 않고, 가정에서는 음식 수분량을 줄이고, 농산물 시장에서는 포장출하를 하는 것이 좋다.

〈표 2-3-10〉 가정에서의 음식물쓰레기 감량 노력

조리과정	· 물기 있는 쓰레기는 물기를 꼭 뺀 후 버린다. · 과일껍질은 냄새가 나지 않으므로 베란다나 장독대 난간에 하루정도 말렸다가 버린다. · 나머지 음식물쓰레기는 개수대 위에 걸쳐놓은 소구리나 망사주머니에 담아두었다가 다음날 아침에 쓰레기봉투에 담는다. · 고무장갑을 낀 손으로 꼭 짠 다음 신문지로 싸서 봉투에 담는다(신문지가 남은 물기를 흡수해 준다). · 마당이 있는 집은 밭을 만들어 음식쓰레기를 묻으면 수분이 80%이므로 1/10 정도로 무게와 양이 감소한다. · 음식물은 먹은 만큼만 만들고 찌꺼기는 물기를 꼭 짜서 버린다(수분함량 40% 미만).
식생활 문화형성	· 식단계획을 생활화하고 냉장고 안의 식품을 정리한 후 반드시 필요한 식품만 구입한다. · 식품 구입 시 선도가 좋은 식품을 선택한다. · 관혼상제나 손님 접대 시 모자란 듯이 음식을 준비한다. · 생긴 음식물쓰레기는 물기를 제거하고 이물질이 섞이지 않도록 분리, 배출한다. · 자녀들에게 음식물을 남기지 않는 식습관을 기르도록 교육한다. · 소형 찬그릇을 준비하여 남겨 버리는 음식이 없도록 한다. · 여행시에는 도시락을 준비한다. · 음식점에서 남겨진 음식은 청결하게 포장하여 싸온다. · 장바구니를 들고 다닌다. · 과대포장을 삼가 한다.

2) 폐기물 자원화

폐기물 재활용의 기본방향은 재활용 순환과정인 수집, 가공, 재생처리, 판매 및 소비의 각 단계의 균형 있는 발전을 통한 자원순환형 경제·사회구조를 구축해 나가는 데에 있다. 재활용단계는 쓰레기 줄이기(reduce)→ 재사용(reuse)→ 재활용품 배출 → 재활용품 회수 → 재활용(recycle)→ 재활용품 소비이다.

(1) 폐기물 재활용 현황

① 폐지

일반가정에서 배출되는 폐기물 중 분리배출·수거의 주종을 이루고 있는 폐신문지, 폐골판지 등 폐지류는 쓰레기종량제로 인한 분리수거제도 정착으로 회수량이 매년 증가하고 있다. 이와 같은 회수량 증가에 따라 제지업체의 국내 폐지 사용률도 매년 증가추세에 있다. 2006년 국내 폐지 사용률은 75.4%로, 2000년 59.8%에 비해 상승하였다.

폐지 1톤은 30년생 나무 17그루가 소비되는데 우리나라의 폐지 자급율은 69.6%에 불과하다. 따라서 오물이나 물에 젖지 않도록 폐지를 분리하여 배출하여 폐지의 수입을 줄여야 하겠다.

② 폐유리병

분리수거 확대, 폐유리의 재활용 기술개발로 인하여 폐유리병, 폐판유리 등 폐유리 사용률은 지속적으로 증가하는 추세이며, 폐유리 회수사용량이 1999년 456천 톤에서 2000년도에는 492천 톤, 2006년 531천 톤으로 증가하였다.

유리병을 분리 배출할 때에는 플라스틱이나 알루미늄 뚜껑을 제거하고 내용물을 깨끗이 비운 후 물로 헹구고 무색, 청색, 녹색, 갈색으로 분리 배출한다. 특히 담배꽁초 등 이물질을 넣지 말아야 하며 맥주병, 소주병, 음료수병 등은 상점에 되돌려 주고 공병보증금을 환불받도록 한다.

③ 고철

현재까지 고철은 고로에서 선철 제조공정에 주로 사용하였으나 제강기술의 발전으로 전기로(電氣爐)에서 철강, 합금철 제조 시 사용할 수 있게 됨에 따라 고철사용량이 증가하는 추세이다. 2006년 고철사용량은 24,268천 톤으로, 이 중 76.2%가 국내에서 조달되었고 23.8%가 수입되었다. 한편, 2006년 국내 고철 사용률은 철재 소비량 대비 38.3%로 1999년의 21.1%에 비해 상승하였다.

금속캔은 폐금속캔을 공동으로 회수·처리하는 사업자 단체의 활동으로 재활용량이 증가하고 있으며, 2006년에는 발생량 330천 톤의 48.2%인 159천 톤이 회수·재활용되었다.

④ 폐타이어

폐타이어는 타이어 제조업체들이 중심이 되어 구성된 대한타이어공업협회가 전국 22개 수거업자를 통하여 회수하여 재활용업체에 납품하고 있다. 2000년에는 폐타이어 추정 발생량 1,960만개의 67.7%에 해당하는 1,327만개를 회수·재활용하였으며, 2006년에는 23,689천개의 82.3%에 해당하는 19,500천개를 재활용하였다.

⑤ 폐윤활유

폐윤활유는 전국 23개 정제연료유 생산업체로 구성된 한국석유재활용협회를 통하여 회수·재활용하고 있다. 2000년에는 폐윤활유 추정 발생량 231,404톤의 77.6%인 179,627톤을 회수하여 재활용하였으며, 2006년에는 폐윤활유가 224,194톤 발생되어 65%인 146,499톤을 회수하여 재활용하였다.

⑥ 기타

의류의 경우, 입을만한 헌옷은 깨끗이 빨아 알뜰매장 등에서 교환하거나 불우이웃과 나누어 입는다. 버려야 하는 옷은 물기에 젖지 않도록 하여 헌옷으로 분리 배출한다.

가전제품이나 가구 중 수리만 하면 재활용할 수 있는 것이 70%나 된다. 폐가전제품, 가구는 지방자치단체에서 배출자에게 수수료를 받고 수거·처리하며, 제조업체에서는 신제품 구입 시 구제품을 수거하여 처리하고 있다. 그러므로 사용 가능한 폐가전제품이나 가구는 재활용센터나 중고물품교환매장에 보내 재이용하는 것이 좋다.

형광등은 1개당 평균 25㎎의 수은이 함유되어 있으므로 배출 후 관리를 소홀히 하면 토양오염의 위험이 있다. 2001년부터 자발적 재활용협의회가 구성되어 재활용이 보다 용이해졌으므로 깨어지지 않은 상태에서 분리수거함에 배출하여야 한다.

(2) 폐기물 자원화 방안

① 재활용품 분리배출 및 수거체계의 효율화

재활용품은 지역실정에 따라 아파트 등 공동주택지역에서는 종이, 고철, 유리병, 캔, 플라스틱 등 5종으로, 단독주택 지역에서는 2~4종으로 분류하여 분리수거하고 있다. 재활용가능 표시는 주로 생활폐기물로 많이 발생하는 고철류(비철금속 포함), 합성수지류, 종이류, 유리병류의 제품에 있다. 재활용품의 분리배출이 촉진되어야 매립·소각대상 폐기물의 감량과 재활용자원의 확보가 가능하다. 따라서 분리배출 대상품목 및 배출요령을 잘 알고 실천하여야 한다.

② 재활용품 유통구조의 선진화

우리나라의 재활용품 수요·공급은 대체적으로 시장기능에 의존하는 형태를 가지고 있다. 종량제 이후 재활용품이 증가하여 가격하락과 적체현상이 심화됨에 따라 재활용품의 비축기능 및 정보체계를 확충하여 가격안정과 안정적인 수요기반을 확보한다. 또한 재활용품 유통관련 정보기능을 확대하며 재활용시장 모니터링 사업을 정착화하고 재활용관련 표시제도의 효율성을 제고하여야 한다.

③ 재활용산업의 경쟁력 강화

제품을 폐기할 때 재활용이 용이하도록 하기 위하여 제품의 구조 재질 등의 개선이 필요한 자동차, 가전제품(TV, 냉장고, 세탁기, 에어컨)을 제1종 지정제품으로 지정하여 이를 일정규모이상 제조·수입하는 자(제1종 지정사업자)는 제품이 재활용이 용이한 구조와 재질로 만들어질 수 있도록 제품설계단계부터 구조 및 재질 개선사항에 대한 평가를 실시하도록 한다.

재활용품이 산업의 원료로 안정적으로 사용되기 위해서는 수집·가공하는 재활용업체의 발전이 병행되어야 한다. 재활용산업에 대한 금융지원의 확대, 재활용산업의 범위 확대, 재활용산업 창업지원 등을 하는 것이 좋겠다.

④ 재활용제품 수요기반 및 재활용의식 확산

재활용업체의 부지 확보난 해소의 일환으로 재활용제품제조업을 현지근린공장의 범위에 포함시켜 수도권지역의 과밀억제지역 및 성장관리권역에서 공장설치가 가능하도록 하고, 자연보전녹지지역과 생산녹지지역내에 재활용시설 및 개발제한구역내 시·군·구 집하선별장과 민간 건설폐자재 재활용시설의 입지가 가능하도록 하고 있다.

재활용제품이 원활히 소비되어야 분리수거 등 재활용 전 과정이 원활히 움직일 수 있다. 따라서 공공기관의 재활용제품 구매·사용 확대[27], 재활용제품 판매매장 확대[28], 재활용제품 품질인증제도 확대[29], 재활용제품 조달구매 촉진, 알뜰시장 개최 활성화 및 재활용제

---

27) 재활용제품의 수요확대의 일환으로서 국가 등 공공기관부터 재활용제품을 우선 사용하도록 '공공기관의 재활용제품 우선구매제도'를 1992년에 도입하여 시행 중이다. 대상기관은 국가 및 지자체, 정부투자기관, 출자·출연기관 및 특별법인, 자회사 등이다. 동 제도 시행이후 대상품목, 기관, 금액이 지속적으로 확대되고 있으며, GR마크, 환경마크, 조달청등록증 등 품질인증을 받은 재활용제품을 우선구매품목으로 신규지정하고 있다.

28) '공공기관의 폐기물 재활용촉진을 위한 지침'(국무총리훈령 제381호, 1999.3.30)에 의거 인구 5만 이상 시·군·구의 경우에는 재활용제품 상설매장(1개소 이상)을 의무적으로 설치하도록 한다. 별도 장소 확보가 어려운 경우에는 연금매장, 재활용센터 등을 활용하도록 한다.

29) 재활용제품 품질인증 제도(GR : Good Recycled Product)란 자원의 절약과 재활용촉진에 관한 법률에 의해 국내에서 개발된 재활용제품에 대한 생산현장의 기술력과 품질, 성능 등을 평가하여 별도로 정하는 기준이상의 품질수준을 유지하고 있는 우수제품임을 정부가 인정하는 제도이다.

품에 대한 인식제고를 하여야 한다. 한편, 민간의 재활용제품 소비확대 위하여 백화점에 10㎡ 이상의 재활용제품 전용 판매매장을 설치하거나 유사 일반제품 매장에서 10가지 이상의 재활용품목을 취급하도록 의무화하고 전국에 재활용제품 상설 알뜰매장 확대를 촉진하고 있다.

(3) 폐기물환경관리

폐기물환경관리 부분 중 생활환경과 직접적으로 관련이 있는 부분은 쓰레기투기 신고포상금 제도 도입이다.

1995년부터 쓰레기종량제가 실시된 이후 가정에서의 쓰레기 배출의 관리는 비교적 잘 되고 있으나, 도로나 유원지 등 감시가 소홀한 곳에서는 쓰레기를 몰래 버리는 행위가 근절되지 않고 있다. 이에 쓰레기투기 신고포상금 제도를 2000년부터 전국적으로 확대시행하고 있다.

쓰레기투기 신고포상금제란 쓰레기 불법투기, 무단소각, 종량제 봉투를 사용하지 않고 쓰레기를 버리는 행위 등 법규위반행위를 신고한 사람에게 포상금을 지급하는 제도로서 지방자치단체의 장이 불법행위 신고자로부터 신고를 받아 법규위반자에게 과태료를 부과한 경우 과태료의 일정액을 신고자에게 포상금으로 지급하게 된다. 구체적인 포상금액은 불법행위별 과태료 부과금액의 80% 범위 내에서 지방자치단체가 조례로 정하도록 하고 있다.

4. 소음과 진동환경

4-1. 소음과 진동환경의 기준

1) 소음의 개념과 영향

소음이란 "기계·기구·시설, 기타 물체의 사용으로 인하여 발생하는 강한 소리"를 말한다(소음·진동규제법 제2조 제1항). 즉 소음(Noise)이란 '원하지 않는 소리(불쾌한 소리)'라고 정의할 수 있으며, 단순히 시끄러운 소리만이 아니라 듣기 싫은 소리까지 포함해서 우리 감각에 불쾌감 또는 피해를 주는 비주기적인 소리라고 할 수 있다. 소음은 소리의 크고 낮음에 상관없이 소리를 듣는 사람의 관심과 느낌에 따라 한쪽에서는 감미로운 음악이 상대편에서는 듣기 불편한 소음이 될 수 있다. 이와 같이 물리적으로 발생되는 소리는 개개인의 주관적인 판단에 따라 좋게도 느껴지고 나쁘게도 느껴지기 때문에 교통 소음이나 공장 소음과 같이 명확하게 소음으로 분류할 수 있는 것을 제외하고, 단순히 물리적으로 측정되는 크기만으로 소음이라 판단하기에는 다소 무리가 따르게 된다.

소리의 크기(㏈)는 데시벨로 측정되어진다. 사람이 감지할 수 있는 가장 작은 소리는 1㏈이며 로켓 발진소리는 180㏈이 넘는다. 데시벨은 대수적으로 표현된다. 데시벨이 10 단위만큼 증가하게 되면 10배로 커진다. 즉 20㏈은 10㏈보다 10배나 큰 소리이며 30㏈은 10㏈보다 100배 크다.

〈표 2-4-1〉 소리의 크기

소리의 크기(dB)	예
1	아주 희미한 소리, 정상적인 사람의 귀에 들릴까말까 할 정도
20	나뭇잎 흔들리는 소리
30	속삭임, 조용한 도서관, 벽시계 소리, 조용함, 쾌적한 상태
35	조용한 공원, 수면에 거의 영향 없음
40	정상적인 대화, 냉장고 소리, 조용한 주택가의 낮 안면방해, 수면깊이가 낮아짐(35dB을 기준으로 40% 정도)
50	조용한 사무실내, 식당, 백화점 내 호흡, 맥박수의 증가, 계산력 저하 수면 깊이 저하(35dB을 기준으로 88% 정도)
60	타자기, 재봉틀 소리, 조용한 승용차 내 소음으로 인한 위생적(건강보전)한계 수면깊이 저하(35dB을 기준으로 120% 정도)
65	큰 음성, 정신 집중력 저하 TV, 라디오, 전화 등의 청취 장애
70	타자기, 전화벨소리, 도로변 소음, 시끄러운 승용차 내 부신피질(생명 유지를 위한 내분비계) 호르몬 감소, 청력손실 시작
80	철도변 소음, 1m 거리에서 인쇄기계 소리(80~98dB), 지하철 차내 양수막 조기파열의 출현
85	지속적 노출이 될 경우 손상을 줄 수 있음 하루 8시간 노출되는 근로자는 매년 청력검사를 하여야 함 하루 8시간 노출되는 근로자는 반드시 보호 장구를 착용하여야 함
90	잔디 깎는 기계, 트럭 소리, 방직 공장 내 소음 소변량 증가, 하루 8시간 이상 노출 시 청력감소
95	1m 거리에서 전기대패 소리(95~100dB) 보호장구가 없는 경우 노출 허용시간은 4시간
100	체인톱, 공기 드릴, 스노우모빌, 전철 통과 음 하루 2시간 이상 노출 시 청력장애 유발
115	모래분사기, 록 콘서트, 자동차경적(전방 2m), 하루 15분이 최대 허용치
130	고막파괴
140	제트 엔진 소리, 통증 유발, 짧은 노출에도 귀의 손상을 줄 수 있음 보호장구를 갖춘 상황에서 최대 허용 한계

소음이 미치는 영향[30)]은 생리적 영향으로 심장병, 동맥혈관 수축, 호흡속도 감소, 소화장애 등을 일으킬 수 있으며, 심리적 영향으로 스트레스 증가, 주의 집중력 방해, 대화 방해, 수면방해, 불쾌감, 연구활동 방해, 휴식방해, 작업능률 저하 등 많은 영향을 주고 있다. 이러한 소음의 영향은 음의 물리적인 성질과 그 소음을 듣고 있는 인간의 상태에 따라 달라진다. 즉 소음 레벨이 클수록 인간이 받는 영향은 크다. 또 소음의 주파수 성분이 저주파보다는 고주파 성분이 많을 때 크게 영향을 받으며, 지속시간이 길수록 더 많은 영향을 받는다. 지속적인 소음보다 연속적으로 반복되는 소음과 충격음에 의한 영향이 더 크다. 그리고 건강한 사람보다는 병을 앓고 있는 환자 또는 임산부 등이 받는 영향이 크다. 남성보다는 여성이, 그리고 노인보다는 젊은이가 소음에 대하여 민감하다. 또한 심신의 상태에 따라 영향에 차이가 있다. 사람이 노동하고 있을 때와 휴식을 취하거나 잠을 자고 있을 때는 소음의 크기와 영향이 크게 차이가 난다. 소음에 익숙하거나 만성적인 사람은 웬만한 소음에 대해서는 크게 영향을 받지 않으나 어느 정도는 심신의 부담이나 청력감퇴 등의 영향을 받는다.

소음공해는 대기오염이나 수질오염과는 달리 감각적 공해라는 것이 특징이다. 최근 환경처가 실시한 전국 7대 도시 94개 도로변 지역에 대한 환경소음 현황 조사에 따르면, 소음 환경기준치를 초과한 곳이 측정 장소의 60%에 달하고 있어 대도시의 절반 이상이 규제치를 넘고 있는 실정이

---

30) 교통이 혼잡한 도로변에 거주하는 아동은 소음의 영향으로 스트레스를 받아 학업 성취도가 떨어지는 등 정신건강이 좋지 못하다는 연구결과가 공개됐다. 오스트리아 인스브루크 대학의 피터 레체르 박사팀은 혼잡한 고속도로가 위치한 오스트리아의 티롤 지방에 거주하는 8~11세의 아동 1,400명을 대상으로 출생기록과 학업성취도를 비교한 결과, 이 같은 결론에 도달했다. 박사팀은 교통 소음 등이 아동의 학업성취도, 행동 그리고 집중력에 영향을 끼칠 수 있다고 지적하면서 매일 지속적으로 소음에 노출되는 점을 가장 주요한 아동정신건강의 유해요인으로 꼽았다. 특히 환경소음수치가 높을수록 정신건강에 더 많은 악영향을 끼치며 조산아나 저체중아 일수록 소음에 따른 정신건강의 유해 정도가 높다는 점을 연구팀이 밝혀냈다<연합뉴스, 2002.5.29>.

다. 또한 환경 분쟁조정위원회가 1991년부터 2001년 말까지 처리한 환경 분쟁 461건 가운데 79%(366건)가 소음과 진동피해였다. 발생지역은 수도권이 전체의 60%를 차지했다. 2001년에만 전국에서 접수된 소음관련 민원은 12,000여건에 이르렀다. 2000년의 7,400여건에 비해 63%나 늘어난 것이다. 이 중 건설공사장 등 생활소음이 절대다수(91.7%)를 차지하고 나머지는 공장소음, 교통소음 등이었다. 이처럼 소음관련 민원이 급증하고 있는 것은 그만큼 소음발생이 확산되고 있고 쾌적한 환경에 대한 국민들의 욕구가 늘어나면서 소음피해에 민감하게 반응하기 때문으로 분석되고 있다(경인일보, 2002.05.20).

환경부가 2001년 전국 25개 도시의 소음도를 조사한 결과 일반지역 내 전용주거지역의 경우 88%(22개 도시)가 기준치를 넘어선 것으로 나타났다.

2) 소음환경의 기준

소음은 크게 공장소음, 교통소음, 생활소음, 항공기소음 등으로 크게 나눌 수 있다.

공장에 설치되는 시설은 한번 설치되면 반영구적으로 사용하게 되므로 공장소음은 인근지역에 지속적으로 피해를 줄 수 있다. 항공기소음 피해는 항공기의 운항항로 신설 및 운항회수의 급격한 증가에 따라 사회적인 문제로 대두되고 있다. 최근 항공기의 운항항로 신설 및 운항회수의 급격한 증가에 따라 항공기 소음피해는 공항주변지역의 주요한 환경문제로 나타나고 있다. 여기에서는 공장소음과 항공기 소음에 대해서는 생략한다.

(1) 교통소음

교통소음은 그 배출원이 자동차, 기차 등으로서 엔진소음, 배기소음, 주행소음, 경적 등 발생소음도가 매우 클 뿐 아니라 그 피해지역도 광범위하다. 특히 자동차는 차량보유 대수가 급격히 증가하는데 반해 도로여건은 부족하고 운전자의 소양도 부족해서 더욱 심각해지고 있는 실정이다. 자동차소음은 대도시 소음원 중 가장 중요한 위치를 차지하고 있으며, 도로와 인접한 곳에서는 소음, 진동의 가장 큰 원인이 되고 있다.

대체로 우리나라의 도로교통소음의 양상은 도시의 경우, 상·공업지역은 물론 주거지역까지 교통소음의 영향권에 있으며, 고속도로 등 각종 도로망의 확장으로 농촌에 이르기까지 교통소음의 영향권은 확대되고 있는 실정이다. 교통소음과 진동의 한도는 도로와 철도로 구분되는데 도로의 경우는 <표 2-4-2>와 같다.

〈표 2-4-2〉 도로의 교통소음 · 진동의 한도

대상지역	구분	한도	
		주간 (06:00-22:00)	야간 (22:00-06:00)
주거지역, 녹지지역, 준도시지역 중 취락지구 및 운동 · 휴양지구, 자연환경보전지역, 학교 · 병원 · 공공도서관의 부지경계선으로부터 50미터 이내 지역	소음 (LeqdB(A))	68	58
상업지역, 공업지역, 농림지역, 준농림지역 및 준도시지역중 취락지구 및 운동 · 휴양지구외의 지역, 미고시지역	소음 (LeqdB(A))	73	63

: 대상지역의 구분은 국토이용관리법에 의하며, 도시지역은 도시계획법에 의한다.

〈표 2-4-3〉 도로변지역 소음실태(2006년) (단위 : Leq dB(A))

지역 구분	적용대상 지역	환경기준		환경 소음도									
				서울		부산		광주		대전		대구	
		낮	밤	낮	밤	낮	밤	낮	밤	낮	밤	낮	밤
도로변 지역	주거지역	65	55	69	66	68	63	65	60	62	56	68	62
	상업지역	70	60	70	67	71	68	68	61	64	59	69	65
	공업지역	75	70	-	-	74	69	71	67	65	59	69	63

출처 : 환경부, 환경백서, 2007.

(2) 생활소음

생활소음 배출원은 확성기소음, 건설공사장의 작업소음, 소규모 공장의 작업소음, 유흥업소 심야소음 등 매우 다양하다. 최근 인구증가와 더불어 도시화, 산업화 등에 따라 생활소음 배출원수는 급격히 증가하고 있다. 반면에 생활수준의 향상에 따른 조용한 생활환경에 대한 욕구가 날로 증대되어 가고 있어 이에 대한 대책이 필요하다. 생활소음 민원은 1990년대 후반부터 큰 폭으로 증가하고 있으며, 2006년(30,574건)에는 2005년(27,162건) 대비 13.3% 증가하였다.

〈표 2-4-4〉 생활소음규제기준 (단위 :dB(A))

대상지역	소음원 \ 시간별		조석 (05:00–08:00, 18:00–22:00)	주간 (08:00–18:00)	심야 (22:00–05:00)
주거지역, 녹지지역, 준도시지역 중 취락지구 및 운동·휴양지구, 자연환경보전지역, 기타 지역 안에 소재한 학교·병원·공공도서관	확성기	옥외설치	70 이하	80 이하	60 이하
		옥내에서 옥외로 소음이 나오는 경우	50 이하	55 이하	45 이하
	공장·사업장		50 이하	55 이하	45 이하
	공사장		65 이하	70 이하	55 이하
기타지역	확성기	옥외설치	70 이하	80 이하	60 이하
		옥내에서 옥외로 소음이 나오는 경우	60 이하	65 이하	55 이하
	공장·사업장		60 이하	65 이하	55 이하
	공사장		70 이하	75 이하	55 이하

〈표 2-4-5〉 주요 도시별 소음도(2000년) (단위 : Leq dB(A))

지역 구분	적용대상 지역	환경기준		환경 소음도									
				서울		부산		광주		대전		대구	
		낮	밤	낮	밤	낮	밤	낮	밤	낮	밤	낮	밤
일반 지역	전용주거지역	50	40	53	44	56	48	59	52	56	49	55	48
	일반주거지역	55	45	54	45	58	49	57	51	54	46	55	50
	상업지역	65	55	61	52	67	58	66	54	58	49	58	55
	공업지역	70	65	–	–	64	53	65	53	66	55	64	57

2) 진동환경의 기준

진동은 일반적으로 어떤 물체가 기준 위치에 대해 반복운동을 할 때 그 물체는 진동한다고 말한다. 즉 진동은 "기계, 기구, 시설 기타 물체의 사용으로 인하여 발생하는 강한 흔들림"이다(소음·진동규제법 제2조 제2항). 가진력에 의해 어떤 양의 크기가 시간이 경과함에 따라 어떤 기준값보다 커지거나 또는 작아져서 주기적으로 변동하는 현상인 진동은 통상 정 위치에서 지반 또는 기계 등이 상, 하, 또는 전, 후로 반복하여 움직이는 것을 말한다.

진동은 생체에 작용하는 방식에 따라 전신진동과 국소진동을 구분된다. 전신진동은 지지구조물을 통해서 전신에 전파되는 진동으로 교통차량, 선박, 항공기를 타거나 기중기, 분쇄기 등을 운전할 때 다리 등을 통해서 전신에 퍼진다. 전신진동의 영향은 특히 순환기에 크게 나타나며, 말초혈관이 수축되고 혈압이 상승하기도 한다. 맥박증가, 위장장애, 척추이상, 불쾌감을 일으킨다. 한편, 국소진동은 국소적으로 손과 발 등 특정 부위에 전파되는 진동으로 착암기, 연마기, 전기톱, 못 박는 공구 등을 사용할 때 일어날 수 있다. 국소진동의 영향은 신경염 유발, 각종 뼈와 관절 이상, 근육 위축, 감각마비증상을 일으킨다.

진동의 발생원인은 건설공사, 도로교통, 철도교통 등으로 매우 다양하게 나타나며 주로 지반을 통하여 건축물에 전파되어 건물 내에 2차 소음을 발생시키는 것이 보통이다.

진동은 인간의 생리적 장애와 심리적 불쾌감을 주고 생활환경을 악화시키며, 기계 및 건물의 수명에 나쁜 영향을 주고 있다. 환경기준에서 사용되는 단위는 진동가속도 레벨로서 진동가속도이며 진동의 크기에 따른 일상적인 현상은 <표 2-4-6>과 같다.

2000년 말 진동배출업소 수는 3,986개소로 전년에 비해 16.9% 증가하였으며, 2006년에는 6,081개소로 대폭 증가하였다.

〈표 2-4-6〉 진동의 크기에 따른 감각

진도계	지진 명칭	진동가속도 레벨(dB)	감각	비고
0	무감	55 이하	못 느낌	50dB에서는 수면장해가 없음 40dB에서는 인체에 감각을 미치지 않고 지진계에 기록될 정도임
1	미진	55～65	겨우 느낌	진동을 느끼기 시작함
2	경진	65～75	많은 사람이 느낌	얕은 잠에 영향을 미치기 시작함
3	약진	75～85	물이 움직임	직장(直腸)에서 진동을 느끼고 깊은 잠을 자지 못함
4	중진	85～95	기물이 넘어짐	인체에 생리적 영향이 일어나기 시작함
5	강진	95～105	벽에 금이 감	
6	열진	105～115	가옥 파괴 30% 이하	
7	격진	115 이상	가옥 파괴 30% 이상	

〈표 2-4-7〉 생활진동 규제기준 (단위 :dB(v))

대상지역 \ 시간별	주간 (06:00–22:00)	심야 (22:00–06:00)
주거지역, 녹지지역, 준도시지역 중 취락지구 및 운동·휴양지구, 자연환경보전지역, 기타 지역 안에 소재한 학교·병원·공공도서관	65 이하	60 이하
기타지역	70 이하	65 이하

4-2. 소음과 진동저감

1) 소음방지대책

(1) 교통소음 저감대책

자동차 및 철도 등 교통량의 급격한 증가로 교통소음문제가 날로 심각해지고 있다. 이에 따라 교통기관으로 인하여 발생하는 소음 · 진동을 규제할 필요가 있는 지역을 교통소음 · 진동규제지역으로 지정하고, 규제지역 내에서는 자동차 경음기의 사용금지, 속도의 제한, 우회명령 등을 하고 있다. 특히 도로교통소음 저감을 위해서는 도로변에 인접하여 공동주택(아파트 등), 학교 등 정온(靜穩)시설 건축 시 적정 이격(離隔)거리 확보, 방음벽 및 방음창 등을 설치하여 교통소음으로 인한 피해를 사전에 방지토록 조치하고, 기존 정온 시설 주변의 도로 신·증설 시에는 방음벽 등을 설치하여 도로교통 소음으로 인한 피해가 최소화되도록 하는 것이 좋다.

또한 자동차 소음을 저감시키기 위하여 철저한 정비와 함께 자동차 제작사로 하여금 저소음자동차 개발을 위해 자체기술 개발 및 선진기술을 도입하도록 유도하고 있다.

(2) 생활소음 저감대책

생활소음은 우리의 생활영역에 다양하게 분포되어 있는 소음원에 기인된 것으로서 어느 분야보다 대국민 홍보가 필요한 분야이다. 따라서 대도시 지역의 정온한 생활환경을 조성하기 위하여 확성기, 소규모공장 및 건설공사장 등을 규제하며, 규제기준 초과 시 소음방지시설 설치, 작업시간 조정 등 소음저감대책을 강구하고 있다. 한편, 우리의 일상생활 속에서 생활소음을 줄이는 노력을 하여야 한다. 예를 들어, 자동차의 경적음은 가능한 사용하지 않는다거나, TV · 라디오 · 전축 등의 소리를 알맞게 튼다거나 하는 태도가 중요하다.

또한 굴삭기 · 브레이커 · 특정공사장비를 사용하는 건설공사장의 소음 · 진동을 규제하기 위해 건설공사 전에 소음저감대책을 마련하여 사전 신고[31)]하도록 함으로써 건설공사로 인한 소음피해를 줄이도록 하고 있다. 감각공해인 소음 · 진동의 근원적 저감은 국민 모두가 소음 발생을 억제하는 것인데, 이를 위해 교육 · 홍보의 확대를 통한 성숙한 시민의식의 고취가 앞으로 중요한 과제이다.

---

31) 고소음 기계 중의 저소음제품에 대한 소음표시 권고제를 1996년 2월 1일부터 시행하고 있다. 즉 우리 생활주변에서 높은 소음을 발생하는 기계 중 일정기준 이하의 저소음제품에 대하여는 소음발생 정도를 표시하여 판매하도록 권고하고 있는 것이다. 이는 고소음 기계의 소비자(사용자)가 저소음 제품을 구매할 수 있도록 정보를 제공함으로써 저소음제품의 소비를 증진시키고, 동 기계의 제작자에게는 저소음 제품개발을 촉진시켜 궁극적으로 생활소음 발생원을 방지하는 데 그 목적이 있다.
소음표시 대상기계는 굴삭기, 로우더, 공기압축기, 발전기, 착암기, 압쇄기, 브레이커, 항타기 등 8종이며, 소음도 검사는 국립환경연구원에서 담당한다. 소음표시 인증을 받은 건설기계에 대하여는 건설공사시 사전 신고하여야 하는 특정공사의 종류에서 제외하며, 앞으로 소음표시권고제도의 실효성 확보를 위하여 표시대상의 확대, 소음표시제도의 의무화 검토 등 다각적인 정책을 추진해 나갈 계획이다.

〈표 2-4-8〉 소음진동 배출허가 .

소음진동 규제법 제9조 (배출시설의 설치신고 및 허가 등)	① 배출시설을 설치하고자 하는 자는 대통령령이 정하는 바에 의하여 시·도지사에게 신고하여야 한다. 다만, 학교 또는 종합 병원의 주변 등 대통령령이 정하는 지역에 있어서는 시·도지사의 허가를 받아야 한다. ② 제1항의 규정에 의하여 신고를 한 자 또는 허가를 받은 자가 그 신고한 사항이나 허가 받은 사항을 변경하고자 할 때에는 환경부령이 정하는 바에 의하여 시·도지사에게 변경 신고하여야 한다. 다만, 환경부령이 정하는 사항을 변경하고자 할 때에는 그러하지 아니하다. ③ 제1항의 규정에 불구하고 산업단지 기타 대통령령이 정하는 지역에 위치한 공장에 배출시설을 설치하고자 하는 자의 경우에는 신고 또는 허가대상에서 제외한다. 이 경우 신고 또는 허가대상에서 제외된 자는 제14조 내지 제17조, 제18조(허가취소의 경우를 제외한다), 제51조 제1항 제1호의 규정을 적용함에 있어 이를 사업자로 본다. ③ 제1항의 규정에 불구하고 산업단지 기타 대통령령이 정하는 지역에 위치한 공장에 배출시설을 설치하고자 하는 자의 경우에는 신고 또는 허가대상에서 제외한다. 이 경우 신고 또는 허가대상에서 제외된 자는 제14조 내지 제16조, 제18조(허가취소의 경우를 제외한다), 제51조 제1항 제1호의 규정을 적용함에 있어 이를 사업자로 본다. 〈개정99.2.8 법5862〉
소음진동 규제법 시행령 제2조 (배출시설의 설치허가 등)	① 법 제9조제1항의 규정에 의하여 배출시설의 설치신고를 하거나 설치허가를 받고자 하는 자는 배출시설 설치신고서 또는 배출시설 설치허가신청서에 다음 각호의 서류를 첨부하여 특별시장·광역시장 또는 도지사(이하"시 · 도지사"라 한다)에게 제출하여야 한다. 〈개정 97.9.8〉 1. 배출시설의 설치내역서 및 배치도(허가의 경우에 한한다) 2. 삭제 〈98.12.31〉 3. 방지시설의 설치내역서와 그 도면(신고의 경우 도면을 제외한다) 4. 법 제10조 각호의 1에 해당하여 방지시설의 설치의무를 면제받고자 하는 경우에는 제3호의 서류에 갈음하여 이를 인정할 수 있는 서류 ② 법 제9조 제1항 단서에서 "대통령령이 정하는 지역"이라 함은 다음 각호의 1에 해당하는 지역을 말한다.〈신설 97.9.8〉 1. 의료법 제3조제3항의 규정에 의한 종합병원의 부지경계선으로부터 직선거리 50미터 이내의 지역 2. 도서관 및 독서진흥법 제2조제4호의 규정에 의한 공공도서관의 부지경계선으로부터 직선거리 50미터 이내의 지역 3. 교육법 제81조의 규정에 의한 학교의 부지경계선으로부터 직선거리 50미터 이내의 지역 4. 주택건설촉진법 제3조 제3호의 규정에 의한 공동주택의 부지경계선으로부터 직선 거리 50미터 이내의 지역 5. 도시계획법 제17조 제1항 제1호의 규정에 의한 주거지역 6. 국토이용관리법시행령 제7조 제1호 가목의 규정에 의한 취락지구 ③ 시 · 도지사는 배출시설의 설치신고를 수리하거나 설치허가를 한 때에는 신고필증 또는 허가증을 신고인 또는 허가신청인에게 교부하여야 한다.〈개정97.9.8〉 ④ 삭제 〈97.9.8〉 ⑤ 법 제9조 제3항의 규정에 의하여 배출시설의 설치신고 또는 설치허가 대상에서 제외되는 지역은 다음 각호와 같다. 〈신설 94.7.26, 94.12.23, 97.9.8〉 1. 산업입지 및 개발에 관한 법률 제2조 제5호의 규정에 의한 산업단지 2. 도시계획법 제17조의 규정에 의하여 지정된 전용공업지역 3. 수출자유지역 설치법 제3조의 규정에 의하여 지정된 수출자유지역 4. 제1호 내지 제3호의 규정에 의하여 지정된 지역과 유사한 지역으로 시 · 도지사가 환경부장관의 승인을 얻어 지정 · 고시한 지역

2) 진동방지대책

「소음·진동규제법」에서는 탄성지지시설 및 방진구시설 등 3종류의 시설을 진동방지시설로 지정하고, 배출시설을 설치하고자 할 때에는 진동방지시설 설치를 의무화하고 있다.

또한 배출시설 설치허가를 받은 진동배출업소에 대하여는 진동배출허용기준을 준수하도록 지도·단속을 철저히 하고, 특히 민원대상이 되고 있는 주택가의 공장에 대하여는 진동방지시설을 설치하도록 하는 등 대책을 강구하여야 한다.

더불어 공장, 건설공사장 등 각 배출원별로 진동에 대한 관리대책을 제도적으로 더욱 강화하는 한편, 저진동 기계와 기구의 개발 및 방진시설에 대한 기술개발도 더욱 노력하여야 한다.

5. 악취환경

5-1. 악취의 개념과 그 영향

악취(惡臭)는 "황화수소·메르캅탄류·아민류 그 밖에 자극성이 있는 기체상태의 물질이 사람의 후각을 자극하여 불쾌감과 혐오감을 주는 냄새"(악취방지법 제2조)로, 주로 인체에 대한 위해성 보다는 정신적·심리적 피해를 끼치는 감각공해이다. 흔히 냄새는 향기에 관한 좋은 것과 나쁜 것을 모두 포함하고 나쁜 냄새만을 나타낼 때는 악취(malodorant)라고 한다.

악취의 원인이 되는 물질은 그 종류가 대단히 많을 뿐만 아니라 악취물질간의 복합적인 작용이나 후각의 개인적인 차이 등으로 인하여 느끼는 정도나 피해정도를 일률적으로 나타내기가 어려워 대기오염 중에서도 가장 까다롭고 해결하기 어려운 공해문제로 취급하고 있다. 이에 「대기환경보전법」에서 분리하여 2004년 「악취방지법」이 제정(2005.2.10일 시행)되었다.

일반적으로 악취는 독특한 냄새를 가지고 있기 때문에 여러 물질 중에서 구별이 가능하며 그 향이 유쾌한지 불쾌한지에 의해 악취로 판단된다. 그러나 습관화되지 않은 냄새나 계속적으로 발생하는 냄새는 악취로 느껴지는 경우가 많아 악취와 향기를 간단하게 구별하기는 매우 어렵다. 또한 악취를 느끼는 정도는 악취물질의 농도뿐만 아니라 정신적, 육체적 상태 및 환경조건에 따라서도 피해의 정도가 다르게 나타나므로 악취에 대한 불쾌감을 일정한 기준이나 측정방법에 따라 평가하기도 곤란하다. 즉 생활환경과 사람의 심리적 판단에 따라 악취를 느끼는 양상이 다르게 나타나므로 악취물질의 농도만을 가지고 악취오염 상태를 나타내기는 매우 어려운 것이다. 그러나 우리는 호흡에 의해 공기 중에 포함되어 있는 여러 가지 냄새를 끊임없이 접하게 되는데, 악취는 호흡에 따라 금방 감지되어 민감한 반응을 나타내게 된다.

악취는 다성분의 복잡한 물질로 구성되어 발생하는 것이 보통이기 때문에 어떤 종류의 악취가 얼마나 인체에 영향을 미치는가는 악취의 강도만으로 단정하기는 어렵다. 후각은 강약, 상쾌·불쾌성의 측면을 지니고 각각에 대하여 취기분자의 물리화학적 특징, 취기물질 및 사람의 생리적 조건과 경험적, 사회적 조건 등 다양한 인자에 의해 영향을 받는다. 그러나 악취의 주 원인물질(황화수소, 암모니아, 메르캅탄류, 아민류 등)은 대부분 감지한계 농도(냄새를 감지할 수 있는 최저농도)가 대단히 낮아 ppm(백만분의 1)단위 이하를 나타내고 있으므로 심리적인 영향 또는 미미한 생리적 피해만을 나타낼 뿐 높은 농도로서 장기간의 폭로가 아니면 크게 문제되지 않는다.

악취에 의한 피해는 주로 심리적 또는 생리적 영향이라 볼 수 있는데 경제발전과 더불어 생활수준이 향상됨에 따라 악취에 대한 관심도는 점차 높아지고 있다. 악취에 의한 인체 영향은 주로 감각적인 것으로 불쾌감, 혐오감을 들 수 있으며 그 외에 눈이나 호흡기계 점막의 자극, 혈압이나 맥박의 변화 등을 일으킨다. 고농도의 경우는 일반적으로 유해가스로 취급하여 별도로 각 유해물질에 따른 배출허용기준을 법으로 정하여 규제하고 있으며, 악취로 취급되는 물질들은 대부분 저농도이므로 생리적으로는 크게 영향을 주지 않는다. 그러나 식욕감퇴, 구토, 두통, 불면, 알레르기 등의 원인이 되고 있으며, 심리적 영향에 의한 정서생활의 방해, 작업능률의 저하뿐만 아니라 그 지역사회의 식당, 숙박업 등 서비스업의 부진으로 경제적 손실을 초래하여 지역발전을 저해하는 원인이 되기도 한다.

악취에 의한 인체의 생리학적 영향은 호흡기계, 순환기계, 소화기계, 생식기계, 내분비계 및 정신상태에 대한 영향으로 나눌 수 있다.

〈표 2-5-1〉 악취의 영향

호흡기계	· 호흡의 변화를 일으키는 악취는 악취의 정보가 호흡중추에 작용하기 때문에 그 경로에서 취신경과 삼우신경의 2개가 느끼게 된다. · 불쾌한 냄새를 맡으면 반사적으로 호흡이 멈춰지고 호흡리듬의 변화가 일어나며 냄새가 계속되면 구토를 일으킬 수가 있다. · 이런 호흡의 변화는 악취가 호흡중추에 끼치는 영향이나 정상적인 회복기능을 저해하는 것을 반영하는 것이다.
순환기계	· 좋은 냄새를 맡을 때 깊은 호흡과 동시에 혈압의 변화로 기분이 진전된다. · 악취에 의해서는 혈압이 일단 하강한 후 상승하여 맥박을 변화시키는 정신적 불안을 가져오게 한다. · 심장혈관의 정상활동 기능을 저해할 수도 있다.
소화기계	· 음식을 먹을 때 좋은 냄새가 나면 식욕을 높여준다. 식욕의 중추는 뇌의 심부에 있고 시상하부에 있는 섭식중추와 포식중추가 서로 결항하여 작용하며 먹는 양을 조절하고 있다. · 일반적으로 악취는 위장활동을 억제하고 소화액의 분비를 저해하여 식욕감퇴, 수분섭취의 저하를 일으키며 메스꺼움을 느끼거나 구토를 일으키는 등 소화기능의 약화를 가져올 수도 있다.
내분비계	· 늘 접촉하는 악취의 자극은 내분비계통의 기능을 혼란스럽게 하고 유기체의 대사기능에 영향을 끼친다. · 장기간 반복되거나 지속적으로 일종 혹은 다종의 저농도 악취물질의 자극을 받으면 후각의 피로를 가져오거나 후각상실을 유발시키기도 한다. · 후각상실은 지속적으로 대뇌 후각 중추에 전송되어 오랜 시일이 지나면 뇌신을 손상시킬 수 있고, 대뇌 피부흥분과 억제기능을 혼란시키기도 한다.
생식기계	· 악취는 성욕감퇴를 가져온다. 본드나 신나 등 자극성이 강한 기체를 장시간 흡입하여 환각상태에 빠져들 경우 정상적인 성호르몬이 분비되지 않아 성생활을 할 수 없게 된다. · 무정자증의 원인으로 악취와 대기오염이 지적되고 있다. · 악취로 인해 정신적 긴장이 유발되고, 호흡의 리듬이 파괴되고, 순환기계가 불안하여져 성 기능의 리듬이 깨어진다.
정신상태	· 불쾌한 냄새에 의해 두통, 구토를 호소하는 경우가 많다. · 정신집중이 되지 않으며, 마음이 초조하여 안절부절해진다. · 짜증, 신경질, 불면증 등을 동반한다. · 계속해서 장기간 또는 고농도의 냄새에 폭로되면 강한 불쾌감이나 혐오감을 일으킨다. · 정신집중을 방해하여 일의 효율이 떨어진다. · 판단력과 기억력을 저하시키며 대뇌의 사고활동에도 영향을 주기도 한다.

5-2. 악취의 오염원과 배출허용기준

1) 악취의 오염원

악취를 유발시키는 물질은 흔히 단일성분으로 존재하기보다는 혼합된 상태의 화합물이며, 그 종류도 매우 다양하다. 또한 계절, 시간, 온도 등에 따라 악취의 정도가 다르다.

악취는 다양한 산업시설과 공정, 그리고 생활주변에서 광범위하게 발생함에 따라, 문제발생 여지가 큰 대기오염물질 배출시설에 대해서는 배출허용기준을 정하여 엄격하게 관리하고 있다. 또한 대기오염물질 배출시설 이외의 일정 시설을 생활악취시설로 규정하여 관리하고 있으며, 아울러 악취발생물질의 소각에 대해서는 소각기준을 만족시키는 시설에서만 소각하도록 규정하고 있다.

악취에 의한 피해는 주로 발생원과 인접하고 있는 가까운 지역이나 발생원과 주택이 혼재하고 있는 지역에서 나타나고 있다. 대부분 작업과정에서 발생한 악취가 일정한 배출구가 없이 창문 또는 벽이나 칸막이가 없는 노출된 작업장에서 밖으로 비산(飛散)되는 경우가 많으며 송풍기나 닥트를 이용한 배출 또는 보일러 연소가스와 혼합된 상태로 굴뚝을 통하여 배출되기도 한다. 이렇게 배출된 악취물질은 저기압이나 기온역전 등 대기확산이 불량한 기상조건에서는 발생원 주위뿐만 아니라 원거리까지 영향을 미치게 되는데 특히 풍향, 풍속 등 기상조건이 피해의 정도를 좌우하는 주요 원인으로 작용하고 있다.

〈표 2-5-2〉 악취의 발생원

자연계	· 자연계의 미생물에 의한 단백질의 분해, 도시하수의 혐기성 분해 등 · 자연발생적인 악취의 양이 인위적인 발생량보다 훨씬 많으나 넓은 지구 공간에서의 자연 농도는 대단히 낮으므로 크게 문제되지 않음.
공장	· 아주 작은 규모에서부터 아주 큰 규모에 이르기까지 매우 다양한 크기를 가지고 있다. · 악취를 심하게 발생하는 공장은 동식물성 물질을 주원료로 하는 도살장, 양돈양계장, 피혁공장, 사료공장, 비료공장, 분뇨처리장, 수산물가공공장, 식물공장과 화학적 발생 원인 펄프공장, 석유정제공장, 고무공장, 인쇄공장, 도장공장, 유기합성공장 등을 예로 들 수 있다. · 공장에서 발생되는 악취물질들은 공정에 따라 단일성분 또는 여러 가지 성분이 혼합된 상태로 발생하는데 업종뿐만 아니라 기업규모, 작업방법, 가공 공정, 관리방법, 기후조건 및 입지장소 등에 따라 취기의 정도에 상당한 차이가 있다.
생활악취 발생시설	· 주민의 주거생활을 보호하기 위한 생활악취의 규제를 별도로 명시하여 농수산물 도매시장 또는 공판장, 도축장, 축산업, 출판사 및 인쇄소, 고물상 등에 대하여 규제기준과 내용을 따로 명시하고 있다(대기환경보전법).

〈표 2-5-3〉 생활악취규제대상시설(대기환경보전법 제66조 제1항 관련)

① 농수산물 유통 및 가격안정에 관한 법률에 의한 농수산물도매시장·농수산물공판장
② 축산물 가공처리법에 의한 도축업의 시설
③ 오수·분뇨 및 축산폐수의 처리에 관한 법률에 의한 축산폐수처리시설, 분뇨처리시설·오수처리시설 및 축산폐수공공처리시설과 동 법 제24조의 2의 규정에 의하여 설치허가를 받거나 신고를 하여야 하는 축산폐수 배출시설
④ 폐기물관리법에 의한 폐기물 처리시설 및 폐기물의 보관시설
⑤ 비료관리법에 의한 부산물 비료 생산시설
⑥ 공중위생관리법에 의한 세탁업의 시설
⑦ 수질환경보전법에 의한 폐수배출시설·수질오염방지시설 및 폐수종말처리시설
⑧ 하수도법에 의한 하수종말처리시설
⑨ 한국 표준산업분류에 따른 자동차 수리업, 위생 및 유사서비스업, 음식료품 제조업, 담배제조업, 방적·직조 및 섬유 가공업, 모피가공 및 모피제품 제조업, 가죽 제조업, 신발 제조업, 제재 및 목재 가공업, 펄프·종이 및 판지 제조업, 출판업, 상업인쇄 및 인쇄 관련 서비스업, 코크스 및 관련제품 제조업, 석유 정제품 제조업, 화합물 및 화학제품 제조업, 고무 및 플라스틱 제품 제조업, 비금속 광물제품 제조업, 제1차 금속산업, 기계 및 장비 제조업을 포함하는 조립금속제품 제조업(도장시설, 표면처리시설, 용융·제련 또는 열처리시설을 가진 사업장에 한한다), 가구 및 기타 제조업, 재생재료 가공처리업의 시설
⑩ 기타 공중화장실 및 시·도의 조례로 정하는 시설

기기분석법으로 배출허용기준을 정하고 있는 8종의 악취물질이 주로 발생하는 사업장은 <표 2-5-4>와 같으므로 이러한 사업장 내와 주변의 악취환경에 유의하여야 한다.

〈표 2-5-4〉 악취물질의 주요 발생원

악취물질	주요 발생원
암모니아	축산농업, 닭똥건조장, 복합비료제조업, 전분제조업, 어장골처리장, 가죽처리장, 쓰레기처리장, 분뇨처리장, 하수처리장 등
메틸머캅탄	크래프트펄프공장, 어장골처리장, 쓰레기처리장, 분뇨처리장, 하수처리장 등
황화수소	축산농업, 크레프트펄프공장, 전분제조업, 셀로판제조업, 비스코스레이온제조장, 화제장, 어장골처리장, 가죽처리장, 쓰레기처리장, 분뇨처리장, 하수처리장 등
황화메틸	크레프트펄프공장, 화제장, 어장골처리장, 쓰레기처리장, 분뇨처리장, 하수처리장 등
이황화메틸	크래프트펄프공장, 화제장, 어장골처리장, 쓰레기처리장, 분뇨처리장, 하수처리장 등
트리메틸아민	축산농업, 복합비료제조장, 화제장, 어장골처리장, 쓰레기처리장, 분뇨처리장, 하수처리장 등
아세트알데히드	아세트알데히드제조공장, 아세트산제조공장, 아세트산 비닐제조공장, 클로로프렌제조공장, 담배제조공장, 복합비료제조공장, 어장골처리장 등
스티렌	스티렌제조공장, 폴리스티렌제조공장, 폴리스티렌가공공장, SBR제조공장, FRP제품제조공장 등

2) 악취 측정방법

악취를 측정하는 방법에는 직접관능법, 공기희석관능법, 기기분석법의 3가지 방법이 있다.

〈표 2-5-5〉 악취 측정 방법

측정방법	설명
직접관능법	· 악취가 발생하는 현장(공장)의 부지경계선상이나 피해지점에서 취기강도가 가장 높은 지점을 선정하여 건강한 사람의 후각을 이용하여 악취의 취기 강도를 측정하는 방법 · 건강한 사람의 후각은 악취조사 판정단을 말하는 것으로 조사대상지역에 거주하지 않는 사람으로 후각이 정상이고 건강한 사람 5명으로 구성 · 악취조사 판정자는 악취측정 지역의 풍향, 풍속, 지형을 고려하여 악취의 분포 정도를 사전에 충분히 조사한 후 악취의 취기강도가 가장 높은 곳을 피해지점으로 선정 · 선정된 측정장소에서 판정자에 의해 감지된 강도를 악취도로 표시 · 악취도의 판정은 시험방법에 따라 각 판정자가 감지한 악취도 중 판정자의 다수가 감지한 악취도로 하며, 판정수가 동일한 경우에는 악취도가 높은 것을 선택하며 2도 이하이면 적합, 3도 이상이면 부적합으로 판정
공기희석 관능법	· 부지경계선 및 발생원에서 채취한 공기시료를 시험실로 운반한 후 무취공기로 희석배수를 단계적으로 증가시키면서 희석하여 냄새를 느낄 수 없을 때까지 희석하여 해당 희석배수(악취감지한계 희석배수)를 구하는 방법 · 사업장 안에 높이 5m 이상의 일정한 악취배출구와 다른 악취 발생원이 혼재할 경우에는 부지경계선 및 발생원에서 각각 시료를 채취 · 판정자는 일정한 판정방법을 통과한 5명으로 구성 · 관능시험은 희석배수가 높은 것에서부터 낮은 것 순서로 진행이 되면, 실제 시료와 무취공기를 냄새를 맡아서 냄새가 나는지를 구별하게 된다. 이러한 방법으로 시료가무취로 판정될 때까지 희석을 하게 된다. 관능시험 결과 무취로 판정된 희석배수의 바로 전 단계 희석배수를 각 판정인의 악취감지한계 희석배수라고 함 · 결과는 각 판정인의 악취감지한계 희석배수 중 최대치와 최소치를 제외한 나머지를 기하 평균한 값을 판정인 전체의 악취감지한계 희석배수로 한다. 얻어진 판정인 전체의 악취감지한계 희석배수가 배출허용기준치 이내이면 적합, 배출허용기준치 이상이면 부적합으로 판정
기기분석법	· 배출허용기준에서 정하고 있는 8가지 물질을 분석하는 방법 · 가장 많이 사용하는 채취방법은 진공병이나 백(bag)에 채취하고 이것을 농축시키는 것인데, 이것보다는 시료채취단계에서부터 시료를 농축하는 것이 더 효율적이라 볼 수 있다. 이러한 대표적인 방법은 저온흡착법, 상온 흡착법, 반응흡착법이다. ① 저온흡착법 : 저온에서 적당한 흡착제를 이용하여 흡착시키는 방법 ② 상온흡착법 : 상온에서 적당한 흡착제를 이용하여 흡착시키는 방법 ③ 반응포집법 : 산성·알칼리성 성분을 각각 알칼리, 산에 의해 선택적으로 반응시켜 채취하는 방법 · 채취한 시료는 적당한 전처리 방법을 거친 후, 검출기로 분석

저농도로 존재하는 악취에 가장 민감한 검출기는 바로 사람의 코다. 사람의 코는 다른 동물에 비해 매우 둔한 편에 들지만 어떤 특정한 기체에 대해서는 1ppm 이하의 농도의 것이라도 감지할 수 있다. 악취도를 구분하여 판정하는 기준은 <표 2-5-6>과 같다.

〈표 2-5-6〉 악취판정표

악취도	악취 판정 구분	
0	무취(취기를 전혀 감지하지 못하는 상태)	None
1	감지 취기(약간의 취기를 가진 감각)	Threshold
2	보통 취기(보통 정도의 취기를 감각)	Moderate
3	강한 취기(강한 취기를 감지)	Strong
4	극심한 취기(아주 강한 취기를 감지)	Very Strong
5	참기 어려운 취기(견딜 수 없는 취기)	Over Strong

일반적으로 취기 감각은 미량인 여러 종류의 취기물질에서 발생하여, 이것들에 의한 후각자극의 종합적인 지각으로서 특유의 냄새가 불쾌성 또는 혐오성과 함께 감지된다. 취기농도를 일으키는 최소농도를 (후각)최소 감지농도(threshold concentration)라고 하며, 이러한 최소 감지농도는 악취처리의 정도를 추정하는 척도가 된다. 또한 취기의 경우, 자극량(악취물질 성분농도)과 감각량(취기의 강함)의 사이에는 Weber-Fechner의 법칙[32]이 적용된다. 즉 성분농도를 97% 제거해도 취기의 강도는 1/2이며, 99%

32) 자극변수(刺戟變數)와 감각변수(感覺變數)사이의 상대적 관계를 나타내는 심리학상의 법칙을 <베버 페히너의 법칙>이라고 한다. 어떤 세기의 자극 I(표준 자극, impetus)가 주어지고 다음에 그 자극보다 크다고 판단하는데 필요한 아주 작은 증분(增分)을 $\Delta I / I =$(일정), 즉 감각 강도(强度)의 상대판별역은 항상 일정하다는 것이다. 페히너는 더욱 확장하여, 일반적으로 자극의 미소증분(微小增分)ΔI에 대응하는 감각 강도의 증분을 $\Delta S = K \ \Delta I / I$ (K는 비례상수), 다시 $S = K \log I + c$(c는 적분정수 積分定數)로 바꾸어, 자극의 강도가 등비급수로 증대할 때, 감각 강도가 등차급수로 증가, 즉 감각의 강도는 자극의 대수에 비례해서 증가하는 관계로 했다. 그러나 이 법칙은 어떤 한정된 범위 안에서 현상과 일치하는 데 불과하다.

감소해도 취기의 강도는 1/3로 될 정도로 99.99% 이상이 제거되지 않으면 효과가 없다. 일반적으로 취기를 결정하기 위해서는 취기강도(intensity : 인간이 느끼는 감각의 크기), 수용성(acceptability : 감각의 쾌, 불쾌의 정도), 냄새의 성질(quality : 취기의 성격) 및 검출성(detectability : 검출의 확률)의 4가지 특성을 고려해야 한다. 취기물질 간에는 감각상의 상호작용이 존재하여 아주 적은 조성 변화로도 냄새의 상태가 크게 변화한다. 그러나 현재까지 위의 4가지 특성을 검출하여 객관적으로 평가하는 기준은 아직 정하지 못하고 있으며, 일반적으로는 강도와 수용성을 중요시한 평가척도가 많이 이용되고 있다.

공기희석관능법의 경우 부지경계선 또는 배출구에서 악취시료를 채취하여 이를 희석시켜 가면서 냄새가 나지 않을 때의 희석배율 값을 기준으로 하여 악취배출을 규제하고 있다.

또한 채취시료 중 <표 2-5-7>에 제시하고 있는 8개 물질이 악취발생의 주요 원인으로 밝혀진 경우에는 부지경계선 상에서 이들 물질의 성분을 분석하여 규제하는 기기분석법을 도입하고 있다. 이때 어느 한 가지 악취물질이라도 기준을 초과할 때에는 배출허용기준을 초과하는 것으로 규정한다.

3) 악취의 배출기준

생활악취의 배출허용기준은 <표 2-5-7>과 같다.

지금까지는 사람의 후각에 의해 악취를 현장에서 바로 측정하는 직접관능법 위주로 악취배출원을 관리하여 왔다. 이는 악취오염이 사람의 후각을 자극하여 생활을 불편하게 하는 감각공해라는 특성에 부합하고, 측정이 신속하게 이루어질 수 있다는 데 기인한 것이다. 그러나 '인천·시화지역 악취오염사건[33]' 이후, 사람의 후각으로 현장에서 바로

33) 시화지역은 서해안에 위치한 시흥, 안산 지역으로 위치하며, 수도권 부적격 공해 배출업소 이전을 목적으로 한국수자원공사에서 약 742만평(약 500만평 공단, 244만

악취를 측정하는 직접관능법 만으로는 악취오염원을 효율적으로 관리하는 것이 어렵다는 것을 인식하게 되었다. 따라서 배출구 악취와 같이 부지경계선 상에서는 쉽게 감지되지 않으나 확산되어 주택지에 악취를 유발하는 경우에는 배출구에 대한 공기희석관능법을 병행하여 활용하고 있으며, 간이악취측정기·악취가스검지관 등도 보완적으로 활용하여 악취관리의 과학화를 도모하고 있다.

〈표 2-5-7〉 생활악취 배출허용기준

측정방법	배출 허용기준
직접관능법	악취도 2도 이하
공기희석 관능법	가. 배출구 (1) 공업지역내의 사업장 : 희석배율 1,000 이하 (2) 기타지역내의 사업장 : 희석배율 500 이하 나. 부지경계선 (1) 공업지역내의 사업장 : 희석배율 20 이하 (2) 기타지역내의 사업장 : 희석배율 15 이하

측정방법	배출 허용기준		
	악취 물질	공업지역 안의 사업장	기타지역 안의 사업장
기기분석법	암모니아	2ppm 이하	1ppm 이하
	메틸머캅탄	0.004ppm 이하	0.002ppm 이하
	황화수소	0.06ppm 이하	0.02ppm 이하
	황화메틸	0.05ppm 이하	0.01ppm 이하
	이황화메틸	0.03ppm 이하	0.009ppm 이하
	트리메틸아민	0.02ppm 이하	0.005ppm 이하
	아세트알데히드	0.1ppm 이하	0.05ppm 이하
	스티렌	0.8ppm 이하	0.4ppm 이하

평 주거지역)을 조성하여 공업지역과 175m 떨어진 지역에 총 14만 인구계획 도시로 현재 10만 명의 주민이 생활하고 있다. 시화 반월공단 주변은 3900개소의 공장이 입주해 있으며 이중 대기 배출업체가 1556개소이다. 대형 폐기물소각로와 중소형 소각로가 밀집되어 있고 화학, 금속, 도금, 기계 등 업종의 다양화로 휘발성 유기화합물, 아이옥신류, 중금속, 기준성 가스상 오염물질, 입자상물질, 환원황화합물 등 발생되는 오염물질의 형상도 매우 다양하여 그 문제가 심각하다.
악취 민원신고가 자주 발생하고 있으며 이에 대한 개선이 미비하여 지역주민의 불만이 매우 심각한 실정이다.

5-3. 악취환경의 저감

악취환경의 저감대책은 악취배출원의 감시와 관리이다. 악취배출원에 대해 매년 1회 이상 정기점검을 실시하고, 민원유발사업장 등 문제사업장에 대해서는 악취중점관리업체로 지정하여 점검횟수를 3회 이상으로 하는 등 특별 관리하여 악취배출을 억제하여야 한다.

악취환경의 대책은 악취의 발생원을 없애거나 감소시키는 방법이 가장 근본적인 방법이지만 이를 모든 발생원에 적용할 수는 없으므로 작업조건의 개선을 통해서 발생이나 배출을 억제하여야 한다. 즉 발생시설을 개방형에서 밀폐식으로 바꾸거나 악취물질의 사용이나 발생을 억제하도록 한다.

악취물질 제거방법은 물리적 방법(수세법, 직접연소법, 활성탄흡착법, 공기희석법), 화학적 방법(오존산화법, 염소산화법, 약액세정법, 이온교환수지법, 연소법, 은폐법), 미생물을 이용한 처리법(바이오필터법), 마스킹(masking)법(악취를 직접 제거하는 대신에 방향성이 강한 물질로 악취를 마스킹하는 방법이다. 보통 나프탈렌, 장뇌, 디클로로벤젠, 레몬유, 각종 수지, 알코올, 향수 등을 사용한다) 등이 있다.

집안의 악취를 제거하기 위해서는 환기를 자주 하고 습기를 제거하며, 특히 배수관의 청소를 자주 하는 것이 좋다.

〈표 2-5-8〉 생활 속의 악취제거방법

부엌	· 싱크대 배수관은 아랫부분이 구부러져 있는데, 그곳에 물이 고여 냄새가 차단된다. 싱크대의 배수구에서 악취가 나는 경우에는 이곳에 구멍이 나 있을 가능성이 높다. 배수관을 체크하고 봉수가 되어 있지 않으면 수리하여야 한다. · 배수관이 막혀 심한 악취가 나는 경우가 있다. 이럴 때는 주방용 세제를 이용하여 칫솔에 막대기를 이어 배수관 속을 깨끗이 닦아낸 뒤, 여기에 식초와 물을 희석하여 부어 주면 악취가 사라진다. · 싱크대의 물때는 감자껍질이나 파, 마늘 등을 잘라 그 단면으로 닦으면 깨끗이 잘 닦인다. · 기름기가 묻어 있는 그릇을 설거지하고 나면 반드시 배수구에 뜨거운 물을 부어 그때그때 기름기를 녹여 주는 습관을 들이도록 한다. · 칼이나 도마에서 냄새가 날 때 레몬즙, 귤즙, 생강으로 닦아주면 불쾌한 냄새를 제거할 수 있다. · 생선 요리를 한 그릇은 차 찌꺼기와 물을 함께 넣어 약 10분간 끓여주면 냄새가 없어진다. 생선을 구운 그릴이나 판은 그대로 방치하면 냄새가 남기 때문에 따뜻할 때 볶은 차를 한 주먹 정도 뿌려서 열을 가하면 냄새가 중화된다. · 행주에서 냄새가 날 때는 삶는 것이 가장 좋다. 또는 표백제를 희석한 물에 담갔다가 주물러 빤 뒤에 햇볕에 잘 말려주는 것 좋은 방법이다.
욕실	· 배수구에서 악취가 나면 청소한 후 식초 물을 흘려 보낸 뒤 뜨거운 물을 부어 둔다. · 욕실을 사용하지 않을 때는 배수구 뚜껑을 닫아 둔다.
화장실	· 가장 쉬운 방법은 방향제나 탈취 스프레이를 뿌리는 방법이다. 하지만 변기 청정기나 방향제는 환경오염물질이기 때문에 사용하지 않는 것이 좋다. · 원두커피 찌꺼기를 예쁜 용기에 담아 구석에 둔다. · 악취가 심할 경우는 화장실용 브러시로 매일 변기를 청소하는 게 효과적이다. · 변기 주변의 타일과 변기 커버 안쪽 등을 욕실용 세정제로 닦아준다. · 식초는 소변의 암모니아 냄새를 없애주기 때문에 화장실 청소에 이용하면 효과적이다.
신발장	· 향수를 뿌리는 것은 오히려 묘한 향을 만들어내어 역효과를 가져 올 수 있다. · 톡 쏘는 듯한 향을 지닌 로즈메리는 탈취효과가 있어 신발의 묵은 발 냄새를 없앨 수 있다. · 통풍이 잘되는 헝겊 주머니를 이용해 신발 사이에 넣어두면 오랜 악취가 사라지게 된다.
장판	· 습기가 많은 집은 장판 밑에 곰팡이가 생겨 냄새가 난다. 이때는 락스를 희석한 물에 담근 걸레로 깨끗이 닦아낸 뒤 통풍을 시켜준다. 만일 환기가 잘 되지 않으면 드라이어를 이용해서 말린 뒤 바닥에 신문지를 몇 장 겹쳐서 깔아 습기를 빨아들이도록 한다.
걸레	· 걸레에 악취가 나면 집안 전체에 이상한 냄새가 난다. 이럴 때는 걸레 전문세척제로 깨끗이 빨아주고, 1주일에 한번 이상 햇볕에 말려준다.
쓰레기 봉투	· 신문지를 물에 적셔서 냄새나는 쓰레기를 덮어두면 신문지가 냄새를 빨아들여 악취는 자연스럽게 제거된다.

6. 일조환경

6-1. 태양의 의미

에너지의 원천으로서의 태양은 지구로부터 대략 1억 5천만km의 거리를 유지하고 있는 거대한 빛의 덩어리로서 지름은 140만km로 지구의 110배나 되고, 질량은 지구의 약 330,000배이다. 그러나 태양은 지구와 같은 고체가 아닌 거대한 기체덩어리로 되어 있는데, 태양무게의 3/4 정도가 수소로 구성되어 있으며, 다음이 헬륨이고 이밖에 극히 적은 양의 나트륨, 마그네슘, 철 등이 기체상태로 존재한다. "헬륨"이라는 말은 라틴어로 "태양"을 뜻하는데, 태양을 오랫동안 관측해온 천문학자들이 분광학적으로 분석한 결과 태양에 많이 존재한다고 하여 헬륨으로 이름을 붙이게 된 것이다.

태양에너지는 계속 사용하더라도 고갈되지 않는 영구적인 에너지이며, 청결하고 안전하다. 우리가 호흡하는 공기나 마시는 물을 오염시키지 않으며, 인류의 건강이나 생명을 위협하는 사고의 위험도 없고, 폐기물 처리 문제를 일으키는 독성 폐기물도 남기지 않는다. 또한 태양에너지는 어디에서나 이용 가능하다. 태양에너지는 석유나 석탄과 같이 특정지역에 편재되어 있지 않으며, 지역적으로 다소 차이는 있으나 어떠한 지역에서도 이용 가능한 에너지이다.

이러한 태양은 우리 생활환경과 밀접한 요소이다. 인공조명의 발명 이후 현대사회에서는 인공조명의 역할이 늘어나고 있지만 자연의 빛인 태양의 영향은 여전히 무한하다. 태양에너지를 충분히 받지 못하는 환경에서 생활하는 사람들은 대부분의 경우 우울하다. 이는 태양에너지가 인체의 호르몬 체계에 영향을 미치기 때문이다. 일 년 동안 맑은 날이 50일 정도인 유럽의 경우 많은 사람들이 일광욕을 하는데, 이는 부족한 일조량을 보충하기 위한 것이다. 또한 인체의 바이오리듬은 태양의 변화를 기초로 유지되고 있다. 아침에 일어나 낮 동안 활동하고 저녁에 수면을 취하는 사이클은 태양의 움직임에 따른 것이다. 따라서 태양에너지를 충분히 접하지 못하면 바이오리듬이 깨어질 우려가 있다.

태양광선이 구름이나 안개로 가려지지 않고 지상을 비치는 것을 일조(日照, sunshine)라고 하고, 그 비친 시간을 일조시간이라고 한다. 일조시간은 보통 1일이나 한 달 동안에 비친 시간수로 나타낸다. 일조시간으로 일사량도 추정할 수 있으며, 낮 동안에 구름이 어느 정도 끼었는가도 나타낼 수 있다. 어떤 지점에 있어서 맑은 날의 일조시수(日照時數)는 그 지점의 위도에 따라 정해져 있다. 산이나 언덕 등의 장애물이 없다고 가정하여 어느 지점에 햇빛이 비칠 수 있는 시간은 미리 계산되어 있는데, 이것을 가조시간(可照時間)이라고 한다. 어떤 날의 실제 일조시간과 가조시간의 비를 일조율(日照率)이라고 한다. 산간지방에서는 구름이나 안개가 없을 때도 일조시간이 가조시간보다 짧다. 일조율은 낮의 기상상태를 나타내는 중요한 요소 중의 하나로 농업기상이나 장기예보(長期豫報)에 많이 이용되고 있다.

태양의 직사광선이 입사하면 밝기와 열 등의 여러 가지 작용을 유발하며, 건강과 쾌적한 생활을 위하여 필요한 것이다. 또한 화석에너지의 고갈에 대한 대비, 에너지의 편중 분포에 따른 수입의존도의 심화, 생활수준의 향상에 따른 에너지 소비증가 및 환경오염, 에너지 수입, 소비증가에 따른 국가 및 개인 경제 부담의 가중 등의 이유로 태양에너지의 개발이 시급히 필요하다. 우리의 생활환경 속에서 일조는 <표 2-6-1>과 같은 효과를 가지고 있다.

〈표 2-6-1〉 태양의 효과

빛효과	· 태양직사광의 입사는 조도의 불규칙, 휘도대비(輝度對比)의 증대, 반사현휘(反射眩輝) 등을 일으켜서 채광에는 불리하다. · 광량(光量)이 많기 때문에 루버(louver)나 유리블록을 이용하여 직사광선을 굴절시켜 실내를 밝게 하는 적극적인 이용방법이 개발되어 있다.
보건효과	· 지상에 도달한 태양자외선은 세포의 발육을 자극 촉진시키거나 신진대사를 증진시켜 비타민 D를 생성하게 한다. · 매연(煤煙)이나 안개 등에 흡수되기 쉬우므로 도시 중심부에서는 그 양이 작아진다.
열효과	· 엄밀한 실내기후(室內氣候) 설계에서는 태양열의 불규칙성으로 인하여 이용되지 않는다. · 냉방의 경우에는 그 열량의 입사가 경제적 부담을 크게 한다. · 최근에는 에너지 절약의 방안으로 일반주택에서는 난방수단으로 활용되기도 한다.
심리효과	· 일조는 인간의 정신위생에 미치는 심리적 효과가 매우 크다.

6-2. 일조권

최근 들어 대도시의 토지 이용효율을 높이기 위하여 기존의 저층건물을 고층건물로 재건축 또는 재개발하는 경우가 많다. 이때 신축되는 고층건물의 북측에 위치한 기존의 저층주택의 일조환경이 악화되고 경관이 나빠지게 된다.

일조권(日照權, Right of Light)이란 햇볕을 쬘 수 있는 권리이다. 우리나라에서는 1960년대 공업화가 추진되면서 도시의 팽창 및 과밀화, 인구의 급증 등으로 건물의 고층화가 급속히 이루어지자 일조권 문제가 사회문제로 대두되었다. 일조권은 서구에서는 태양에 의한 광 효과만을 보호하는 채광권(The Right of Light)의 형태로 나타나고 있고, 일본과 우리나라에서는 광 효과뿐만 아니라 열 효과, 압박감 등과 관련된 부수적인 효과를 포함하는 복합적인 내용의 권리로 인식되고 있다. 공동주택에 있어서 일조권의 문제는 건물간의 인동간격과 층고(層高)의 문제로 일조권 침해의 문제가 발생하게 되면 동시에 조망, 프라이버시 등의 침해가 발생할 개연성이 높아진다. 실제로 공동주택 시장에서는 특별한 조망요인(예를 들면 강, 호수, 공원 등 녹지공간 등이 조망됨으로 쾌적성이 확보됨)이 없는 경우 조망과 압박감은 동일한 의미로 이해되고 있으며 수평, 수직시야의 범위 안에 마주보는 건물 외에 외부공간의 조망이 가능한가에 따라 주거환경의 질이 결정되기도 한다.

우리나라에서 일조기준이 도입된 것은 1976년 「건축법」에서 처음이었다. 「건축법시행령」에서는 일조 등의 확보를 위한 건축물의 높이제한을 하고 있으며, 전용주거지역 또는 일반주거지역 안에서 건축하는 경우에는 건축물의 각 부분을 정북방향으로 인접대지경계선으로부터 건축조례가 정하는 거리 이상을 띄어 건축하도록 하고 있다. 최근에는 동지를 기준으로 일정시간 이상의 일조확보를 판례로 규정하고 있다.

우리나라 「건축법」에서 정하고 있는 인동간격은 적정한 일조시간의 확보를 기본적인 목적으로 하고 있으며, 공동주택에 있어서는 일조권의 확보, 공간의 개방감 확보, 시각적 프라이버시 보호, 옥외공간의 활용 등을 목적으로 인동간 거리규제기준을 두고 있다. 그러나 이러한 기준은 부동산의 이용 상황이나 용도지역 등에 따라 일조시간을 규정하고 그에 따른 적합한 일조시간을 정하여 각 상황에 적합한 일조시간을 확보하고자 하는 일본과 공동주택에 있어서 인동간격과 건물의 높이가 18° 이하가 되도록 규정하고 있는 영국 등의 선진국에 비해서는 엄격하지 못한 실정이다.

〈표 2-6-2〉 건축법(제53조) 상의 일조기준

① 전용주거지역 및 일반주거지역 안에서 건축하는 건축물의 높이는 일조 등의 확보를 위하여 정북 방향의 인접 대지경계선으로부터의 거리에 따라 대통령령이 정하는 높이 이하로 하여야 한다.

② 공동주택(일반상업지역과 중심상업지역에 건축하는 것을 제외한다)의 높이는 제1항의 규정에 의한 기준에 적합하여야 하는 것 외에 대통령령이 정하는 높이 이하로 하여야 한다.

③ 다음 각 호의 1에 해당하는 경우에는 제1항의 규정에 불구하고 건축물의 높이를 정남방향의 인접 대지경계선으로부터의 거리에 따라 대통령령이 정하는 높이 이하로 할 수 있다.〈개정 2000.1.28〉

1. 택지개발촉진법 제3조의 규정에 의한 택지개발예정지구인 경우
2. 주택건설촉진법 제33조의 규정에 의한 대지조성사업지구인 경우
3. 삭제〈2000.1.28〉
4. 지역균형개발 및 지방 중소기업 육성에 관한 법률 제2조 제5호 · 동법 제4조 및 동법 제9조의 규정에 의한 복합단지 · 광역개발권역 및 개발촉진지구인 경우
5. 산업입지 및 개발에 관한 법률 제6조 내지 제8조의 규정에 의한 국가산업단지 · 지방산업단지 및 농공단지인 경우
6. 도시개발법 제2조 제1항 제1호의 규정에 의한 도시개발구역인 경우
7. 도시재개발법 제4조의 규정에 의한 재개발구역인 경우
8. 도시 저소득주민의 주거환경개선을 위한 임시조치법 제3조의 규정에 의한 주거환경 개선지구인 경우
9. 정북방향으로 도로 · 공원 · 하천 등 건축이 금지된 공지에 접하는 대지인 경우
10. 정북방향으로 접하고 있는 대지의 소유자와 합의한 경우 기타 대통령령이 정하는 경우

④ 2층 이하로서 높이가 8미터 이하인 건축물에 대하여는 당해 지방자치단체의 조례가 정하는 바에 의하여 제1항 내지 제3항의 규정을 적용하지 아니할 수 있다.〈전문개정 1999.2.8〉

〈표 2-6-3〉 건축법 시행령(제86조)에서의 일조권

① 전용주거지역 또는 일반주거지역 안에서 건축물을 건축하는 경우에는 법 제53조 제1항의 규정에 의하여 건축물의 각 부분을 정북방향으로의 인접 대지경계선으로부터 다음 각 호의 범위 안에서 건축조례가 정하는 거리 이상을 띄어 건축하여야 한다. 다만, 전용주거지역 또는 일반주거지역 안에서 건축물을 건축하는 경우로서 건축물의 미관향상을 위하여 너비 20미터 이상의 도로(자동차 전용도로를 포함한다)로서 건축조례가 정하는 도로에 접한 대지(도로와 대지의 사이에 도시계획시설인 완충녹지가 있는 경우에 그 대지를 포함한다) 상호간에 건축하는 건축물의 경우에는 그러하지 아니하다. 〈개정 2001.9.15〉

1. 높이 4미터 이하인 부분 : 인접 대지경계선으로부터 1미터 이상
2. 높이 8미터 이하인 부분 : 인접 대지경계선으로부터 2미터 이상
3. 높이 8미터를 초과하는 부분 : 인접 대지경계선으로부터 당해 건축물의 각 부분의 높이의 2분의 1 이상

② 법 제53조 제2항의 규정에 의하여 공동주택의 경우에는 제1항의 규정에 적합하여야 하는 외에 다음 각 호의 규정에 적합하게 건축하여야 한다. 〈개정 2000.6.27, 2001.9.15〉

1. 건축물(다세대주택 및 기숙사를 제외한다)의 각 부분의 높이는 그 부분으로부터 채광을 위한 창문 등이 있는 벽면으로부터 직각방향으로 인접 대지경계선까지의 수평거리의 4배 이하의 범위 안에서 건축조례가 정하는 높이 이하로 할 것
2. 동일한 대지 안에서 2동 이상의 건축물이 서로 마주보고 있는 경우(1동의 건축물의 각 부분이 서로 마주 보고 있는 경우를 포함한다)의 건축물 각 부분 사이의 거리는 다음 각목의 거리 이상으로서 건축조례가 정하는 거리 이상을 띄어 건축할 것. 다만, 당해 대지 안의 모든 세대가 동지일을 기준으로 9시에서 15시 사이에 2시간 이상을 계속하여 일조를 확보할 수 있는 거리 이상으로 할 수 있다.
   가. 채광을 위한 창문 등이 있는 벽면으로부터 직각방향으로 건축물 각 부분의 높이의 0.8배 이상
   나. 채광창(창 넓이 0.5제곱미터이상의 창을 말한다)이 없는 벽면과 측벽이 마주 보는 경우에는 8미터 이상
   다. 측벽과 측벽이 마주 보는 경우[마주 보는 측벽 중 1개의 측벽에 한하여 채광을 위한 창문 등이 설치되어 있지 아니한 바닥면적 3제곱미터 이하의 발코니(출입을 위한 개구부를 포함한다)를 설치하는 경우를 포함한다)에는 4미터 이상

③ 법 제53조 제3항의 규정에서 "대통령령이 정하는 높이"라 함은 제1항의 규정에 의한 높이의 범위 에서 시장 · 군수 · 구청장이 정하여 고시하는 높이를 말한다.

④ 시장 · 군수 · 구청장은 제3항의 규정에 의하여 건축물의 높이를 고시하고자 할 때에는 건설교통부령이 정하는 바에 따라 미리 당해 지역주민의 의견을 들어야 한다. 다만, 법 제53조 제3항 제1호 내지 제8호의 1에 해당하는 지역인 경우로서 건축위원회의 심의를 거친 경우에는 그러하지 아니하다.

⑤ 제1항 내지 제4항의 규정을 적용함에 있어서 건축물을 건축하고자 하는 대지와 다른 대지사이에 공원 · 도로 · 철도 · 하천 · 광장 · 공공공지 · 녹지 · 유수지 · 자동차 전용도 · 유원지 기타 건축이 허용되지 아니하는 공지가 있는 경우에는 그 반대편의 대지경계선(공동주택에 있어서는 인접 대지 경계선과 그 반대편의 대지경계선과의 중심선)을 인접 대지경계선으로 한다. 〈개정 2000.6.27, 2001.9.15〉

III 한국인의 일상생활환경

1. 쾌적한 주생활환경

1-1. 따뜻한 주거환경

1) 온열기준과 불쾌지수

공동주택 거주자들의 주거환경 개선 요구사항 중 난방성능 향상을 요구하는 비율이 상당히 높게 나타나고 있으며, 그 중 “시원한 실온과 따뜻한 바닥”을 가장 많이 선호하고 있다. 특히 이런 요구는 노인이 거주하는 곳일수록 높게 나타나고 있다.

쾌적한 반응을 나타내는 실내온도 범위는 21.2~26.5℃이다. 그러나 실내온도의 기준은 기온과 밀접한 관련이 있으므로 계절에 따라 적정 실내온도의 기준은 다르며, 공간의 특성에 따라서도 다르다. 거실의 온도조건 기준은 보통 겨울에는 16~20℃, 40~70%이며 이때의 기류속도는 0.5m/s 이하이며, 여름에는 26~28℃, 60~75%이다. 방의 용도에 맞춘 권장온도는 거실과 식당은 16~20℃, 욕실과 화장실은 18~20℃, 공부방은 15~17℃, 침실은 12~14℃, 복도 및 현관은 10~15℃이다.

일반인들이 쉽게 사용할 수 있는 온감지표(溫感指標)는 불쾌지수이다. 불쾌지수는 기온, 습도만을 고려한 체감으로써 기류를 고려하지 않고 있어 학문적인 가치는 없으나, 간단하게 산출할 수 있어 흔히 사용되고 있다. 불쾌지수는 ([건구온도] + [습구온도]) × 0.72 + 40.6으로 구한다. 불쾌지수 70이면 불쾌를 호소하는 사람이 약간 있고, 75이면 50%의 사람이 불쾌감을 느끼며, 79가 되면 대부분이 불쾌감을 느끼고 85이상이 되면 작업을 중지할 정도로 불쾌감을 느끼게 된다.

2) 겨울철 실내온도의 특징

(1) 상하 온도차

겨울철에 스토브를 사용하면 따뜻한 공기는 상승하고 찬 공기는 아래로 내려와 바닥 위의 기온과 천장 부근의 기온의 차가 크게 난다. 겨울철에는 실내 공기의 상하 온도차가 10℃ 이상이 되는 경우도 빈번히 생기는데, 특히 상하 온도차는 실내외의 온도차가 크고, 대류식의 스토브를 사용하고 있을 때에 크게 나타난다.

발밑이 차갑고 머리가 따뜻하면 불쾌감이 늘어나 작업능률이 저하되므로 발밑의 기온을 머리 부분보다도 3℃ 이상 낮게 되지 않도록 하여야 한다. 또한 실내의 상하 온도차가 크면 방의 아래 부분 공기의 상대습도가 높아져 곰팡이의 발생을 촉진한다.

대책으로서는 에어컨의 공기분출구를 조정한다든지, 실내 공기를 아래위로 혼합하는 것도 효과적이다. 또는 실내 하부의 기온이 상부보다도 높은 경우에는 그 차이가 10℃ 가까이 되더라도 불쾌감이 없고, 작업효율도 좋은 것이 알려져 있으므로 바닥 난방을 하는 것도 좋은 효과를 얻을 수 있다.

(2) 찬 바닥

실내에서는 신발을 벗는 습관이 있는 우리나라의 경우, 바닥의 온도가 온냉감에 큰 영향을 준다. 이것은 발과 바닥과의 접촉에 의한 열의 이동이 생기기 때문이다.

찬 바닥은 매우 불쾌한 느낌을 가지게 하며, 넘어지기 쉬워 사고로 이어지기 쉽다. 주택 내에서의 사고에 의한 사망자는 매년 5,000명을 넘고 있으며, 그 중, 반수 이상이 일상 재해에 의한 것으로, 특히 고령자의 사망은 슬리퍼나 헛디딤 등과 같은 전도에 의한 이유로 바닥면의 온도도 실내의 안전을 확보하는 데 있어서 매우 중요하다.

맨발의 경우에는 바닥재의 종류에 의해 냉기의 정도가 다르고, 융단을 깐 바닥에 비해 염화비닐 마감의 바닥은 보다 차게 느껴진다. 슬리퍼 등 실내화를 신으면 바닥재의 영향은 작아진다.

(3) 콜드 드레프트

창을 완전히 닫아두어도 창 주위로부터 찬 공기가 흘러 들어오는 것을 느낄 수 있다. 이것은 밖의 찬 공기가 흘러 들어오는 것이 아니라 따뜻한 공기가 창 부근에서 냉각되어져 바닥면으로 내려오기 때문이다. 이러한 현상을 콜드 드레프트(cold draft)라고 한다.

대책으로서는 스토브를 창 가까운 곳에 설치하여 창 부근의 차가운 공기를 데워 실내의 공기를 대류 시키는 것이 좋다. 또한 창에는 바닥까지 늘어뜨릴 수 있는 두터운 커튼을 설치하는 것도 좋다.

(4) 실간 온도차

방과 방사이의 온도차가 너무 크면 뇌졸중 등을 일으킬 수 있으므로, 실간 온도차를 5℃ 이내로 하는 것이 좋다. 난방하고 있는 방에서 난방하지 않는 방으로 이동할 때에는 가운 등을 입는 것이 좋으며, 화장실이나 탈의실에는 소형난방기기 등을 설치하는 것이 좋다.

겨울철에 거실은 난방해도 복도와 화장실을 난방하지 않는 경우가 많아, 화장실은 10℃ 이하에 머물고 있는 경우가 많다. 게다가 야간에는 바깥 기온의 저하와 함께 화장실의 실온도 저하하여 실간 온도차가 커진다. 일반적으로 젊은 사람은 야간의 배뇨회수는 적으나, 65세 이상의 고령자로는 야간에 2회 이상 화장실을 이용하며, 고령자일수록 한랭에 의한 혈압의 상승이 현저하므로, 고령자가 이용하는 화장실에는 반드시 난방이 필요하다.

주택 열환경과 뇌졸중의 발증과의 관계를 조사한 연구결과를 보면, 난방을 하는 방과 화장실을 포함한 난방을 하지 않는 방의 온도차가 큰 지역에서 뇌졸중의 발증율도 높은 것으로 보고되어 있다. 따라서 뇌졸중과 심장병 등을 예방하기 위해서도 화장실의 난방 등을 통한 실간 온도차를 줄여야 한다. 아울러 실온뿐만 아니라, 변기도 따뜻하게 할 필요가 있다.

(5) 건조한 실내

실내의 현저한 건조(상대습도 30% 이하)는 기도점막의 건조를 일으키고, 기도의 세균 감염 예방작용을 약하게 한다. 또한 분진이 공기 중에 머무는 시간이나 각종 바이러스의 생존시간을 연장시키고, 감기와 기타의 호흡기질환에 걸리기 쉬워진다. 그리고 겨울철 정전기에 의한 쇼크도 습도가 낮으면 일어나기 쉽다. 정전기는 습도가 70% 이상이 되면 거의 없어진다. 그러나 필요 이상으로 가습(加濕)을 하면 곰팡이나 진드기가 발생하기 쉽게 되므로, 상대습도 50%를 유지하는 것이 좋다.

특히 아파트는 난방이 잘되기 때문에 다른 주거형태의 집들보다 훨씬 건조하다. 하지만 외풍이 있는 일반주택은 사실상 바깥과 실내의 습도차가 거의 없다. 실내외 습도가 겨울철 평균습도인 30~40%인 셈이다. 이는 적정습도 수준 보다 낮기 때문에 일반주택이라도 습도 관리에 신경을 써야 한다. 그리고 환기가 잘 되지 않는 반지하 집은 오히려 겨울철에 더욱 건조하다. 한자리의 공기가 정체되어 있지 않도록 자주 창문을 열어 환기를 시켜주어야 한다.

건조한 실내환경을 개선하기 위한 대책으로 가습기를 이용하는 방법이 있다. 따뜻한 공기는 위로 올라가는 성질이 있는데, 따뜻한 김이 위로 올라가면서 방안 전체에 퍼질 수 있고 습도를 효과적으로 높일 수 있도록 가습기는 책상 등 조금 높은 곳에 놔두면 좋다. 가습기의 물은 끓였다 식힌 물을 사용하고 자주 청소하고 갈아주어야 한다.

그리고 집안 청소를 할 때는 젖은 걸레를 사용하는 것이 좋다. 건조한 겨울에는 진공청소기나 빗자루를 이용해서 청소한 것보다 젖은 걸레를 이용하는 것이 좋다. 먼지제거뿐 아니라 건조해진 실내의 습도도 높여주기 때문이다.

3) 추위방지

차가운 실내에서는 감기가 악화되어 폐렴이 된다든지, 고혈압이나 뇌혈관의 질환에 나쁜 영향을 미친다. 뇌졸중도 저온이 되면 발생률이 상승한다. 또한 겨울철 따뜻한 실내에서 차가운 실외로 갑자기 이동했을 때 협심증(심장질환)을 잘 일으킨다. 화장실이 실외에 있을 경우, 노인들의 심장질환 사망률이 높은 것도 이 때문이라 할 수 있다. 또한 신경통, 류머티즘, 요통이 한랭에 의하여 악화되는 것을 일상적으로 많은 사람들이 경험하고 있다.

거주공간의 추위의 요인은 크게 지역 환경(인동간격을 포함), 건물, 거주방식에 의한 것이다. 추위를 막기 위해서는 기본적으로 다음과 같은 점을 고려하여야 한다.

(1) 온도조건을 생각한다.

온도조건은 방의 평균치가 아니고 사람이 실제로 거주하는 위치가 문제되기 때문에 바닥에서 1m 위치까지가 가장 중요하다. 따라서 상하의 불균일한 분포만이 아니라 실내에 불균일한 분포가 생기지 않도록 난방장치의 위치 등을 잘 배치하는 일이 필요하다. 가장 기본적으로 생각할 수 있는 온도는 단란 등 쾌적성을 요구할 때와 작업 등에서 온도조건의 위화감을 느낄 수 없을 때는 23~25℃ 정도의 범위에서, 육체적인 작업을 행할 시에는 이보다 약간 낮은 온도로, 이불 등을 사용하는 침실의 취침 시에는 10~16℃ 정도가 좋으나 10℃ 이하로는 하지 않는 편이 바람직하다. 특히 계단과 화장실, 욕실이 저온이면 뇌졸중의 원인이 되기도 하기 때문에 최소한 8~10℃를 유지하는 것이 좋다.

난방온도를 1℃ 낮추면 한 달 기준으로 난방비가 7% 절약되며, 난방 시 커튼이나 블라인드로 차단하면 10% 절감효과가 있다. 그리고 겨울철에 옷을 여러 겹으로 입으면 하나만 입는 것에 비해 4~6℃ 정도 실내온도를 낮출 수 있다. 또한 지나친 난방은 고혈압, 심장병, 뇌졸중을 유발하여 건강에 해로우므로, 적정온도를 유지하는 것이 좋다.

(2) 열복사를 차단한다.

유리면과 콘크리트 외벽 등은 단열성이 낮기 때문에 표면온도가 기온보다 낮게 되고 복사에 의해 커다란 냉각효과를 준다. 그러므로 커튼을 사용하여 복사를 차단하거나 벽에 단열재를 넣어 표면온도를 상승하게 하는 것이 유효하다. 차가운 벽은 차게 된 공기가 바닥 면에서 흘러나와 인간에게 추위를 느끼게 하기도 하고 벽면에 결로(結露)를 발생시켜 더러움과 부식의 원인이 되기도 한다.

한편, 유리창은 열이 통하기가 매우 쉬워 보통 복사열은 85% 정도 실내로 들어오고 10%는 반사되며 5%는 유리창에 흡수된다. 창에 붙이는 필터 중 콜드필터가 있는데 투명한 콜드필터(Cold Filter)를 붙이면 가시광선은 90% 이상 투과되고 적외선(열)은 투과하기 힘들어 여름에는 시원하고 겨울에는 실내에서 열이 빠져나가는 것을 막을 수 있어 따뜻하다.

(3) 틈새바람을 줄인다.

추운 시기에는 틈새 바람이 실온을 내리고 난방부하를 증대시킬 뿐만 아니라 비중이 큰 관계로 바닥 면 부근으로 흘러오게 되어 감각온도를 낮춘다. 게다가 다소 기류 속도라도 있으면 냉각력은 배가 되어 더욱 춥게 느끼게 된다. 즉 우리가 거주하는 바닥 면 부근의 온도를 내려 쾌적성에 큰 영향을 주기 때문에 가능한 한 틈새바람을 적게 하지 않으면 안 된다. 특히 창문, 외벽, 기둥 주위의 기밀성이 중요하다.

(4) 단열성의 향상을 도모한다.

우리나라와 같이 겨울에 춥고 여름에 더운 기후조건에서는 단열은 필수적이다. 단열을 하면 여름에는 시원하고 겨울에는 따뜻하다. 뿐만 아니라 단열을 하면 연료비를 30~50% 정도 아낄 수 있다.

단열재의 효과는 난방장치에 의해 실내온도를 상승시키는 만큼이나 크다. 벽면 등 단열성을 향상시키는 것은 단지 열손실을 감소시키는 것만이 아니라 벽면온도가 상승하기 때문에 상하의 온도 분포가 적어짐과 동시에 차가운 벽에서 복사에 의한 냉감이 감소하고 열손실의 감소이상으로 쾌적성의 향상을 예측할 수 있다. 집의 단열성이 나쁘면 난방을 하여도 따뜻해지지 않으며, 난방을 중지하면 금방 식어버린다. 또한 난방에 소요되는 비용도 막대해질 뿐만 아니라 쾌적한 거주공간을 얻을 수도 없다. 이것은 단열성능이 낮기 때문에 실내의 벽면, 바닥면의 표면온도가 낮아져, 인체로부터 방사열량이 늘어나기 때문이다. 그리고 단열성이 나쁠수록 실내의 온도분포가 불균일해져 쾌적한 공간을 얻을 수 없다.

특히 단독 주택의 지붕, 천장, 벽을 단열하여야 하며, 온돌바닥을 철저히 단열하여야 한다. 온수온돌의 방바닥은 주택 내에서 가장 뜨거운 열이 흐르는 곳으로서, 바닥 밑으로의 열손실 방지를 위해 단열을 해야 한다.

(5) 난방기를 효율적으로 잘 이용한다.

겨울을 쾌적하게 보내기 위해서는 좋은 난방기를 잘 사용하여야 한다. 그러나 여러 가지 난방용 기구 중 어떤 것을 선택할 것인지 여러 난방방법 중 어떤 것을 택할 것인지가 문제이다. 아이가 있는 집은 가스히터보다는 전기스토브가 좋다. 전기스토브나 스팀을 난방기구로 사용할 때 보다 가스나 기름히터를 사용할 때 더 자주 환기를 시켜 주어야 한다. 가스나 기름이 연소되면서 이산화탄소를 많이 만들어낼 뿐만 아니라 찌꺼기 때문에 공기가 더 나빠지기 때문이다. 그리고 찬바람이 부는 날이라도 하루에 2~3회, 15분 정도씩 창문을 열어놓아 환기를 시켜야 한다. 특히 스토브 등 난방기를 사용할 때는 1~2시간마다 5분씩 환기를 시켜야 한다.

한편, 보일러는 자주 청소하여 열효율 저하를 방지하여야 한다. 기름보일러나 가스보일러는 연소가 일어날 때 분진이 발생하고 분진 때문에 열의 전달이 나빠져 보일러의 효율이 크게 떨어지므로 매년 적어도 두 번은 보일러 내부 청소를 하는 것이 좋다. 보일러를 새로 구입할 때는 난방면적과 보일러 용량을 따져 보아야 한다. 보조 난방기는 창 측에서 창을 등지도록 설치하면 공기의 교류가 충분히 이루어져 효과적인 난방을 할 수 있다. 또 난방기를 높은 곳에 설치하지 말고 사람이 앉아있는 높이로 설치하면 실제로 사람이 느끼는 온도가 높아 훨씬 따뜻한 난방을 할 수 있다.

(6) 건물측면의 온열대응을 한다.

대류에 의한 열손실을 막기 위해서는 건물을 긴밀화한다. 그리고 간접적인 난방효과가 있는 벽, 지붕, 바닥 등의 단열을 한다. 또한 유리는 열저항치가 작으므로 창은 이중창으로 하거나 커튼을 설치하면 단열효과를 얻을 수 있다. 즉 주택에서 열의 출입이 가장 심한 곳이 창과 문이다. 따라서 이중창이나 복층유리는 단열효과를 가져다준다.

1-2. 시원한 주거환경

1) 시원한 주거의 기준과 냉방병

(1) 시원한 주거의 기준

모세혈관의 확장과 땀의 분비로 열을 처리할 수 있는 범위가 넘으면 더위를 느끼게 된다. 환경적으로 말하면 기온의 고저, 기류의 다소, 습도의 고저, 복사의 다소가 열 균형상 중요하다. 여름철의 적정한 실내환경의 목표치는 냉방 시에는 26~28℃이다. 또한 외부와의 온도차는 5℃ 이내로 하는 것이 신체에 좋다. 우리나라에서는 냉방을 시작하는 시기를 평균기온이 24℃ 이상 되는 날로 정하고 있다.

우리가 시원하게 느끼기 위해서는 온도와 습도도 중요하지만 기류도 중요하다. 온도, 습도 등의 조건이 위생적으로 양호하다하여도 기류가 적당하지 않으면 체표면으로부터 방출하는 에너지확산에 영향을 미치므로 불쾌감을 느낄 수 있다. 즉 냉방의 쾌적함은 온도뿐만이 아니라 바람(기류)과 습도가 중요하며, 기류가 1m 증가하면 3℃ 정도 더 차게 느껴진다.

(2) 냉방병과 열대야

냉풍을 직접 신체에 닿게 한다든지, 냉방한 실내에서 장시간 있으면 신체의 피로감이나 권태감, 오한, 두통, 복통 등과 같은 냉방병의 원인이 된다. 냉방병은 의학적으로 뚜렷한 정의를 갖고 있지 않는 일종의 증후군으로, 에어컨이 가동되는 폐쇄된 빌딩에 지내는 사람들이 소화불량, 두통, 피곤, 정신집중 곤란 등을 호소하는 것들을 통틀어 일컫는다.

냉방병의 원인은 주로 실내와 외부와의 온도 차이, 실내습도의 급격한 감소이다. 실내온도와 외부와의 온도 차이가 10℃ 이상이 되면 자율신경이 제대로 그 역할을 하지 못하고 실내, 실외온도 차이에 인체가 적응하지 못하게 된다. 습도는 여름철이면 보통 70~80%가 되는데 에어컨을 켜면 실내습도를 30~40%까지 떨어진다. 이 때문에 호흡기계 점막은 건조해져서 각종의 질환에 이환되기 쉬운 조건이 된다.

냉방병의 주요증상으로는 코가 막히고 전신이 무기력해지며 근육통, 두통, 관절통, 인후통, 쉽게 피곤해지고 집중력 장애, 혈액순환장애 등을 나타내게 된다. 여성은 남성보다 냉방병에 더 잘 걸린다. 여성은 생리적으로 추위에 민감한데다 노출이 되는 옷차림 때문에 에어컨 바람을 직접 접촉하기 때문이다. 여성은 호르몬 이상 때문에 월경불순이 나타나기도 하고. 지나친 체내 온도저하로 말초혈관이 수축되어 얼굴과 손발이 붓기도 한다.

냉방병을 예방하기 위해서는 실내외의 온도 차이는 5℃ 이하로 하고

30분~1시간 정도의 간격으로 외부의 공기를 유입시켜 실내 습도의 급격한 감소를 막아야 한다. 또한 에어컨을 1~2주마다 한 번씩 규칙적으로 청소해주어야 하며, 큰 빌딩에서 일하는 사람은 그 빌딩의 냉각수 관리가 잘 되는지를 한번 확인하여 보는 것도 좋다. 에어컨을 1시간 이상 작동시킨 후에는 실내 환기를 한다. 에어컨의 찬바람을 닿지 않게 하고, 긴소매 겉옷을 준비해 체온조절을 해주고, 냉방중인 실내에서 담배를 피우는 것은 금물이다.

한편, 장마가 끝나면 따라오는 게 찜통더위다. 잠 못 드는 밤인 열대야는 피로를 만성적으로 쌓이게 만들어 다음날 업무에 지장을 초래할 정도다. 여름철 무더위는 신체적 컨디션뿐만 아니라 정신적 컨디션까지 나쁘게 만들 수 있다. 기온이 30℃ 이상 올라갈 경우 사람이 느끼게 되는 불쾌감은 매우 높아 폭행사고가 잇따른다는 연구결과도 있다.

열대야를 효과적으로 보내기 위해서는 환경을 최대한 시원하게 만들고 충분한 수분을 섭취해야 한다. 시원한 환경을 조성하기 위해서는 옷은 가능한 얇게 입고, 부채·선풍기·에어컨 등으로 실내 기온을 낮추되, 규칙적인 환기를 잊어서는 안 된다. 그래도 더위가 가시지 않을 때는 수시로 찬물로 샤워를 해 체온을 떨어뜨려야 한다. 물은 갈증을 느끼지 않을 정도로 충분히 마셔야 한다. 신체활동은 가급적 삼가고 운동은 온도와 습도가 가장 낮은 새벽에 하는 것이 심신에 좋다.

2) 일사방지

아침이 되면 태양이 뜨고 일사가 원인이 되어 바깥기온이 상승한다. 실내에는 외벽과 창유리를 통해 열이 들어오며 또 창을 통해 외기가 유입되기도 한다. 유입된 외기는 벽체와 가구 등을 데우고 그 대신 자신은 열을 잃기 때문에 외기보다 낮게 되며 실내기온은 점점 유입된 외기로 인해 높아진다. 일사는 직·간접으로 더위에 영향을 주지만, 시간과 방향에 의해 크게 다른 특징이 있다. 즉 방향과 시간에 의해 태양열을 받는 양이 다른 데, 동향과 서향에서는 방의 깊숙한 곳까지 일사가 들어오기 때문에 받는 열의 양이 크다. 또 서향의 벽에 받은 3시경의 태양열은 저녁 6시경에 실내에 영향을 주게 된다.

한편, 일사병[34]은 더운 날씨에 야외에서 한 시간 이상 작업을 하거나 해서 체온이 지나치게 올라가서 뇌에 있는 체온 조절중추가 제대로 작동을 하지 못하게 되는 상태가 되는 것을 말한다. 올라간 체온을 발산할 수 없게 되어 탈수나 실신을 하게 되고 심하면 목숨까지도 잃게 된다.

실내 더위의 가장 큰 원인은 일사이므로 여름을 시원하게 보내기 위해서는 일사를 조절하는 것이 가장 중요하다. 구체적으로 다음과 같은 점에 유의하면 효과적이다.

① 방과 창의 위치를 고려한다.

동향, 서향 창은 덥고 바람이 잘 통하지 않는다. 그러므로 동·서향 창에 대한 고려를 하여야 하며 각 지방의 상풍향(常風向)을 고려하여 방과 창의 위치를 정한다.

② 일사가 창으로 들어오지 않도록 한다.

창으로부터의 일사를 차폐하기 위해서는 채광에 지장이 가지 않고 직사광선이 들어오지 않게 하여야 하며 창을 열어 통풍시킬 때 방해가 되어서도 안 된다. 창문이 단창일 경우에는 이중창 또는 복층유리로 시공하는 것이 에너지 비용을 절감하는 효과와 방음, 쾌적한 주거환경을 만들 수 있다.

남쪽 창은 태양광이 바로 위에 있기 때문에 창틀을 길게 하면 된다.

---

34) 일사병의 응급처치요령은 우선 옷을 벗기고 통풍이 잘 되는 곳으로 조용히 옮겨 상반신을 약간 높게 눕힌다. 구토를 하면 얼굴을 옆으로 돌려서 눕힌다. 경련이 일어나면 혀가 물려 잘리기 쉬우므로 나무젓가락에 붕대 같은 것을 감아 치아사이에 재갈을 물린다. 가까운 곳에 병원이 없으면 우선 찬물이나 얼음주머니를 몸에 대어 몸을 식히거나 알코올로 피부를 닦아준다. 체온이 38℃까지 내려가면 일단 식히는 것을 중지하고 10분마다 체온을 재면서 다시 오르면 재차 식혀준다.
가정에서는 진한 꿀물이나 설탕물을 차게 해 마시면 효과적이다. 민간요법으로는 호박꽃 몇 개를 더운 소금물에 담갔다가 먹기도 한다.

짧은 경우에는 걷어 올릴 수 있는 차양으로 하거나 식물을 식재(植栽)하여 창을 타고 올라가도록 한다. 동쪽이나 서쪽면의 창은 이른 아침이나 저녁에 강한 일사가 방 깊숙이 들어오므로 창 전면을 차단할 필요가 있다. 이때 창에 발, 커튼, 블라인드 등을 설치하면 일사를 차폐할 수 있다. 차양은 주로 직사광선을 차단하고, 반사하는 빛의 일부를 채광을 위해 실내에 넣는 역할을 한다. 일사의 반사방지를 하는 것도 중요하다. 마당에 잔디를 깔고 그늘이 지도록 나무를 심는다. 2층의 경우에는 옆집 지붕에 의한 반사가 많으므로 이에 대한 고려도 하여야 한다.

③ 여름을 대비해 단열이 이루어져야 한다.

벽과 바닥을 단열하고 일사열이 전달되는 것을 막고, 실내에 침입하거나 실내에서 발생하는 열을 적게 하는 것이 중요하다. 여름철에 아무리 냉방기(에어컨)를 틀어놓아도 건물 벽을 단열처리 하지 않으면 외부 열이 실내로 전달되어 냉방효과는 그만큼 떨어진다.

④ 건물의 열용량을 크게 한다.

보통 단독주택보다 공동주택이 시원하다고 느끼는데 이는 층수가 높아 통풍이 잘 되고, 열용량이 크고, 밤에도 도둑의 걱정이 적어 창을 열어 놓을 수 있기 때문이다. 열용량이 적으면 금방 더워진다.

3) 통풍과 냉방

(1) 통풍

실내에 바람을 통과시킴으로써 높은 실내 온도의 공기를 실외로 배출시켜 실내온도를 낮추는 것을 통풍이라 한다. 효과적인 통풍 방법은 다음과 같다.

① 창이나 문이 클수록 좋다.

② 바람이 불어 들어오는 쪽과 나가는 쪽에 창이나 문을 설치한다. 통풍의 효과는 창문이 마주 나 있을 때 가장 좋고 그 다음은 인접한 벽면에 창이 있는 경우이며, 한쪽 벽면에 창문이 있는 것은 가장 좋

지 않다.

③ 그 사이에 공기 흐름을 방해하는 가구를 놓지 않는다.

④ 창의 높이가 너무 높아서 바람이 천장 부근만을 통과하면 실내에 있는 사람들이 시원한 느낌을 받기 어렵기 때문에 바람이 실내 전체를 통과할 수 있도록 방 중앙의 위치에 창을 낸다.

⑤ 바람은 지면에서 높을수록 속도가 커지므로 실내온도를 낮추어야 할 주거공간을 2층에 배치하는 것도 효과적이다.

(2) 냉방

한 여름의 낮 동안은 기계적인 냉방장치를 이용하는 것도 한 가지 방법이다. 냉방은 창, 문을 열어 통풍을 이용하는 자연적인 방법과 선풍기, 룸쿨러, 에어컨을 이용하는 기계적인 방법이 있다. 한편, 냉방설비에는 중앙식과 개별식이 있다. 중앙식은 1개소에 설치한 공기 청정기로 온습도를 조정한 공기를 송풍기에 의해 송풍하는 방식이며, 개별식은 각 실마다 냉풍 발생 장치를 설치하여 냉방하는 방식이다.

4) 여름철 실내관리

집안을 쾌적하게 만들려면 습기를 제거하고 통풍을 자주 시켜주어야 한다. 그리고 햇볕이 날 때 말릴 수 있는 것은 자주 말리는 것이 좋다. 습기제거제를 사용할 경우, 그 주위에 물건이 가득 차 있으면 좋지 않다. 용기형인 경우 용기 위에 물건을 올려놓지 말아야 하며, 습기제거제는 자주 확인해 보고 교체해 주어야 한다. 만약 옷에 묻었을 때는 재빨리 물로 씻어 얼룩을 없애주고, 폐기할 때는 염화칼슘이 함유되어 있으므로 주의하여야 한다.

1-3. 밝은 주거환경

1) 자연조명

자연조명(주광조명(晝光照明), 채광)은 태양 빛을 이용하여 밝기를 확보하는 것이다. 좋은 채광이란 보아야 할 대상물을 확실히 볼 수가 있고, 피로감이나 불쾌감을 일으키게 하지 않는 것이다. 그러기 위해서는 밝기와 분위기의 양면이 적당히 조절되어야 한다.

채광은 작업을 위한 빛을 고려할 뿐만 아니라 사물의 형태나 음영(陰影)을 확실히 보이게 하거나, 어떤 것을 특히 인상적으로 보이게 하고, 또 예술품 등을 감상하기 좋게 하거나 방의 분위기를 만드는 목적에도 사용된다. 이를 위해서는 명암의 대비, 광선의 방향 및 색 등을 각각 그 목적에 따라 알맞게 하여야 한다.

(1) 밝기

옥외(屋外)의 밝기는 계절이나 시각에 따른 태양고도의 변화, 기상조건 등에 의하여 끊임없이 변화한다. 이에 영향을 받아 실내의 밝기도 동시에 변동한다. 밝기를 나타내는 일반적인 단위로서는 럭스(ℓx)가 사용되고 있으나, 채광설계인 경우에는 이와 같이 변동하고 있는 값을 사용하여 창이나 건물의 형태를 정하기는 어려우므로 이때에는 옥외의 밝기를 항시 일정하다고 가정했을 때의 실내의 조도로써 밝기를 결정한다. 즉 주광률(晝光率)을 사용한다. 주광률은 실내의 어떤 점의 조도와 그 점을 둘러싼 천장·벽 등을 모두 제거했을 때 그 점의 전천공(全天空)에 의한 수평면조도와의 비(比)를 %로 나타낸 것이다. 실내 밝기의 기준으로서는 일반적으로 독서·사무 등에는 주광률 2%, 제도·재봉 등의 세밀한 작업에는 5% 정도이다.

(2) 분위기

주택의 거실 등에는 밝기뿐만 아니고 분위기를 고려한 채광을 필요로 한다. 실내에 아주 밝은 곳과 어두운 곳이 있는 것은 분위기를 강조하는 방에는 바람직하나 일반적으로 정밀작업에는 작업능률이 저하되고 피로가 커져 채광조건이 좋지 않다.

보통 창에 의한 채광은 창 옆은 밝고, 방의 안쪽은 어두워 주광률의 대소의 차가 커져서 실내 전체로서의 주광률 분포는 나쁜 경우가 많다. 이와 같은 창, 즉 측창(側窓)에 의한 채광시의 주광률 분포는 10:1 정도의 범위를 넘지 않는 것이 바람직하다. 이를 위해서는 직사광선이 작업면에 비치는 것을 막고 창의 상부에 루버나 유리블록을 사용하거나, 천장과 벽을 밝은 색으로 채색하거나 하여 빛을 반사시킴으로써 방안의 밝기를 높인다.

(3) 창의 형식

채광으로 창문을 분류하면 건물 단면 중에서 어느 위치에 창문이 있는가에 따라 다음과 같이 분류된다.

① 측창(側窓)

측창은 보통의 외벽창이며, 이는 비막이에 좋고 개폐조작·청소 등에 편리하다. 또 방의 개방감(開放感)·전망·통풍을 위해서도 좋다. 그러나 주광률 분포는 창 옆과 방의 안쪽에서 불균일하게 되기 쉬우며, 또 이웃집이 창 가까이 있으면 채광을 방해받을 때가 있다. 방의 양쪽에 창이 있을 때는 한 쪽 창일 때보다 주광률 분포는 균일하게 되나, 방의 안정감은 좋지 않다.

② 천창(天窓)

천창은 지붕에 만든 상향창(上向窓)을 말하며, 비 막이·개폐조작·개방감·전망·통풍 등의 점에서 불리하나 채광의 양은 측창에 비하여 훨씬 많아지며 주광률 분포를 균일하게 하고 또 이웃집이 가까이 있어도 영향을 받지 않는 이점이 있다.

③ 측정창(側頂窓)

측정창은 천창과 마찬가지로 천장에 만들어진 창이지만, 창면의 비 막이를 좋게 하기 위하여 창을 수직으로 한 것이다. 공장의 톱날지붕이 이 형식이다. 톱날지붕의 채광은 넓은 면적의 주광률 분포를 균일하게 하여

고루 밝게 할 수가 있다.

(4) 채광창에 관한 법규

채광에 유효한 창의 면적에 대하여는 「건축법시행령」 제51조에 규정하고 있다. 즉 채광을 위한 부분의 면적은 그 방의 바닥면적에 대하여 1/10 이상을 확보하도록 되어 있다. 또 창문 앞에 높은 건물 등이 접근하여 있는 곳에서는 그 창의 채광효과를 기대할 수 없으므로 건물의 높이와 창에서 건물까지의 거리의 관계를 정하여 채광에 유효한 창을 규정하고 있다.

직사광을 막고 천공광을 넣기 위해서는 창의 방향과 위치가 우선 문제된다. 안정된 채광을 얻기 위하여 창을 북향으로 만드는 일이 많은 것은 채광의 조건을 고려한 것이다. 옥외의 전천공조도는 기후나 계절과 시각에 의한 태양 고도의 변화에 의해 크게 변동한다. 그 범위는 특히 밝은 날의 약 50,000ℓx부터 대단히 어두운 날의 2,000ℓx까지이므로 이 변동은 채광하고 있는 실내의 밝기에도 같은 변동을 가져온다. 일반적인 실내의 주광률은 1%에서 10% 정도이다.

2) 인공조명

주거의 빛은 단지 밝기만 하다고 좋은 것은 아니다. 가사 일을 하거나 독서를 하거나 취미나 오락 등 시작업(視作業)을 하는 행동의 경우는 보기 쉬움을 확보할 수 있는 만큼의 밝기는 당연히 필요하다. 그러나 주거에는 휴양의 장이라고 하는 중요한 역할이 있다. 편안한 분위기를 만들기 위해서는 어느 정도 어두운 것이 좋으며 수면을 위해서는 어슴푸레한 빛이 좋다. 사무실이나 작업장 등과 같이 특정의 용도에 사용되는 건물에 대해서는 작업의 능률을 중시하면 좋으나 활동에서 휴식까지 넓은 범위의 생활행위가 영위되는 주택에서는 넓은 범위에 대응할 수 있는 배려가 필요하다.

(1) 광원

주택에서 많이 사용하는 광원을 살펴보면 다음과 같다.

① 백열램프

미국의 토머스 에디슨이 백열램프를 발명하여 1879년에 전구생산의 공업화가 이루어졌다. 백열램프는 필라멘트에 전류를 흘려서 그것을 고온으로 백열시켜 온도방사에 의하여 빛을 방사시키는 광원이다.

② 형광램프

형광램프는 1938년 미국의 제너럴일렉트릭(GE)회사에서 인만(Inman)씨가 개발하였다. 형광등은 열음극으로 된 저압수은의 방전에서 발생된 자외선 2,537 Å의 방사로서 방사 루미네센스에 의하여 유리관 내면에 바른 형광물질을 자극시켜 효율이 좋은 광도를 얻도록 만든 광원이다.

한편, 형광램프는 형광체의 종류에 따라서 여러 가지의 광색(光色)을 나타낸다. 형광램프는 점등장치가 필요하지만 광질(光質)이 좋고 고효율이므로 경제성도 좋다. 그리고 램프의 모양은 종래의 직관형과 도넛형(서크라인형)에 한하지 않고 U형, 전구형 등 그밖에 여러 가지 형태가 용도에 따라서 다양하게 실용화되고 있다.

③ 할로겐램프

할로겐램프[35]는 미량의 할로겐 물질을 포함한 불활성가스를 봉입하여 할로겐 물질의 화학반응을 응용한 텅스텐전구로서 1959년 미국

35) 할로겐램프의 특징은 다음과 같다.

· 램프가 콤팩트 사이즈이므로 작은 공간에 알맞다.
· 수명이 길다(백열램프의 1.5 ~ 2배).
· 효율이 높다(백열램프의 1.2개).
· 사용 중 밝기의 저하가 없다.
· 음영이 뚜렷하고 반짝이는 효과가 있다.
· 연색성이 뛰어나다.
· 맨손으로 만지면 화상의 염려가 있다.
· 점등방향에 제한이 있다.

에서 개발되었다 이것은 일반램프에 비해서 컴팩트한 사이즈이다. 이 광원은 흑화가 적으므로 유리구가 적어도 되며 체적이 일반램프에 비하여 1/10 정도로도 충분하다. 광원의 효율은 20ℓm/w이고 수명은 3,000~4,000 시간이다. 용도는 점포의 스포트라이트나 다운라이트 및 주택에서 높은 광질의 조명용 광원으로 사용되고 있다.

(2) 배광에 따른 분류

① 직접조명

광원의 90~100%를 목적으로 하는 대상물에 투사시키는 방법이 직접조명방법이다. 조명의 효율도 좋고 경제적이지만 눈부심이 일어나기 쉽고 균등한 조도분포를 얻기 힘들며 강 한 그림자가 생긴다는 단점이 있다. 국제분류(%)로 상향광속 0~10, 하향광속 100~90이다.

② 반직접조명

가장 일반적으로 사용되는 방식으로서 빛의 60~90%가 직접 대상물에 투사되고 나머지 10~40%가 반사되는데 그림자가 생기고 눈부심이 일어나는 것이 흠이다. 국제분류(%)로 상향광속은 10~40, 하향광속은 90~60이다.

③ 간접조명

전구에서 발산된 광원이 일단 천장이나 벽에 부딪쳐 그 반사광을 이용하는 조명 방식이 간접조명방법이다. 광속의 90~100%를 천장이나 벽에 투사시켜 반사·확산된 광속을 이용하게 되므로 눈부심이 없고 조도분포가 균등하며 부드러운 분위기를 연출할 수 있으며 빛과 어둠이 엇갈리는 그림자의 멋을 느낄 수 있다는 것이 장점이다. 국제분류(%)로 상향광속은 90~100, 하향광속은 10~0이다.

④ 반간접조명

반투명의 유리접시나 플라스틱을 사용한 방식이다. 빛의 일부가 되는 10~40%가 대상물에 직접 투사되고 나머지는 대부분이 반사되는 장식으로서 조도의 균질성이 있고 그늘짐이 부드러우며 눈부심도 적은 편이다. 국제분류(%)로 상향광속 60~90, 하향광속 40~10이다.

⑤ 전반확산 조명

전구의 빛을 어느 특정한 부위로 모아 비추지 않고 실의 전체에 확산되도록 하는 조명방법이다. 눈부심이 거의 없고 그림자도 매우 약하다. 방 전체를 고루 밝게 하기 위해서는 천장등을 전반확산 조명으로 하는 것이 좋다. 국제분류(%)로 상향광속 40~60, 하향광속 60~40이다.

(3) 주택 조명환경에 있어서의 에너지 절약

우리나라 전체 전력 소비의 10% 정도를 조명에너지 분야에서 사용되어지고 있다. 이러한 조명에너지에서의 절전효과는 매우 크다. 한 등 끄기 운동으로 절전을 한다는 것은 실생활에서 작업능률 감소와 눈의 피로를 높여 비효과적이다. 이에 1995년 9월부터 민간단체, 에너지공급사, 에너지절약 전문기업, 고효율기기 공급업체가 조명분야의 전력소비량을 20% 감축시키는 것을 목표로 녹색조명운동을 하고 있다. 주택 조명환경에 있어서 에너지 절약방법에 대해 알아보자.

① 심야에는 광고용 조명기기를 소등하자.

네온사인, 광고용 전광판 등은 광고효과가 없는 심야까지 점등되어 있는 경우가 많다. 그러므로 타이머를 설치하여 정해진 시간에 자동소등한다던가, 수동으로 꺼서 에너지를 절약하자.

② 고효율 형광등기구를 사용하자.

40W 형광등기구는 32W 고효율형광등은 20~35%의 절전효과가 있다(단, 반드시 별도의 32W전용 안정기를 채택해야 한다). 그리고 형광등기구에 반사갓을 설치하여 에너지를 아끼자.

③ 실내에는 자연조명을 적극 활용하자.

단층으로 된 일반 주택이나 공장의 경우 지붕에 자연채광시설을 하면 흐린 날에도 조명을 할 필요가 없다. 더구나 창고 같은 곳에서도 좋은 효과를 낼 수 있다. 천장에 선라이트를 설치하여 자연조명 가능성을 검토해보자. 자연조명 조도에 따른 실내조명을 자동제어 시키자.

④ 창가 조명은 개별스위치를 달거나 자동점멸 장치를 설치하자.

창가 조명은 자연광에 의하여 조도가 다른 면에 비해 높기 때문에 이 경우 개별스위치를 부착하여 소등하거나 밝기를 자동으로 감지하여 점·소등하는 자동점멸장치를 부착하자.

⑤ 외곽등은 고압나트륨등이나 메탈할라이드등으로 교체하자.

외곽등은 에너지소비가 많은 수은등 보다 더 밝고 에너지가 적게 소비되는 고압나트륨등이나 메탈할라이드등으로 교체하자.

⑥ 백열등을 전구형 형광등으로 교체하자.

백열등을 전구형 형광등으로 교체하면 65~70%의 절전이 가능하고, 8배의 수명 연장 효과가 있다. 또한 작은 램프 여러 개보다 큰 것 하나를 사용하는 것이 좋다.

⑦ 수시로 광원을 점검하자.

백열전구, 형광램프에 습기나 먼지가 끼게 되면 빛이 흡수되어 조도가 낮아진다. 때때로 점검하여 먼지나 오물을 닦아주어야 한다. 조명기구의 커버(유리, 아크릴, 갓 등)를 점검하여 먼지를 털어 주거나 중성세제로 씻도록 한다.

⑧ 점멸 횟수는 적게 한다.

빈번한 점멸은 램프의 수명을 단축시키며 전력소비도 많게 된다.

1-4. 깨끗한 주거환경

1) 깨끗한 공기

(1) 실내공기 오염

실내공기 오염은 악취이외에는 우리의 감각으로 인식하기 힘들므로 별로 심각하게 생각하지 않으나 사실은 대단히 중요하다. 공기오염의 인체에 대한 영향은 오염농도와 그것을 호흡하는 시간의 장단에 의해 달라지므로 허용치는 농도와 호흡시간에 의해 달라진다. 대기오염의 허용치는 일반인을 대상으로 한 것으로 오염농도는 기상조건에 따라 달라지므로 지속시간별 농도를 정하고 있으나 실내에 있어서의 허용치는 장기적인 호흡에 대한 농도만으로 정하고 있다.

재실자가 공기오염의 원인이 되는 것은 호흡에 의해 생기는 이산화탄소의 증가와 산소의 감소, 체열(體熱)에 의한 기온의 상승, 증발에 의한 습도의 증가, 신체로부터 나오는 냄새, 각종 병균의 산포(散布) 등이다. 재실자가 간접 원인이 되는 것은 흡연에 의한 공기오염, 의복 등에 의한 먼지의 산포이다. 재실자 이외의 원인은 보일러, 스토브 등에 의한 이산화탄소, 일산화탄소의 발생, 기계류에 의한 발열, 각종 제조공정, 생산 공정에서 생기는 유해가스의 발생 등이다.

(2) 실내공기 오염의 제거

실내공기의 오염을 예방할 수 있는 방법은 발생원 제거, 환기, 정화장치 설치 등을 들 수 있다.

① 발생원 제거

발생원을 제거하는 것은 가장 확실한 예방방법이다. 실내에서 발생하는 오염물은 재실자(호흡에 의해 산소가 16.02% 감소, 이산화탄소가 4.38% 증가됨), 담배(분진, 담배연기 등), 연소기구 및 취사(이산화질소, 일산화탄소, 이산화탄소 등), 건축재료(포름알데히드, 유기용제, 라돈, 석면 등), 그 외 생활활동이나 생활용품(미생물성 물질, 유기용제 등)에 의한 것이 그 주체이다. 그 발생량은 재실자 수와 그 활동상황, 실내에 있는 연소기구의 사용상황, 취사 및 세탁을 실내에서 하는가의 여부에 의해 크게 달라진다. 오염물이 실내에 퍼지는 것을 억제하고 연소기구에는 반드시 연통 달린 것을 택하고 취사 레인지 등에는 후드 및 환풍기를 설치하여 오염물이 직접 실외로 나가도록 하는 것이 좋다.

② 환기를 한다.

실내공기의 오염을 예방하는 방법으로서 누구라도 생각할 수 있는 것은 방의 공기를 밖의 새롭고 깨끗한 공기로 넣도록 하는 것, 즉 환기[36]를 하는 것이다. 환기라고 하는 말은 일반적으로 바람이 통한다고 하는 통풍의 문제와 실내공기의 교환을 생각한 2가지 의미를 가지고 있다. 즉 환기는 실내에 필요한 산소를 공급하고 실내 유해 오염원을 제거한다.

주택의 환기방법은 그 필요 정도가 시시각각 변하므로 거기에 따른 융통성 있는 대처가 요구된다. 주택에서 환기를 가장 많이 고려하여야 하는 공간은 부엌이다. 부엌에서 발생하는 오염물질은 다량의 연기, 기름연기, 수증기, 나쁜 냄새, 열 등과 탄산가스, 질소산화물, 일산화탄소 등의 연소 생성물이 있고 또 일상식품과 주방 쓰레기 등의 악취 등이다. 일반적으로는 환풍기와 후드를 사용하여 이들 오염물질이 다른 공간으로 흩어지지 않게 배출해 버리는 것이 좋다. 배출한 공기는 개구부와 빈틈을 통해서 유입한 것이기 때문에 유입부분과 배출관 등의 저항을 받고 송풍기 등의 특성곡선에 의해서 저항손실 압력에 대응한 풍량이 흐르게 된다. 송풍기에는 압력손실에 강한 것과 약한 것이 있고 약간의 저항 증가에 의해서 현저하게 풍량이 감소하는 것이 있다.

---

36) 환기란 말 그대로 공기를 바꿔 넣는 것이기 때문에, 창을 열거나, 환기팬을 돌리는 등의 작업은 모두 환기에 도움이 된다. 그러나 마구 창을 열거나 환기팬을 운전하는 것만으로는 충분한 환기가 행해지지 않을 뿐만 아니라, 경우에 따라서는 역효과가 나타날 수 있다. 외부로부터의 공기의 유입구를 확보하지 않고는 실내의 더러워진 공기를 밖으로 배출할 수는 없다. 특히 기밀성이 높은 주택에서는 주의가 필요하다. 또한 공기의 입구와 출구의 위치에서의 공기의 흐름도 생각하고, 실내에 공기가 정체되는 곳이 없도록 하는 것이 중요하다. 이를 구체적으로 말하면, 환기팬을 돌리거나 1개의 창을 여는 경우, 반대측의 벽에 있는 창도 열어두어야 한다는 것이다. 개구부를 2개 열어도 같은 벽면에서는 새로 들어온 공기가 실내의 더러워진 공기와 교체되지도 않은 상태에서 밖으로 빠져나가기 때문이다.

③ 환풍기와 후드를 설치한다.

환풍기와 후드는 풍량을 1/2~1/3로 조절 가능한 것을 사용하는 것이 바람직하다. 조리를 하고 있을 때 외에도 설거지와 냉장고 개폐, 식품저장 등에 있어서 실내에 습기, 열, 악취 등이 발생하고 습기가 차거나 곰팡이가 생기거나 하기 때문에 약간이라도 항상 환기를 하는 것이 바람직하다. 이런 목적의 환기는 풍력에 의한 환기통과 외기에 접한 창에 의해 하는 것이 좋다.

옛날에는 건물 밖의 공기가 실내공기보다 더 청정하였으나 최근에는 특히 대도시에 있어서 교통이 번잡한 곳의 건물, 공장, 주차장, 더러운 공기의 배기구 부근에 있는 건물 등은 환기할 때 충분히 고려하지 않으면 안 된다. 이런 곳에서는 공기청정장치를 이용하여야 한다. 즉 환기에 의해 대량의 외기를 실내에 넣으면 냉난방을 위한 에너지가 증가하므로 에너지 절약 측면에서 좋지 않으므로 공기청정장치를 이용하여 외기도입량을 필요한도에서 멈추어야 한다.

2) 실내 습기

(1) 습기의 영향

습기의 영향은 다음과 같다.

① 사람에 대해 직접적인 영향을 준다.

습도는 사람의 온도감에 큰 영향을 주는 요인 중 하나로, 땀의 증발에 따라 몸의 열 밸런스(balance)를 지켜주는 온도범위(일반적으로 28℃ 정도) 이상에서는 증발을 방지하는 고 습도는 “무덥다”라는 느낌을 갖게 한다. 또 30%를 밑도는 저 습도에서는 피부의 건조와 인후막의 건조를 일으키며 기관의 섬모 운동을 완만하게 하여 감기에 감염되기 쉬운 상태를 만든다. 그러나 20~25℃ 정도에서 상대습도가 40~70% 정도는 그리 현저한 영향은 주지 않는다.

② 가재도구에 해를 준다.

넣어두었던 의류, 책, 신문지, 가구 등을 꺼내보면 축축하게 습기가 차 있는 경우가 많다. 더 심하면 곰팡이가 생기고 좀에 의한 오염, 부패 등이 일어나는 경우도 있다. 정도의 차는 있지만 한번 이러한 해가 생기면 건조시키는 것만으로는 좀처럼 회복되지 않는 것이 보통이다. 이러한 것은 일반적으로 공기 중에 함유되어 있는 수분의 양과 보관 온도와의 관계에 있어서 상대적으로 습한 경우에 일어난다.

③ 표면결로를 일으킨다.

겨울에는 유리창에 서리가 끼는 것이 보통인데 이 서리는 흘러내려 바닥을 얼게 한다던가, 창 새시에 접해 있는 벽 등을 더럽히는 원인이 된다. 유리창 면의 결로는 어떻게든 뒤처리를 할 수 있지만, 벽면이나 천장 속에 생긴 결로는 뒤처리를 하기가 어려워 곰팡이의 발생 등 현저한 오염을 일으키게 된다.

표면결로의 해가 가장 심한 곳은 옷장의 뒤 벽면 등 언제나 온도가 낮고 통풍이 잘되지 않는 곳이다. 외벽에 면해 있는 욕실에는 온도와 수증기 발생량의 관계로 인하여 결로가 생기는 것을 피하기 어렵다. 천장면을 경사지게 하여 벽면 부근에 찬 물방울이 떨어지게 하거나 결로수가 건물의 구조체에 침입되지 않게 손질하는 것이 바람직하다. 욕실 습기의 최대 문제는 건물 마감재의 곰팡이 발생이다. 입욕 시 발생되는 대량의 수증기에 대한 처리는 환풍기 등에 의해 처리될 수 있으나 건물을 건조시키기에는 많은 시간이 필요하다. 가장 좋은 방법은 외기에 면해 있는 창에 의해 장시간에 걸쳐 자연적으로 건조시키는 것이다.

④ 벽체내 결로를 일으킨다.

에너지(energy)절약을 위해 건물의 벽체와 기둥, 바닥 등에 단열재를 넣는 것은 실내의 열환경 측면에서도 대단히 바람직하나 결로방지에는 큰 문제를 제기하고 있다. 난방 시 실내의 온습도는 외기에 비해 높다. 이때 단열재가 삽입되어 있으면 열의 유출량은 감소되고 이 때문에 단열재 하부에 저온부를 만들게 된다. 이러한 결로를 "벽체내 결로" 혹은 "내부 결로"라고 한다. 벽체내 결로는 구조적인 것으로 언제든 발생하게 되는데, 이는 외부에서는 발견이 어렵다.

(2) 습기 방지

습기의 발생은 수증기의 발생량에 비례하고 환기량에 반비례한다. 습기를 방지하기 위한 방법은 다음과 같다.

① 수증기의 발생량을 감소시킨다.

가장 조심해야 할 것은 여분의 수증기를 실내에 방출시키지 않는 것이다. 취사 시의 수증기나 폐기는 환풍기나 후드에서 직접적으로 배출되고, 목욕탕의 뜨거운 공기가 주택 내에 유출되지 않게 하는 것이 좋다. 개방형 스토브는 폐기 중에 다량의 수증기가 함유되어 있어서 결로가 일어나기 쉽기 때문에 피하는 것이 좋다.

② 환기량을 확보한다.

습기를 방지하기 위해서는 환기를 하는 것이 좋다. 수증기의 발생이 있을 때에는 환기에 의해 절대습도가 높거나 지나치지 않도록 하고, 발생이 끝난 후에는 건조한 외기에 의해 건조될 수 있도록 환기량을 확보한다.

③ 차가운 표면을 개선한다.

차가운 표면은 단열성이 좋지 않아 생기는 것이므로 단열재를 넣는 것으로 개선이 가능하다. 그러나 취사 때나 비가 올 때 등, 일시적으로 결로가 생기는 것은 피할 수 없다. 이때 결로수가 달아나지 않도록 마감재를 처리하는 것도 한 방법이다. 유리창은 이중으로 하지 않으면 결로방지가 불가능한데 결로수가 바닥이나 벽에 유출된다든가 금속새시와 벽지가 접촉한다던가 하면 오염이 일어난다.

④ 실내 온도분포를 개선한다.

차가운 표면이 생길 수 있는 또 하나의 원인은 실내 온도분포의 불균일성이다. 단열이 잘 되지 않는 집은 천장면, 마루면, 혹은 방의 구석, 가구의 뒤 등에 낮은 온도의 부분이 있는 곳이 많다. 이와 같은 장소는 당연히 결로가 생기기도 하고 상대습도가 높다. 그리고 방의 모퉁이나 가구의 뒤는 외기가 건조해도 막혀 있어서 건조되기 어렵다. 대책으로서는 외기에 면해 있는 벽에 가구를 두지 않거나 다소 틈을 두어 공기가 유통되도록 하는 것이 좋다.

3) 곰팡이

(1) 곰팡이의 발생

욕실의 벽, 천장, 타일 등에 새까맣게 낀 곰팡이는 표백성의 세제로 제거되기도 하지만, 벽지나 플라스터 등 실내 마감재에 곰팡이가 생기면 몹시 더러울 뿐만 아니라 제거되지 않는다. 뿐만 아니라 최근에는 곰팡이에 의한 알레르기가 큰 문제가 되고 있다. 냉방장치의 필터 등에 생긴 곰팡이는 실내에 날아다니고 벽면에 생긴 곰팡이는 청소 등 사람의 활동에 의해 공중으로 올라가기도 하고 알레르기 증상을 일으키는 원인이 되기도 한다.

주택 전체로 보면 일반적으로는 곰팡이가 생기기 쉬운 상태는 아니다. 대부분의 곰팡이는 발생되는 곳의 재료 중 수분 함유률이 높지 않으면 증식되지 않는다. 따라서 곰팡이를 방지하려면 결로 상태나 그 외 비슷한 상황의 장소를 만들지 않는 것이 중요하다. 그러나 욕실 등 습해지기 쉬운 장소에는 마감재에 곰팡이 방지재를 도포 하는 등 방지처리를 하는 것이 좋다.

곰팡이는 습기가 많은 곳에 주로 발생한다. 우리나라는 고온 다습한 여름철에 곰팡이가 가장 많이 발생한다. 곰팡이는 욕실과 부엌 주변, 의류, 벽지, 장판, 음식물, 침대, 소파, 신발장, 햇볕이 제대로 들지 않는 북향의 방, 누수가 된 곳, 차량 시트 등 습기가 있는 곳이면 어디서든 볼 수 있다. 곰팡이는 호흡기 질환 등 여러 가지 질병의 원인이 될 수 있기 때문에 예방이 최선이며 발생하면 바로 제거하여야 한다.

(2) 곰팡이의 제거

곰팡이를 예방하려면 먼저 습기를 제거하여야 한다. 습기가 많은 곳이나 자동차, 가전제품의 뒤에 습기제거제를 두는 것도 좋은 방법이다. 곰팡이는 햇볕에 약하기 때문에 볕이 나는 날은 문을 열어 통풍을 시키고 말릴 수 있는 것은 자주 말리는 것이 좋다. 한 번 입은 옷은 반드시 빨아서 보관해야 하며, 옷이나 이불, 신발도 습도가 높은 여름철에는 자주 말리는 것이 좋다.

카펫이나 소파, 침대에 생기는 곰팡이는 먼지와 함께 날아다닐 수 있기 때문에 자주 청소하고 통풍을 시켜줘야 한다. 항균 처리된 벽지와 곰팡이 방지페인트를 사용하면 곰팡이를 예방할 수 있다. 이슬 맺힘을 방지하는 결로 방지페인트도 곰팡이를 예방하는 기능을 한다. 곰팡이가 생기면 곰팡이제거제를 사용해 제거한다.

4) 주택 해충의 퇴치방법

① 해충이 집안으로 들어오지 않게 하려면 방충망을 잘 관리해야 한다. 또한 해충이 들어올 수 있는 틈새를 잘 막아야 한다.

② 곤충은 물과 음식이 있는 곳으로 모여들기 때문에 구석진 곳, 틈새, 수도배관의 주위를 깨끗이 해야 한다. 옷은 보관하기 전에 반드시 세탁한다.

③ 음식은 밀봉된 곳에 보관하고 쓰레기도 뚜껑이 달려 있는 곳에 버려 항상 덮어두어야 한다. 습기와 음식 찌꺼기를 없애는 것이 해충 퇴치의 기본이다.

④ 냉장고 물받이 주변의 습기 찬 곳은 바퀴벌레가 좋아하는 활동 공간이다. 자주 물을 버리고 햇빛에 깨끗이 말리는 것이 좋다. 또 냉장고 뒤의 먼지와 바퀴벌레의 배설물, 알 등을 진공청소기로 빨아내어야 한다.

⑤ 가스레인지 바닥과 뒷부분, 받침대는 반찬 국물과 물기, 기름기가 많은 곳이므로 세제 물로 깨끗이 닦은 후 마른걸레로 습기를 완전히 제거하여야 한다.

⑥ 전기밥통 바닥과 가전제품의 보이지 않는 부분은 진공청소기로 먼지를 빨아들이고 깨끗하게 마른걸레로 닦는다. 수저통 주변과 식기 건조대 받침대는 물기가 많이 생기는 곳이므로 하루에 한 번씩은 꼭 마른행주로 닦는다. 설탕 통은 밀폐되어 있어도 개미가 잘 꼬이는 곳이다. 개미는 고무냄새를 싫어하므로 중간 부분에 고무 밴드를 여러 겹 감아 둔다.

⑦ 집안에 해충이 있을 때에는 살충제를 사용해서 퇴치하는 것이 가장 일반적인 방법이다. 살충제는 제품 사용 설명서를 주의 깊게 읽고 사용해야 한다. 특히 담뱃불 등 불꽃이 있는 곳에서는 절대로 사용해서는 안 된다. 또 음식물에 닿지 않도록 해야 하며 피부나 몸에도 묻지 않게 해야 한다. 살충제를 뿌렸을 때에는 문을 닫고 나가 있고, 다시 들어올 때는 반드시 환기를 시킨다. 살충제를 사용하거나 보관할 때는 어린이의 손에 닿지 않도록 해야 한다.

2. 건강한 식생활환경

2-1. 건강한 식사

1) 식사와 건강

최근 들어 "어떻게 하면 건강하게 오래 살 수 있을까?" 라는 문제는 세계인의 관심사이며 그러한 주제의 기사가 잡지, 책, 텔레비전 그리고 신문기사 등에 자주 등장하여 건강에 대한 다양한 정보를 범람시키고 있다. 그리하여 식품과 약의 중간적 위치에 있는 건강식품이 호황을 누리고 있다. 건강에 대한 우리의 관심도 매우 높아져 보다 적극적으로 건강을 지키기 위하여 지금까지의 삶의 방식과는 다른 새로운 방법들을 모색하고 있다.

세계보건기구(WHO) 주체로 1946년 뉴욕에서 개최된 「건강관련 국제회의」에서는 "건강이란 단지 질병이 없거나 허약하지 않은 상태를 뜻하는 것이 아니고, 신체적, 정신적, 그리고 사회적으로 완전하게 양호한 상태를 의미한다" 라고 정의하였다. 즉 건강이란 몸과 마음이 모두 활기차고 사회생활에도 잘 적응할 수 있는 상태를 말한다.

그러면 건강하기 위하여 무엇을 해야 할 것인가? 흔히 우리는 건강을 유지하기 위하여 지켜야 할 요소로서 영양학적으로 균형 잡힌 식사와 적절한 운동, 그리고 휴식을 들고 있다. 우리들이 신체적인 건강을 유지하기 위해서는 매일의 영양섭취가 중요한 것은 말할 필요도 없지만 오늘날에는 여기에 덧붙여 운동의 필요성이 강조되고 있다. 하루의 생활에 적당한 시간을 내어 운동하는 것이 생활화되면 소비에너지가 증가하기 때문에 그만큼 음식으로부터 섭취해야 할 에너지를 증가시키지 않으면 안 된다. 매일 운동을 하는 효과로서는 기초대사량이 증가하기도 하고 칼슘의 축적이 증가하여 뼈가 튼튼해지기도 한다. 그러므로 영양, 운동 그리고 휴식 모두를 포함한 적절한 그리고 각자에게 알맞은 생활방식을 선택하는 것이 건강을 유지하기 위해 매우 중요하다.

건강식이란 어떠한 식사인가? 건강식은 곧 균형식(balanced diet)을 뜻한다. 매일 매일의 식생활에서 신체가 필요로 하는 다양한 영양소의 균형이 양적인 면과 질적인 면에서 잘 갖추어진 건강식을 실천하는 것은 여러 가지 식품을 골고루 섭취함으로써만 가능하다.

2) 나의 식생활은 올바른가?

대학생은 청소년기의 급성장을 거쳐 성인기로 이행하는 전환기로 성장과 성숙이 완성되는 단계이다. 이 시기는 성적 성숙이 완성되므로 남성은 여성보다 근육의 양이 약 2배나 많아지고, 반대로 여성은 남성보다 체지방의 비율이 높아지게 된다. 또한 이러한 육체적 성숙과 함께 독립된 개인, 즉 성인으로서의 역할을 감당할 수 있는 사회적·정서적 발달이 이루어지는 시기이므로, 식품의 섭취에 있어서도 부모에게 의존하기보다는 스스로 선택하는 경향이 높아지는 단계이다. 그러므로 육체적·정신적 활동이 활발한 시기의 대학생은 바른 식생활을 통한 영양섭취가 건강유지에 얼마나 중요한지를 잘 인식하지 못하고 있을 뿐만 아니라, 오히려 식생활에 대한 가치관이 나쁘게 형성되고 있는 실정이다. 즉 부모로부터의 독립, 이성에 대한 차별화, 사회적 역할이나 직업선택, 결혼, 우월감 및 열등감 등에 대한 사회·심리적 발달 및 성취를 외모와 연결시키려 하고, 자신이 바라는 외모를 만들기 위한 식생활을 임의로 변경함으로써 심각한 영양문제를 야기하기도 한다. 그 결과 상당수의 대학생들은 불규칙한 식사, 높은 결식률, 부적당한 간식, 과다한 음주 및 흡연, 저체중이나 비만이면서도 체중에 대한 바른 인식 부족 등 많은 건강문제를 안고 있는 실정이다.

(1) 다이어트와 건강

많은 젊은 여성들은 다른 사람들로부터 아름답게 보이기를 원한다. 그러므로 날씬한데도 불구하고 끊임없이 마른 몸매를 갈망하는 듯하다. 거의 모든 여성잡지에는 다이어트와 관련된 기사가 실려 있어 젊은 여성들을 자극시키거나 다이어트 붐을 고조시키고 있다.

유럽이나 미국에 비하면 우리나라의 젊은 세대들은 비만한 사람이 적은 편이다. 그럼에도 불구하고 지나치게 마른 몸매를 강조하면 오히려 부작용을 초래할 수도 있다. 젊은 여성들이 현재의 건강만을 생각하는 것은 대단히 위험한 일이다. 왜냐하면 젊은 여성들의 현재의 건강이 임신기의 신체적 적응으로 이어지며, 임신기의 신체적 적응능력이 원만한 수유행위와 관련되고 수유기의 영양상태가 유아의 성장과 발달에 커다란 영향을 미치기 때문이다. 그러므로 지나친 다이어트는 젊은 여성의 외부적인 미적 효과에만 치중하느라 다음 세대의 건강한 삶을 위해서는 소홀

해지는 경향이 있으므로 정확한 영양과 건강에 대한 지식을 통하여 바람직한 다이어트를 계획하고 실천하는 것이 필요하다.

비만의 원인으로는 과다한 열량섭취, 잘못된 식습관, 운동부족, 유전, 스트레스 및 내분비 장애 등이 있으며, 어떤 이유에서든지 섭취 에너지가 소비 에너지보다 많으면 여분의 에너지는 체지방으로 축적된다.

비만이란 엄밀한 의미에서 단지 체중이 많은 것만이 아니라 체내에 지방이 과다하게 축적된 상태이다. 따라서 비만을 정확히 진단하려면 체지방량의 측정이 필요하다. 사람의 몸에는 수분이 약 65%, 단백질과 지방이 각각 15%, 나머지는 당질, 무기질 그리고 비타민이 차지하고 있다. 그 가운데 지방이 차지하는 비율이 남자가 20%, 여자가 30% 이상이 되면 비만이라 볼 수 있다. 현재로서는 체지방량의 정확한 측정법이 일반화되어 있지 않은 상태이므로 성인의 경우 체질량 지수<BMI:Body Mass Index,체중(kg)/신장(m)^2>가 흔히 이용된다.

〈표 3-2-1〉 BMI를 이용한 비만도 평가

BMI	분류
〈20	수척(건강장애 우려)
20~24.9	정상
25~27	과체중
〉27	비만(심혈관 질환, 당뇨 등의 위험률 증가)

이외의 방법으로는 신체구성성분을 측정하는 방법으로 캘리퍼를 사용하여 피하지방의 두께를 측정하는 것으로서, 체지방, 즉 저장에너지의 축적정도를 간접적으로 측정할 수 있다.

성공적인 비만치료를 위해서는 장기간의 계획이 필요하며, 식사요법, 행동수정요법, 운동요법이 병행되어야만 한다. 체중을 줄이기 위해서는 식이요법으로 하루에 자신에게 필요한 열량에서 300~400kcal를 줄이되, 최소한 1,200kcal를 섭취해야 한다. 식이요법과 아울러 반드시 규칙적인 운동을 함께 해야만 효과가 있으며 현재의 식생활을 분석하여 비만의 원인이 되는 잘못된 생활습관을 개선한다.

비만은 식습관과 생활습관에서 온다고 할 수 있다. 비만을 예방하는 식습관을 제시하면 열량이 높은 식품의 섭취를 삼가하고, 과일이나 야채처럼 저칼로리이면서 동시에 만복감을 주는 식품으로 공복감을 없게 한다. 칼로리를 적게 내는 조리법의 선택과 음식은 소량씩 천천히 먹고 규칙적인 식사와 운동을 생활화하고 저녁식사는 가볍게 하며 취침 전 2시간 이내에는 음식을 절대 먹지 않도록 하는 습관을 길러야 한다.

(2) 거식증·과식증과 정신적인 건강

최근 과식증과 거식증 등 섭취장애로 고민하는 젊은 여성이 늘어나고 있다. 과도한 다이어트가 지속되는 동안 긴장과 스트레스로 인하여 소화불량 내지는 식욕부진의 상태가 되어 거식증이 되었다가 그 후 장기간의 다이어트 스트레스로부터 한번 음식을 먹기 시작하면 자제능력을 잃고 과식증으로 바뀌는 예가 매우 많다. 과식증과 거식증의 증상은 정반대이지만 이들은 다이어트로 인한 스트레스의 표출방법이라는 점에서 매우 깊은 관계가 있다.

여대생을 대상으로 조사한 결과, 일본에서는 1%, 미국에서는 4%의 과식증이 있다는 보고가 있어 과식증은 선진국, 특히 대도시에 거주하는 여성들에게서 많이 볼 수 있는 현상으로 나타나고 있다. 젊은 여성에게 왜 이러한 섭취장애가 많은지 섭취장애를 가진 여성의 심리상태를 조사한 결과, "나는 마음이 약하다", "필요 없는 인간이다", "다른 사람들이 나를 어떻게 생각할까"라고 하는 마음을 가지고 있는 것이 특징이었다. 이러한 현상은 자의식이 과잉이거나 지나치게 자기비하하기도 하고 주위의 눈을 극단적으로 의식하는 생각들을 하는 경우를 자주 볼 수 있다.

날씬한 몸매를 지향하는 많은 젊은 여성들 가운데에는 공부를 못하면 여러 가지 면에서 뒤떨어지는 것으로 평가되는 스트레스나 실현 불가능할 정도의 높은 이상과 여성으로서 앞으로의 생활에 대한 막연한 불안감 등 여러 가지의 심적인 갈등이 감수성이 예민한 여성의 경우 가장 가까이 있는 음식을 통하여 스트레스를 표현하는 것이다.

3) 식품의 안전성

식품은 위생적으로 안전하고 영양이 있으면서 맛있고 경제적으로 값이 싼 상태가 가장 바람직하다. 더욱이 위생적으로 안전하다는 것은 식품에 있어서 가장 기본적 조건이다. 식품에 대한 안전성을 고려하게 된 이유는 다음과 같다.

① 오늘날은 식품의 안전성에 대한 관심을 가질 수 있는 여유가 생겼다는 점

② 생산자와 소비자가 떨어져 있기 때문에 가공식품이나 조리식품이 많아졌으며, 식품 소재나 제조법, 수송상태 등을 소비자로서는 볼 수 없는 점

③ 지금까지의 식품산업은 거의 경제성에 치중하여 발전해 왔기 때문에 음식물을 매개로한 환경오염이나 공해병 등이 발생하게 된 점

④ 각종 질병의 원인에 대한 학문적인 발전에 의하여 우리들이 일상적으로 먹고 있는 식품이 여러 가지 질병과 관계가 깊다는 사실을 확인하게 된 점 등을 생각할 수 있다.

안전한 식품이란 대체 어떠한 것일까? 지구상에 존재하는 동식물을 소재로 하여 인간이 먹는 식품에는 무균상태는 없으므로 절대적으로 안전한 식품을 얻을 수는 없다. 즉 식품이 안전한지 어떤지는 상대적이므로 단적으로 정의할 수는 없다.

안전이란 위험에 대하여 허용할 수 있는 판단기준으로서, 식품의

경우에도 각자의 상황에 각자가 생존을 위하여 위험을 어디까지 용인할 것인가로 해석할 수 있다. 물론 먹는 것에 대하여 중독을 일으킬 정도로 위험이 있는 것(害毒)은 「식품위생법」으로 국가에서 법률로 제정하고 기준을 설정하여 규제하고 있으며, 최저한의 안전성 확보를 위하여 노력하지만 보다 높은 안전성의 확보는 개인의 판단에 맡겨지게 된다. 그러므로 올바른 식생활의 지식을 통하여 정확하게 판단할 수 있도록 각자가 노력하여야 하겠다. <표 3-2-2>은 식품 속의 유해성분의 몇 가지 예를 제시한 것이다.

〈표 3-2-2〉 식품의 유해성분

<table>
<tr><td rowspan="7">식품</td><td rowspan="2">1. 식품 성분에 포함</td><td>자연독</td><td>버섯, 어류, 복어(테트로도톡신)</td></tr>
<tr><td>환경오염(독물질)을 유발하는 성분함유물</td><td>어패류(유기수은)
작물(카드뮴)</td></tr>
<tr><td rowspan="2">2. 미생물로 인한 식품 오염</td><td>유해미생물</td><td>살모넬라 · 비브리오 · 병원성 대장균</td></tr>
<tr><td>미생물 생산 독소</td><td>아플라톡신 · 보툴리누스독소</td></tr>
<tr><td>3. 식품제조 · 운송 시 유입</td><td colspan="2">분유(비소), 미강유(PCB)</td></tr>
<tr><td>4. 식품의 조리가공 시에 생김</td><td colspan="2">벤조피렌, Trp-P-1, Trp-P-2, IQ, MeIQ</td></tr>
<tr><td>5. 인위적으로 첨가한 성분</td><td colspan="2">식품첨가물의 일부</td></tr>
</table>

2-2. 식사의 패턴

1) 식생활을 구성하는 기초식품군

식사는 몇 가지의 음식으로 구성되나 크게 분류하면 밥과 반찬의 두 가지로 이들을 주식과 부식이라 부른다. 주식이란 식사를 구성하는 음식 가운데 중심적인 위치를 차지하고 있으며 옛날부터 곡물을 주재료로 한 음식을 말한다. 주식은 식사에 에너지를 비롯한 각종 영양소를 공급하는 것으로 함께 내는 반찬을 선택하는 기준이 되나 아직은 대부분이 밥으로 인식하고 있다. 부식은 어육류와 채소류로 나누어 생각할 수 있다. 어육류는 식사를 구성하는 반찬 가운데에 중심적인 위치를 차지하며 고기,

생선, 달걀 등이 주재료로, 주로 단백질과 지질의 공급원이다. 고기가 풍부하지 못했던 시대에는 콩(大豆)이 "밭에서 나는 고기" 라 하여 중심적인 반찬의 역할을 하였다. 오늘날에도 콩의 영양학적인 중요성은 지속적으로 보고되며 콩음식에 대한 기능성은 더욱 관심이 고조되고 있는 실정이다. 채소는 주식과 어육류에 있어서 부족한 다른 영양소와 맛을 보강하는 기능을 가진 식품이다.

우리가 먹고 있는 식품을 영양소의 구성이 비슷한 것들끼리 묶어서 기초식품군으로 구분하고 있다.

〈표 3-2-3〉 기초식품군과 주요 함유 영양소

기초식품군	주요 함유 영양소	식품의 종류
곡류 및 전분류	당질	쌀밥, 국수, 식빵, 옥수수, 떡류, 미숫가루 등
채소 및 과일류	비타민과 무기질	김치, 시금치, 콩나물, 오이, 호박, 당근, 미역, 사과, 배, 귤 등
고기 · 생선 · 달걀 및 콩류	단백질, 비타민, 무기질	쇠고기, 닭고기, 돼지고기, 생선, 오징어, 달걀, 두부, 각종콩류, 두유, 어묵, 햄, 베이컨 등
우유 및 유제품	칼슘, 단백질	우유, 치즈, 요구르트, 아이스크림, 잔멸치, 뱅어포 등
유지 및 당류	지질, 단순당류	식물성 기름, 버터, 마가린, 마요네즈, 설탕, 탄산음료 등

2) "한국형 식생활지침"을 통한 각자의 건강 만들기

(1) 한국인을 위한 식사지침

우리의 건강을 유지하고 증진하기 위하여 지금까지의 식생활을 점검하고 보다 적절한 음식을 섭취하기 위한 방안으로 1986년 한국영양학회에서는 "한국인을 위한 식사지침"을 제정하여 발표하였다.

식사 내용의 서구화는 유지류의 섭취를 증가시켜 결국은 에너지의 과잉섭취가 된다. 한편, 경제 성장에 따른 생활양식의 변화가 소비에너지를 감소시키면서 과잉으로 섭취한 에너지로 인해 비만과 더불어 점점 성인병이 증가하게 되었다. 쌀을 주식으로 하기 때문에 탄수화물의 섭취량은 많고, 상대적으로 지질과 단백질의 섭취가 적었던 지난날의 우리 식생활을 다시 생각해 볼 필요성을 느끼게 되었다. 이러한 식생활의 내용은 성인병의 예방에도 효과가 있으므로 밥과 반찬 중심인 선조들의 식생활에 대한 지혜를 재평가하여야 하겠다.

이와 같이 선조들의 지혜가 깃든 전통적인 식생활에 오늘날의 영양학을 접목하여 균형이 잡힌 식생활을 영위함으로써 건강한 생활을 위한 식생활 목표를 제안하고, 그러한 내용의 식사를 개성이 있는 한국형 식생활이라고 부른다. 구체적으로 "쌀·콩·채소·생선을 중심으로 한 전통적인 식생활"에 "고기·유제품·달걀·유지·과일을 추가하여 다양하게 영양소의 균형을 고려한 건강하고 풍요로운 식생활"을 하고자 하는 것이다.

한국인을 위한 식사지침은 다음과 같다.

① 다양한 식품을 골고루 먹자.

인체가 생명을 유지하고 건강한 생활을 영위하는데 필요한 영양소는 약 50여 종에 달한다. 그러므로 다양하게 식품을 선택함으로써 부족 되거나 과잉 섭취되는 영양소가 없도록 하고, 식품이 지닌 영양소의 상호보완 효과를 얻도록 하는 것이 바람직하다.

② 정상체중을 유지하자.

건강과 밀접한 관계가 있는 체중은 섭취한 열량과 소비한 열량이 서로 균형을 이룰 때 그대로 유지될 수 있다. 열량섭취가 소비된 열량보다 더 많으면 여분의 열량이 체내에서 지방으로 저장되므로 체중이 증가하게 되는데, 과다체중은 성인병 발병률 및 사망률의 증가와 밀접한 상관관계가 있다. 한편, 체중이 정상이하로 감소되는 것도 건강을 해칠 우려가 있으므로 유의하여야 한다.

③ 단백질을 충분히 섭취하자.

단백질을 섭취하는 이유는 아미노산을 공급받기 위한 것이다. 식물성 단백질에는 인체가 필요로 하는 한두 가지 아미노산이 부족하게 들어있는 반면, 육류, 달걀, 우유 등의 동물성 단백질은 식물성 식품에 부족한 아미노산의 보완 기능이 높다. 따라서 여러 가지 식품을 골고루 섭취함으로써 단백질 권장량을 충족시킬 뿐만 아니라 아미노산의 균형을 이루어야 한다.

④ 지방질은 총 열량의 20% 정도를 섭취하자.

서구 여러 나라에서는 과다한 지질섭취로 인해 초래되는 여러 가지 성인병을 예방하기 위해 지질 섭취량을 30%까지 줄이려는 노력을 기울이고 있다. 한국인 권장량에서는 총 에너지 섭취량의 20% 정도를 지질로 섭취할 것을 권장한다. 특히 식물성 식품과 동물성 식품을 적절히 섭취함으로써 필수지방산의 섭취도 균형을 이루도록 해야 한다.

⑤ 우유를 매일 마시자.

한국인의 일상적인 식사에서는 칼슘과 리보플라빈이 부족하기 쉽다. 우유 한 컵(200㎖)에는 칼슘 및 리보플라빈이 각각 210mg, 0.28mg 정도 함유되어 있으므로 매일 우유를 한 컵씩 마신다면 이들 영양소의 섭취수준을 크게 향상 시킬 수 있다. 또한 우유단백질에는 필수아미노산 함량이 높아서 식사 시 단백질의 질을 높일 수 있다. 이러한 우유섭취의 영양학적 효과는 우유뿐만 아니라 요구르트나 치즈 등의 유제품 섭취로도 가능하다.

⑥ 짜게 먹지 말자.

한국인의 1일 평균 식염 섭취량은 20g이 넘어 서구 여러 나라 보다 상당히 높은 편이므로 짜게 먹는 식습관을 지양하고, 나트륨의 섭취를 줄이도록 노력해야 할 것이다. 나트륨의 섭취를 줄이려면 간장, 된장, 고추장 등의 사용량을 줄이고 동시에 각종 가공식품의 사용을 제한하며 화학조미료의 무절제한 사용도 금해야 한다.

⑦ 치아건강을 유지하자.

사탕, 과자류, 아이스크림, 과일가공식품 등 대부분의 간식은 설탕함량이 높을 뿐만 아니라 치아에 대한 부착성이 높아 충치발생을 촉진하며, 청량음료의 잦은 섭취 또한 충치를 유발한다. 따라서 설탕함량이 많은 식품의 섭취를 줄이고 신선한 과일을 섭취하도록 권장한다. 설탕에 의한 충치발생은 설탕의 총 섭취량보다 섭취빈도에 의해 더 큰 영향을 받으며, 특히 간식을 통한 당류의 섭취와 밀접한 관련이 있다.

⑧ 술, 담배, 카페인 음료 등을 절제하자.

알코올음료는 열량만 제공할 뿐 다른 영양소를 거의 함유하고 있지 않으며, 식욕을 감퇴시키고 비타민과 무기질 등 일부 영양소의 흡수를 방해하기 때문에 영양소의 흡수를 방해하기 때문에 영양소 결핍을 유발하기 쉽다. 흡연은 혈중 HDL수준을 떨어뜨리고 혈청의 중성지방 농도를 상승시켜 심장병과 말초혈관의 질병 발생률을 높이는 경향이 있다. 커피나 홍차, 콜라에 많이 들어있는 카페인은 중추신경을 자극하며, 이뇨촉진의 효과 외에 혈압을 상승시키고 철분흡수를 방해하며, 불면증을 유발한다. 따라서 균형 잡힌 식생활과 함께 술, 담배, 카페인 음료의 절제가 필요하다 하겠다.

⑨ 식생활 및 일상생활의 균형을 이루자.

자신에게 필요한 식사의 양과 질은 그날의 일의 양 및 건강상태에 의해서 결정된다. 따라서 균형 잡힌 식사, 적당한 운동, 휴식 등이 조화를 이룸으로써 일상생활과 식생활간에 균형이 이루어져야 한다.

⑩ 식사를 즐겁게 하자.

다양한 영양소가 함유된 균형 잡힌 식사와 더불어 즐거운 마음가짐과 긍정적인 사고방식은 영양소의 대사를 촉진시키고 신체기능을 최상으로 유지시켜준다. 그러므로 가족이 한자리에 모여 정성껏 마련한 음식을 먹음으로써 생활의 활력소가 되도록 가정마다 노력해야 할 것이다.

3) 기호의 다양성

(1) 식품의 특성

식품의 기호에 영향을 주는 것은 식품 자체가 가지고 있는 특성, 먹는 사람의 상태, 먹는 환경 등이다. 이들 요인에 따라 각자의 기호는 끝없이 분화(分化)하고 그 무한한 기호에 대응하기 위하여 식품을 생산하는 식품 산업체에서는 많은 종류의 제품들을 개발하여야 하며 각 가정에서도 여러 가지의 음식을 만들기 위한 노력을 기울이고 있다.

〈표 3-2-4〉 식품 기호에 영향을 미치는 요인

식품의 기호도	식품의 특성	① 화학적 요인(맛, 냄새성분) ② 물리적 요인(외관, 질감, 소리, 온도)
	먹는 사람의 상태	③ 생리적 요인(성별, 연령, 공복의 정도, 건강상태) ④ 심리적 요인(감정의 상태)
	먹는 사람의 환경	⑤ 환경특성(직업, 지역) ⑥ 식사에 대한 경험

〈표 3-2-5〉 맛에 대한 연령별 특징

기호인자 / 연령	서구화된 음식	진한 맛	단맛	신맛	향신료	알코올
10대	O	O	O		×	×
20대	O	O	O	O	O	O
30대	O	O	×	O	O	O
40대	×		×			O
50대	×		×	×		
60대	×	×	×	×	×	×

O :「좋다」의 유의도가 높은 것(5% 이상)

× :「싫다」의 유의도가 높은 것(5% 이상)

식품 그 자체가 가지고 있는 특성으로는 단맛, 신맛, 짠맛, 감칠맛, 쓴맛, 매운맛 등의 맛 성분과 냄새 그리고 질감이 있다. 식품을 입에 넣으면 식품이 가지고 있는 이들 특성이 자극되어 시상하부에 전달되어 이들의 종합적인 평가가 음식에 대한 미각이 된다. 맛을 감각으로서 감지할 수 있는 최소의 농도를 역치라고 하며 이것은 먹는 사람의 상태와 환경에 따라 다르다.

⑵ 먹는 사람의 상태와 환경

먹는 사람의 상태, 먹는 사람의 환경 가운데에 식품의 기호에 영향을 주는 것은 연령, 지역, 성별, 직업, 가족구성, 연간수입의 순이며, 특히 연령, 지역, 성별, 직업의 차이는 크다.

① 지역

식생활에 있어서 기호의 다양성은 지역에 따라 큰 차이가 있으며 이것은 식생활에 대한 정보량이 많고 새로운 식품을 받아들이기 쉬운 환경이 보다 진취적이고 폭넓은 기호성을 나타낸다.

② 식사 경험

사회적 경험이나 주위 사람에 의하여 기호성이 형성되기도 한다. 김치의 냄새 또는 커피향에 대한 기호는 그 예가 될 수 있다. 사회적, 문화적 관습에 의하여 어린이는 일정한 음식을 접하게 된다. 또한 이들 음식을 부모나 연장자를 통하여 좋은 것이라는 정보를 얻게 된다. 이와 같은 환경 하에서 어린이는 기호를 형성하고 주위의 정보와 문화 등의 학습효과 그리고 경험에 의하여 기호는 변화해 간다.

③ 분위기

같은 사람이 같은 음식을 먹는다 하더라도 먹는 장소와 분위기, 먹을 때의 조명, 음식의 온도, 음식을 담은 그릇 등에 의하여 그 음식에 대한 기호가 다를 수 있다.

(3) 기호의 다양성에 대한 대응

침에는 전분성 식품을 먹을 때 나오는 귀밑샘 침, 레몬과 같이 신 것을 먹을 때에 분비되는 혀밑샘 침, 그리고 단백질 식품을 먹을 때 나오는 턱밑샘 침이 있다. 가끔 외식을 하면 특별한 느낌으로 맛이 배가되어 맛있다고 생각되어 침이 많이 나오지만, 자주 외식하여 익숙해지면 역시 집에서 만든 것이 맛있다고 생각하게 된다.

어릴 때부터 먹어 습관이 된 것은 침의 분비를 많게 하여 맛있게 느껴진다. 그러므로 유아기(幼兒期)에 가능한 많은 종류의 식품이나 음식을 접할 수 있도록 식생활의 경험을 폭넓게 하여 기호를 넓혀주는 것은 유아기 이후에 많은 종류의 식품에 대한 기호를 가질 수 있는 중요한 적응능력의 하나이다.

어떤 음식이라도 마음만 먹으면 쉽게 구할 수 있고 쉽게 섭취할 수 있는 오늘날은 먹고 싶다는 생각만으로 무엇이든지 먹을 수 있다. 그러므로 가정에서 가족이 함께 식사하는 경우에도 자녀들의 기호만을 중시하여 식단을 작성하는 것이 아니라 가족 각자의 기호를 존중하고 서로 절충된 식단으로서 되도록 많은 종류의 음식을 경험할 수 있는 식단을 작성하여 매일 다양한 식품을 섭취하는 것이 무엇보다 중요하다.

2-3. 식생활의 국제화

1) 식생활의 현황

우리가 오랫동안 먹어 왔던 많은 식품과 조리방법은 중국을 중심으로 한 북방으로부터 전해져 정착하였고, 또한 일본으로 전해지는 동안 각 나라 또는 지역의 식생활의 영향을 받아왔다. 예를 들면, 국수는 중국으로부터 전해져 왔지만 우리나라에서는 칼국수, 일본에서는 우동, 중국에서는 각종 면류가 그 나라 국민의 기호에 맞게 면의 굵기나 국물의 종류, 면과 함께 먹는 방법 등 각 나라마다 고유한 형태로 정착하고 있다.

최근에는 정보화와 국제화라는 사회적 분위기에 편승하여 식생활에도 국제화의 흐름이 있다. 식생활의 국제화 현상으로는 첫째, 수입식품의 증가, 둘째, 무국적 식탁의 연출, 즉 여러 외국의 식품이 그 원산지를 구별할 수 없을 만치 많은 종류와 양이 시장에 넘치고 있다. 셋째, 패스트푸드점과 편의점의 증가 등을 들 수 있다.

2) 수입식품과 식생활

요즈음에는 보기에 한국음식이지만 그 내용은 수입한 식품재료가 대부분인 경우도 적지 않다. 그만큼 우리의 식생활에 수입식품이 눈부시게 증가하는 동안 우리나라의 식품자급률은 점점 낮아지고 있다. 그 중에서도 자급률이 가장 낮은 것은 콩이고 그 다음은 밀이며, 이들 대부분은 수입에 의존하고 있다. 그러나 현재 주식으로 하고 있는 쌀은 자급하고 있으나 부식 가운데에는 다양한 수입 채소들의 종류가 점점 증가하고 있다.

수입식품이 가지는 장점으로는 파파야나 망고 등과 같이 외국에서만 생산되는 희귀한 품종을 먹을 수 있다는 점과 소고기처럼 국산보다는 값이 싼 이점 등을 들 수 있다. 그러나 수입품 중의 일부에서는 사용기준 이상의 농약이 검출되거나 식품의 선도가 좋지 않아 안정성의 문제를 일으키는 수가 있으므로 항상 불안한 실정이다.

3) 식탁의 패션화

식사는 밝고 즐거운 마음으로 하는 것이 식생활문화의 원천이므로 식사를 통하여 문화적인 생활을 연출할 수 있도록 노력하여야 한다. 일상적인 식사는 때로는 단조로운 느낌도 있지만 식기의 색이나 모양을 고려하고, 그 계절의 식품을 최대한 활용하여 식탁이나 식탁 주변의 분위기 등 시각적인 요인을 배려함으로써 식욕을 돋울 수 있다. 이러한 배려는 먹는 사람의 기분을 좋게 하는 것은 물론 식사하는 사람과도 화기애애하게 대화를 나눌 수 있어 식사에 대한 만족도를 높여준다. 특히 식욕이 없는 사람에게 접시에 담긴 음식의 패션성을 보고 “먹어보고 싶다”는 기분을 불러일으키는 일은 중요하다.

(1) 패션성

누구든지 생리적인 욕구는 쉽게 충족시킬 수 있게 되었다. 즉 배고픔을 해결하는 것은 쉬워진 오늘날에는 보다 맛있게 먹기 위한 환경 만들기에 관심이 모아지고 있다. 안락한 식사공간, 실내디자인, 식사공간의 적당한 조명, 식욕을 돋우고 음식과 잘 어울리는 식기, 식탁의 연출 등 식탁의 패션성이 제시되고 있다. 심지어는 테이블 코디네이터, 푸드 코디네이터, 푸드스타일리스트 등 식탁의 패션성을 만드는 전문가 그룹이 형성되고 있다.

일상식에는 가공품의 유입이나 재료를 이용하는 식사준비에 소요되는 시간을 가급적 줄이고자 하는 식생활의 간소화 경향에도 불구하고 패션성을 추구하는 사람 또한 늘어나고 있다. 그러나 과거에 비해 한 사람씩 식사하는 경우가 늘어나고 있는 현실에서 이러한 패션성을 추구하는 것은 약간 무리가 있을 수 있다. 이러한 현실을 감안하면 패션성을 느낄 수 있는 식탁을 만드는 데에는 가정 내의 식사를 외부에 개방하는 일, 즉 때때로 친구를 불러 식사를 대접하거나 파티 등을 하면 그것이 계기가 될 것이다.

(2) 식품의 색과 담는 법

새로운 식품을 구입할 때에 구입을 결정하는 인자로서는 색이 중요하다. 식탁에 오르기까지의 식품으로서는 냄새, 질감, 맛이라는 식품의 고유한 특성보다는 색이나 모양 등의 외관에 의하여 식품을 선택하고 있다.

색의 조화로는 보색조화, 비슷한 색의 조화, 동색계의 조화, 단색 조화가 있다. 담는 방법도 시간적 요소로서 패션성을 좌우하는 요인이 된다. 기본적으로 각 음식에 따라 담는 방법을 파악한 다음 개성 있는 조화를 연구할 필요가 있다. 담는 방법의 기본은 계절을 고려한 식기, 곁들임 등을 하고, 음식과 그릇의 여백이 3할 정도 있는 것이 보기 좋다. 그리고 그릇의 모양이 네모난 접시에는 둥근 음식을, 둥근 접시에는 네모난 음식을 담아 변화를 주는 것도 하나의 방법이다.

〈표 3-2-6〉 신제품에 대한 구매의욕 인자

인자	색	모양	크기	냄새	질감	탄력성	단단함과 무른 정도
사람 수(%)	418(83.6)	282(56.4)	115(23.0)	213(42.6)	121(24.2)	76(15.2)	68(13.6)

(3) 가정에서의 테이블 코디네이터

먼저 모임의 목적을 결정하고 그 날의 분위기를 이미지화한다. 이미지는 영혼의 빛으로, 영혼은 마음에 새로운 비전을 제시한다. 드라마틱한 생각을 가져보는 것도 큰 도움이 될 수 있으며, 조명, 음악에 대해서도 신경을 써야 한다.

손님은 신이 내려온 것으로 생각하는 호스피탈리티(hospitality)의 정신에 관한 생각이 기본으로 이것은 1990년대 접대의 경향으로서 호감을 담은 언어를 사용하고 좋은 표정을 짓는 것이다. 좋은 표정이란 좋은 생각과 연결되는 것이므로 긍정적인 사고가 중요하게 작용하며, 또한 겸허한 마음으로 접대하는 것을 잊어서는 안 되며, 초대된 손님의 행복을 책임지는 것이다.

매력적인 접대가 되기 위해서는 혼자 할 수 있는 능력의 범위를 알아야 한다. 멋있는 공간을 만드는 좋은 기회로 생각하고 자신과 가족 모두의 즐거움으로 여기도록 한다. 인테리어와 엑스테리어에 대한 배려 또한 필요하다. 여기에는 색채, 가구의 스타일, 정원의 화초, 베란다의 꽃 등에 대한 상식이 도움이 될 것이다.

품격 있는 접대는 준비하는 과정에서부터 시작되며, 목적에 맞는 접대의 스타일을 결정한다. 초대되는 사람의 성별(性別), 연령을 참고하고, 계절감을 살리는 것도 잊지 말아야 한다. 예산에 맞는 메뉴가 되도록 하고 메뉴의 패턴화, 식기의 밸런스, 음료의 선택에 신중을 기하도록 하며, 경우에 따라서는 파티 케이터링(catering)이나 출장요리사의 도움을 받을 수도 있다.

끝으로 모임의 준비에서부터 끝날 때까지의 전반적인 상황에 관하여 상세히 점검하고 기록하여 파티를 훌륭하게 마무리할 수 있도록 해야 한다.

2-4. 식생활의 변화

한국인의 식생활은 고성장 산업사회로의 진행과정을 거치면서 구조적 변화를 겪어 왔으며 그 결과 식량의 수급체계에도 변화가 나타났다. 국민의 식생활은 저 영양, 양적 포만소비, 절약하는 유형에서 점차 경제가 발전하면서 고 영양, 질적 만족소비, 풍요의 방향으로 진행되었다.

1) 식생활을 둘러싼 주변 환경

(1) 소득

소득이 낮을 때는 양적, 포만감 위주의 식생활이 중심이 되었다가 소득이 높아지면 질적 만족감 위주의 식생활로 전환되는 경향이 있다. 또한 소득이 높아지면 인간의 욕구는 양적인 섭취량에 한계가 있고 동일한 품목의 섭취량 증가에 따라 효용이 감소하는 한계 효용체감이 작용하기 때문에 소비품목간에 대체가 일어나게 되며 한편으로는 외식도 늘어나게 된다. 즉 소득증가는 소비자의 식품 구매력 증대를 의미한다.

(2) 국제교류로 인한 서구식품의 유입

기온, 강우량, 기후 등 자연조건이 특정지역에서 생육되는 동식물을 결정하게 된다. 또한 산악, 하천, 해안선, 평야, 토양 등 지형이나 지질이 농수산물 생육조건에 영향을 주어 특정지역의 가용 식량자원에 영향을 미치게 되고, 이는 그 지역 주민의 식생활 또는 전통적인 식생활 문화 형성에 중요한 역할을 한다. 그러나 WTO 체제 아래에서 국제간의 무역을 통해서 자신의 지역에서 생산되지 않는 품목도 점차 소비가 증가되고 있다. 즉 국제간의 인적, 물적 교류를 통하여 새로운 식품과 식문화를 접하게 되고 외국의 패스트푸드의 급격한 소비가 이루어져 국민 식생활의 변화를 초래하게 된다. 반면 서구 사회에서는 동양의 식생활이 일부 수용되고 동양에서는 서구의 식생활이 상당한 부분 받아들여지고 있다.

식생활의 활발한 국제교류는 서구 외식산업의 국내 진출이 늘고 이들의 음식문화와 접하게 되는 기회도 늘어나 식품 소비품목의 서구화를 촉진시키고 있다. 또한 햄버거, 피자, 패밀리 레스토랑 형태의 서구 외식산업이 대거 국내에 유입되어 밀가루, 육류, 낙농품과 서구의 소스류 등 동반식품의 소비가 확대되었다.

(3) 사회적 변화

우리나라는 1960년대부터 산업화가 진행되어 농어촌 인구가 대량으로 도시에 이주되었다. 이는 농촌지역에 거주하는 사람을 위한 식량공급 및 식량자급 인구가 감소하고 식량을 구입하는데 의존하는 도시인구가 증가하였음을 의미한다.

그리고 여성의 사회활동 참여가 크게 늘어나 가정 내에서 요구되는 여성의 중요한 역할 중 조리할 수 있는 절대 시간이 부족하므로 가공된 편의식품에 대한 수요가 불가피하게 증가됨을 의미한다. 이와 함께 여성의 시간 기회비용 또는 시간 기회수익이 늘어나기 때문에 가공식품, 편의식품의 수요가 늘어난다고 할 수 있다.

또한 주거환경이 밀집되어 있고 아파트 생활이 늘어남에 따라 간장, 된장, 김치, 고추장 등의 전통 발효식품을 제조하고 보관할 수 있는 공간이 협소하여 가공식품에 대한 수요가 증가하고 있다.

이와 함께 가족 수의 감소 및 핵가족화의 진전은 세대 간의 조리기술을 전수하기 어렵게 하여 가공식품의 수요를 더욱 증대시키는 요인으로도 작용하고 있다.

(4) 정부의 정책

1963년 인스턴 라면의 등장과 1974년 흰 쌀밥금지 및 혼식의무화나 분식의 장려 등은 밀가루를 이용한 식품의 소비를 촉진시켰고 농가 소득증대를 위한 축산 및 낙농진흥책으로 유제품과 육류소비가 늘어나는 계기가 되었다. 이러한 정부 정책은 우리 국민의 식생활이 서구화되는 계기가 되었다.

1994년 흰 쌀밥 금지의 자율화가 이루어졌으나 풍부해진 부식의 소비증가는 밥을 주식으로 하던 곡류 중심의 식생활에서 쌀의 소비가 급격히 감소하는 양상을 보였다. 한국의 사회지표에 의하면 농가는 2007년에는 2006년(145.3kg)에 비해 0.1% 감소한 145.2kg이며, 비농가는 전년(82.6kg)에 비해 2.4% 감소한 80.6kg으로, 농가의 1인당 양곡소비량은 비농가 양곡소비량에 비해 1.8배 높게 나타났다.

〈표 3-2-7〉 농가·비농가 1인당 양곡소비량 (단위 : kg, %)

	농 가			비 농 가		
	양곡계	쌀	기타양곡	양곡계	쌀	기타양곡
2005	147.7	130.8	16.9	84.6	77.0	7.6
2006	145.3	128.0	17.3	82.6	75.2	7.4
2007	145.2	127.6	17.6	80.6	73.3	7.3
전년비(%)	-0.1	-0.3	1.7	-2.4	-2.5	-1.4

(5) 과학기술의 변화

새로운 품목의 농산물, 가공식품 등을 등장시켜 수요를 창출하였으며 소비자의 식생활에 커다란 변화를 가져오기도 하였다. 또한 저장, 보존기술의 발전 역시 식생활의 변화를 가져왔다. 시설재배 기술의 발달에 의해 계절에 따라 생산되던 농산물이 연중 공급되고, 양식기술의 발달은 일부 수산물의 연중 공급을 가져왔는데 이러한 현상은 식품소비 패턴에 크게 영향을 미치게 되었다. 또한 가정 내의 저온저장 주방용품 또는 보온용품의 보급 확대와 유통과정에서의 저온수송 및 보관기술의 진보로 냉장 및 냉동식품의 소비가 확대되었다. 최근에는 김치냉장고가 일반화되어 연중 김장김치를 맛볼 수 있게 된 반면 소포장의 김치는 가공식품이 되어 전통발효식품까지도 식품산업에 의존하게 되었다.

한편, 윤택해진 생활은 건강과 장수에 대한 관심이 많아지고 환경오염으로 인한 식품오염에 문제가 제기되면서 건강식품이나 무공해식품에 대한 소비가 늘어나고 있다. 특히 약리적 효과를 지닌 기능성 식품에 대한 수요가 점차 늘어나고 있다.

2) 식생활의 변화

(1) 영양섭취의 변화

현대인의 식생활의 문제점은 영양결핍보다는 영양과잉 또는 가공식품의 빈번한 섭취와 불규칙한 식사로 인한 영양불균형이 문제가 되고 있다. 그 동안 실시된 국민 영양조사 및 국민 건강·영양조사에 나타난 우리 국민의 식품 및 영양소 섭취 양상의 주요 변화 추이는 곡류섭취량의 감소 및 육류를 비롯한 동물성 식품 섭취량의 증가 등 식품섭취 양상의 변화와 에너지, 지방 및 동물성 지방, 단백질 및 동물성 단백질의 섭취량 증가 그리고 탄수화물 섭취량의 감소를 들 수 있다. 여기에서는 20대 대학생들을 중심으로 살펴보자.

① 영양의 불균형

현재 우리나라는 급격한 경제 성장과 더불어 식품의 생산, 가공, 저장, 유통의 발달로 풍성한 먹거리가 제공되고 있다. 이러한 식품산업의 발달은 편리한 먹거리를 제공하는 장점은 있으나 더불어 가공식품의 과잉섭취를 초래하여 에너지, 지방, 설탕, 소금의 과다섭취의 원인을 제공하기도 한다. 그러나 식품을 가공하는 과정에서 비타민과 무기질이 손실되기 쉬우므로 가공식품에는 비타민과 무기질이 부족하다. 따라서 현대인들은 풍성한 먹거리 속에서 불균형한 식생활로 인해 오히려 건강을 잃을 위기에 처하여 균형 잡힌 식품의 선택과 적절한 양의 섭취로 만성질환의 예방을 위해 노력해야 한다.

② 아침 결식과 외식의 문제

현대의 20대 청소년들은 풍요한 식생활 환경을 가지고 있기는 하나 바쁜 생활구조로 인하여 아침식사를 소홀히 하는 경우가 많으며 점심, 저녁은 가정식보다는 외식을 하게 되는 경우가 빈번하다. 아침식사는 두뇌활동과 신체에 활력을 주는데 매우 중요하고 비만을 방지하고 좋은 식습관을 갖는데 기초가 되므로 거르지 않도록 한다. 또한 20대 청년들은 외식이 잦은 편이다. 외식의 경우 대부분 영양보다는 기호에 의해 편식을 하기 쉽고, 열량, 당분, 지방 등을 과식하게 될 가능성이 크며, 5가지 기초식품군을 골고루 섭취하지 못할 수도 있다. 따라서 외식을 할 경우 열량영양소의 적절한 섭취와 미량영양소의 섭취를 늘리기 위해 5가지 식품군을 골고루 섭취하는 균형 잡힌 식단의 선택에 유의하도록 한다.

③ 가공식품, 스낵류 섭취의 문제

20대 청년들은 장년층에 비해 가공식품 소비가 많은 편이다. 가공식품은 열량, 당분, 지방 등은 많으나 미량영양소는 부족하다. 특히 젊은 이들에게 나타나는 영양불균형의 문제는 칼슘, 철 등 중요한 무기질의 부족과 인과 나트륨의 과잉 섭취, 그리고 비타민A, 리보플라빈 등이 부족한 경우가 많다. 비타민C는 많이 부족한 경우와 반대로 너무 많이 섭취하는 경우의 상반된 결과를 보이고 있다. 또한 현대인이 많이 섭취하는 가공식품이나 기호식품에는 트랜스지방의 함량이 높아 현대인의 건강을 위협하는 또 다른 요인이 되고 있다. 트랜스지방은 불포화지방산을 포화지방산으로 바꾸는 과정에서 만들어지는 서로 어긋난 구조를 갖고 있는 지방을 의미하며 식물성유지로 가공한 고체유지를 많이 사용한 가공식품, 즉 팝콘, 감자튀김, 페스트리 등에 많이 함유되어 있다. 트랜스지방은 건강에 나쁜 것으로 알려져 최근에는 세계보건기구(WHO)에서 트랜스지방의 섭취를 하루에 2.2g 이하로 제한하도록 권장하고 있다.

④ 과음의 문제

대학생들의 과도한 술 섭취문제는 심각한 건강문제로 까지 대두되고 있는 실정이다. 신체의 여러 기관을 손상시키며 문제가 아주 심각해지기 전에는 자각증상이 없는 경우가 많으므로 더욱 주의를 기울여야하겠다. 자신의 건강을 지키기 위해 지나친 음주는 삼가하도록 노력해야 할 것이다.

20대는 급격한 성장기인 청소년기를 지나 성장이 멈추고 성인기로 들어가는 시기로, 가장 신체활동이 왕성하여 특별히 건강관리나 영양관리를 하지 않아도 컨디션 유지가 원활한 시기이기 때문에 자칫 건강관리에 소홀하기 쉬운 시기이다. 그러나 성인기로 들어서는 이 시기에 건강관리를 제대로 하지 않아 영양의 균형이 깨지게 되면 바로 성인병으로 이어질 수 있다. 또한 앞으로 결혼, 임신, 출산 등 중요한 신체적 변화를 앞둔 시기이므로 신체적 특징에 맞는 균형 잡힌 식생활이 무엇보다 중요하다.

(2) 식품 품목별 소비 변화

1960년대 초 이후 우리의 식생활은 질적, 양적으로 구조적인 변화를 거듭해 왔다. 주요 특징은 쌀, 보리 등 전통적인 곡물의 소비가 줄고 빵, 육류, 낙농제품 등의 소비가 늘어 식생활이 서구 지향적으로 변하였고 양적으로도 거의 모든 식품의 소비량이 늘어났다. 이와 함께 가공식품의 소비증가, 외식의 증가도 또 다른 변화된 식생활의 단면들이다.

① 쌀 및 곡류

먼저 곡물의 소비는 1965년 이후 1인당 연간 188.8kg에서 매년 증가하여 1970년에 219.4kg까지 증가하였다가 그 이후 계속 감소추세를 나타내어 1996년에는 160.4kg이었다. 그러나 최근의 통계에 의하면 급격히 감소하여 2007년에는 84.8kg으로 집계되어 있다.

〈표 3-2-8〉 1인당 연간 곡류별 소비량 (단위 : kg, %)

	양곡계	쌀	보리쌀	밀가루	잡곡	두류	서류
2005	89.0	80.7	1.2	1.5	0.5	2.6	2.5
2006	87.2	78.8	1.2	1.3	0.5	3.0	2.4
2007	84.8	76.9	1.1	1.3	0.5	2.7	2.3
전년비(%)	-2.8	-2.4	-8.3	0.0	0.0	-10.0	-4.2

마찬가지로 보리, 쌀과 감자, 고구마 등의 소비는 감소하였으나 밀, 콩, 등의 소비는 별다른 증감이 없으며, 최근에 발표된 통계청 자료(2008년 1월)에 의하면 참살이(well-being), 맞벌이 부부 증가로 인한 대체식품의 소비가 증가함에 따라 쌀 소비량은 지속적인 감소 추세를 나타내고 있으며, 2007년도의 1인당 연간 쌀 소비량은 76.9kg으로 전년의 78.8kg보다 1.9kg (-2.4%) 감소한 양상을 보이고 있다.

〈표 3-2-9〉 1인당 연간 쌀 소비량 증감 추이 (단위 : kg, %)

	2002	2003	2004	2005	2006	2007
소비량(kg)	87.0	83.2	82.0	80.7	78.8	76.9
증감률(%)	(-2.1)	(-4.4)	(-1.4)	(-1.6)	(-2.4)	(-2.4)

참고로 주요 쌀 소비국의 국제비교에 의하면, 우리나라 1인당 연간 쌀 소비량은 76.9kg(2007년)으로 매년 감소 추세를 나타내고 있으나 일본의 61.0kg(2006년), 대만의 48.0kg(2006년)에 비해 여전히 높은 수

준을 유지하고 있어 일본, 대만에 비해 우리나라의 쌀 소비량 감소율은 상대적으로 큰 편이다.

〈표 3-2-10〉 주요 쌀 소비국 1인당 쌀 소비량

	1997	1998	1999	2000	2001	2002	2003	2004	2005	2006	2007
한 국	102.4	99.2	96.9	93.6	88.9	87.0	83.2	82.0	80.7	78.8	76.9
증감률(%)	-2.4	-3.1	-2.3	-3.4	-5.0	-2.1	-4.4	-1.4	-1.6	-2.4	-2.4
일 본	66.7	65.2	65.1	64.6	63.6	62.7	61.9	61.5	61.4	61.0	…
증감률(%)	-0.9	-2.2	-0.2	-0.8	-1.5	-1.4	-1.3	-0.6	-0.2	-0.7	…
대 만	58.4	56.7	54.9	52.7	50.1	50.0	49.1	48.6	48.6	48.0	…
증감률(%)	-0.7	-2.9	-3.2	-4.0	-4.9	-0.2	-1.8	-1.0	0.0	-1.2	…

※ 자료출처: 일본 : www.maff.go.jp(農林水産省의 "食料需給表")
대만 : www.stat.gov.tw("Taiwan Food Balance Sheet")

또한 1인당 하루 평균 쌀 소비량은 210.9g으로 전년에 비해 2.4% 감소한 것으로 나타나 하루 2공기 정도의 쌀을 소비하고 있는 추세이다. 월별로 1인당 1일 소비량은 제수용 떡 소비가 많은 설 명절이 포함된 2월에 소비량이 228.1g으로 가장 많았고, 여름 휴가철인 8월에 203.6g으로 가장 적은 소비량을 나타내고 있다.

(g)

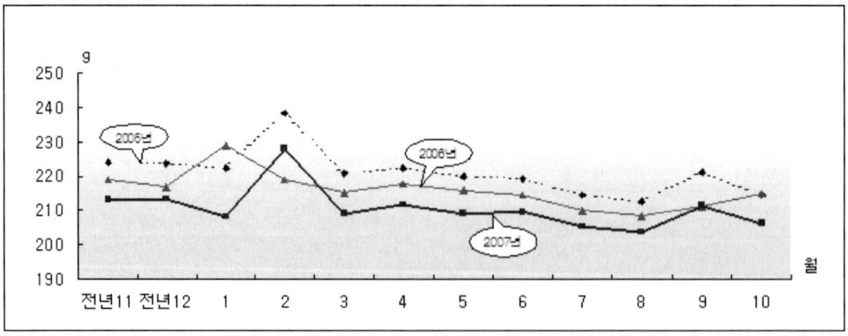

〈그림 3-2-1〉 1인당 1일 쌀 소비량

② 식료품 소비량

1인당 연간 식료품 소비량은 식생활 변화로 인하여 쌀 소비량은 지속적인 감소추세를 보이고 있는 반면, 채소류, 과일류, 육류의 소비는 대체로 증가 추세를 나타내고 있다.

〈표 3-2-11〉 1인당 연간 식료품 소비량 (단위 : kg, %)

품 목	1997	1998	1999	2000	2001	2002	2003	2004	2005	2006
쌀	102.4	99.2	96.9	93.6	88.9	87.0	83.2	82.0	80.7	78.8
증감률(%)	-2.4	-3.1	-2.3	-3.4	-5.0	-2.1	-4.4	-1.4	-1.6	-2.4
육 류1)	29.3	28.1	30.5	31.9	32.3	33.3	31.7	31.3	31.9	33.6
증감률(%)	2.1	-4.1	8.5	4.6	1.3	3.1	-4.8	-1.3	1.9	5.3
과일류2)	58.0	49.4	56.1	58.4	59.2	58.8	55.8	58.8	62.7	62.2
증감률(%)	10.7	-14.8	13.6	4.1	1.4	-0.7	-5.1	5.4	6.6	-0.8
채소류3)	148.5	148.7	153.5	165.9	164.4	144.6	152.6	156.8	145.5	154.0
증감률(%)	-2.4	0.1	3.2	8.1	-0.9	-12.0	5.5	2.8	-7.2	5.8

※ 자료 : 농림부 1)축산경영과, 2)과수 화훼과, 3)채소특작과)

이외의 식품으로 수산물의 소비는 최근 들어 다소 둔화 추세를 보이고 있으며, 유지류와 설탕류의 소비량이 급격하게 증가되었고 주식의 일부로 소비하였던 감자, 고구마와 같은 서류는 쌀 증산과 밀가루의 소비증가로 크게 감소하였다.

(3) 식생활과 가계 지출비

식생활비의 지출은 증가하였음에도 불구하고 가계 지출비에서 식생활비가 차지하는 비중은 크게 감소하여 식생활비 부담은 상대적으로 감소하였다.

식생활비 지출 가운데 곡물의 비중은 계속 감소하고 육류의 비중은 증가하여 1995년 이후에는 육류의 지출이 곡류의 지출보다 많아졌다(통계청, 1997). 대체로 엥겔계수가 20% 수준이면 문화적인 생활이라 한다. 일본, 미국 등의 선진국 역시 엥겔계수가 20% 미만으로서 가계 지출비 중에서 식생활비가 차지하는 비율은 극히 높지 않았다. 그러나 최근 외식이 늘어나면서 외식비의 증가가 식생활비의 비율을 증가시키고 있으며 도시와 농촌의 엥겔계수 역시 도시가 월등히 높은데 이는 도시가 농촌보다 식생활비에서 외식비가 차지하는 비율이 높기 때문이라 판단된다. 이와 같이 예상하지 못한 급격한 식생활 양상의 변화는 앞으로 엥겔계수를 이해하고 적용하기 위해서는 다른 부가적인 설명들이 요구된다고 하겠다.

앞에서 살펴본 바와 같이 식생활 방식이 점차 다양화됨에 따라 생육, 어개류, 식빵, 떡 등의 대체 식품비가 소폭 증가하고 있는 양상을 보이고 있다.

〈표 3-2-12〉 가계조사 식품비 (단위 : 천원, %)

품 목	2003	2004	2005	2006	2007	전년비(%)
생 육	34.2	31.9	35.1	36.4	37.1	1.9
어 개 류	30.9	32.3	32.1	33.1	33.6	1.5
곡물가공품	8.1	9.4	9.1	9.3	9.2	-1.6
식빵 및 떡	4.3	4.5	4.5	4.9	5.3	9.8

※ 자료 : 통계청(가계조사 1/4~3/4분기 중 월평균 가구당 식품비 자료임)

3) 앞으로의 식생활

(1) 자기에게 맞는 식생활을 창조

우리의 식생활은 여성의 사회진출과 식품 및 외식산업의 발전에 영향을 받아 다양화되고 있다. 부엌에는 값진 오븐이나 갖가지 가전제품을 구비해 두고도 사 온 음식으로 매일의 식사를 해결하는 사람이 있는가 하면 어린이의 간식에서부터 세 끼의 식사까지 무엇이든지 만들어 주는 어머니도 있다. 또한 개인의 식사를 보더라도 어느 날은 편의점에서 간편한 식사를, 어느 때는 직접 만든 어머니 또는 주부의 손맛이 깃든 음식, 어느 때는 고급레스토랑에서 특별한 식사를 하는 등 그 때마다 상당히 다른 식생활을 영위하고 있다. 예전에는 주부가 가족의 식사를 준비하고 가족의 건강관리에 대한 염려와 책임을 담당해 왔지만 식생활이 점점 외부화되어 가는 오늘날에는 결국 한 가정의 주부가 가족 전원의 모든 식사를 관리하기가 매우 어려워지고 있다. 그러므로 어린이나 남자들은 모두가 더 이상 가정 내의 식생활담당자의 관리에만 의존하지 말고 자기의 식생활에 책임을 가지고 각자의 식사를 생각해야 할 필요가 있다.

(2) 각 가정별 독특한 식생활 문화 창조

① 식생활에 있어서 가정의 기능

수년 전까지만 하더라도 저녁식사 때가 되면 집으로 돌아오는 일은 음식을 준비하는 어머니에 대한 고마운 마음과 더불어 저녁식사로 가족의 결속을 돈독히 하는 기회였지만 오늘날에는 식생활의 편의성 추구, 서비스화와 사회 환경, 핵가족화 등의 가정환경의 변화에 따라 그 필요성이 적어지고 개인의 생활리듬이 가족의 단결보다 우선되게 되었다. 이러한 가정에서의 식탁은 더 이상 단란함을 상징하는 장소가 아니라 영양공급을 위한 작업장으로 전락하는 경향이 있고 더욱이 주부는 종일 집을 지키는 기숙사의 사감과 같은 역할로 바뀌는 경향이 있다.

또한 음식은 만드는 것이라는 인식에서 각자의 사정에 따라 음식은 사도 무방하다는 인식으로 바뀌어 가고 있다. 그러나 남자라도 '먹는 일'만이 아니라 '만드는 일'을 알기 시작하면 식생활에 대한 즐거움이나 기쁨을 훨씬 다양하게 느낄 수가 있다. 음식을 만드는 일에 흥미를 가진다면 남녀를 불문하고 스스로 해결할 수 있는 음식의 조리나 식사방법, 식생활문화, 식습관의 전승을 배우는 것이 가능하다.

이와 같이 가족 모두가 공통적으로 식생활에 흥미를 가짐으로써 서로의 대화가 활발해지고 만드는 사람과 먹는 사람의 입장에 서서 상대방을 배려하는 등의 사회성과 생태(ecology)에 대한 관심이 깊어지게 된다. 가정에서도 식생활 교육을 실시함으로써 누구든지 스스로 식품재료나 음식을 선택할 수 있게 되고, 특정한 음식에 편중된 기호성이 개선되고 남기는 음식물도 적어짐으로써 음식물의 이용효율도 높일 수 있고 음식물 쓰레기를 줄일 수 있을 것이다.

② 가정에서 만드는 식사

각 가정의 식생활에 식품재료나 사계절을 변화시킨 식탁의 연출, 향토식 등을 적극적으로 받아들임으로써 단조로운 식생활에 변화를 주어 식생활을 즐길 수 있는 방안을 생각할 수 있다. 음식을 만드는 즐거움과 기술을 어린이들에게 체험시켜 '만든다' ,'먹는다', '뒷정리 한다'는 식생활의 전체 과정을 역할분담이나 의무감과는 다른 즐거움을 느끼면서 분담하는 의식을 키우는 것이 필요하다. 또한 '만든다'는 것은 음식을 만드는 것만이 아니라 가정 내의 뜰에서 식품재료를 가꾸기도 함으로써 신선한 식품재료를 접촉할 기회를 가지게 된다. 가족 가운데 항상 같은 사람이 식품재료를 구입할 것이 아니라 분담하여 식품재료를 사게 되면 식품재료의 특색을 각자가 직접 확인하는 일도 식생활의 지식으로서 중요하며 가족전원에게 자신의 역할을 통하여 구성원임을 확인하는 것이 가능하다. 또한 식생활과 관계되는 전통적인 가사도구나 식기와 접촉할 수 있는 기회를 가짐으로써 음식이나 식품재료 뿐만 아니라 전통음식에 대한 정보를 교환할 수 있고 또한 가족 간의 대화를 더욱 활발하게 할 수가 있다.

고령화가 진행되는 앞으로의 사회에서는 식생활이 가진 여러 가지의 기능을 고령자에게 이해시키도록 하고 전자레인지, 컴퓨터로 조절이 가능한 전기밥솥의 사용방법 등을 적극적으로 지도하며 남자라도 스스로 음식을 만드는 일이 가능하도록 교육할 필요가 있다.

그러나 나이가 들어 이러한 것들을 가르치는 것은 곤란하다. 그러므로 남녀를 막론하고 유아기부터 식생활의 교육은 가정에서 행해야 할 과제의 하나이다. 매일 가정의 식생활을 통하여 유아기부터 식생활의 관계를 이해하는 것은 고령이 되고 나서도 건강을 유지하면서 풍요로운 생활을 영위할 수 있게 해 준다. 식생활의 내용 가운데에는 조리기술 등의 실천적인 것만이 아니라 식품재료의 특성, 품질 등의 기본적인 이론과 시대에 맞는 정보를 얻기도 하고 식생활을 에워싸고 있는 사회 환경에도 끊임없이 관심을 가지는 자세가 중요하다.

(3) 식생활의 사회화

직장생활을 하는 사람이나 학생들은 점심을 직장이나 학교에서 집단급식으로 해결하거나 외식하는 경우가 많고, 주부들도 교양이나 취미활동 등의 모임을 통하여 점심식사를 가정 밖에서 하는 경우가 많다. 바꾸어 말하면 점심식사는 이미 상당한 부분이 사회화되어 있다. 더욱이 오늘날은 식생활에 두는 비중이 생활 전체를 유지하는 것이 아니라 오히려 레저나 여가활동 등으로 각자의 생활 자체가 상당히 변화하고 있는 추세이므로 점심식사에 덧붙여 저녁식사까지도 사회화될 가능성이 있다고 본다.

여가를 보내는 방법은 각 가정의 라이프 스테이지(life stage)나 각자의 라이프 스테이지(life stage)에 따라 차이가 있지만 자녀가 자랄 때까지는 가족을 중심으로 생활하게 되고 그 이후는 가치관을 공유하는 사람들을 중심으로 하여 공동체가 형성되고 그러한 공동체 가운데에 식사를 포함하여 점심식사는 학교와 직장에서, 저녁식사는 마음이 맞는 사람과 공동으로 식사할 기회를 만들어 간단한 식사 등의 외식화가 진행되고 있다. 점심식사만이 아니라 저녁식사까지 사회화되면 영양소의 균형이나 식품의 안전성 등 "자신의 건강은 스스로 지켜야 한다"는 자기관리를 위한 식사관(食事觀)이 요구된다.

현재 사회적인 수준에서 영양을 고려한 식사가 제공되고 있는 것은 급식이고, 병원이나 사회복지시설 등 생활자체가 가정을 떠나 있는 경우와 학교나 사업소 등 주로 가정에서 생활하면서 점심식사를 제공하고 있는 경우 등이 있다. 그 밖에 일반적인 외식이 영양적으로 좋은 식사인지 아닌지는 각자가 판단하여야 한다. 최근 성인병의 증가는 영양의 균형을 무시한 외식이 하나의 원인이라고 생각된다. 지금까지 가정 내에서의 식사는 주부가 영양사의 역할을 해 왔고, 게다가 건전한 식생활을 영위하여 왔다. 식생활이 사회화될 경우 이러한 영양사의 역할을 누가 담당할 것인가가 문제이지만 각자가 담당해야 될 경우 상당한 수준의 식생활 교육이 필요해질 것이다.

이와 같은 식생활의 사회화 현상에 근거하여 사회적 수준에서 국민의 건전한 식생활을 어떻게 하는 것이 좋은가를 정책적으로 다루어야 할 시기가 올 것으로 생각된다. 생활의 많은 부분이 사회화되고 그것을 도와주는 산업도 지속적으로 성장하고 있으므로 지역적 공동체를 단위로 하여 사회적 수준에서 식사를 제공하는 방법도 바람직하다고 본다. 특히 고령자 세대는 아무래도 영양이 편중되기 쉬우므로 낮 동안 서비스할 수 있는 경우와 재택서비스 등 사회적 수준에서 식사를 제공할 필요가 있다. 또한 식사를 사회화하는 것만이 아니라 식생활의 원료인 채소를 재배하거나 간단한 식품을 만드는 것이 가능한 시민공원이나 식품가공실의 설비가 사회적 수준에서 추진되어야 함에도 불구하고 오히려 지금까지의 식생활의 사회화는 그러한 기능을 점점 상실해 가고 있다.

건강을 유지할 수 있는 식사, 땅에서 방금 수확한 신선한 맛, 인간성을 형성하는 데 있어서 중요한 함께 먹는 식사 등을 사회적 수준에서 보충해 가는 일도 필요하다고 하겠다.

(4) 환경과 식생활

인간생활이 고도화됨에 따라 그와 같은 생활로부터 배출되는 폐기물도 많아지고 대기오염과 토양, 하천의 오염 등 자연환경의 파괴가 늘어가고 있다. 폐기물 가운데에는 그 유독성분이 식물연쇄 및 생물농축을 거쳐 최종적으로는 음식을 통하여 인간에게 좋지 못한 영향을 주게 된다.

지금까지 음식을 통하여 문제가 된 것은 여러 가지 공장에서 나오는 산업폐기물이 토양이나 하천을 오염시키고, 그것이 음식물의 원천인 동식물에 침입하거나 쓰레기 소각과정에서 생성된 발암성이나 독성이 강한 화합물(dioxine)이 음식을 오염시키는 예이다.

또한 식품의 생산량을 증가시키기 위하여 사용하는 농약이나 제초제, 어망세정제 등도 점점 식품을 오염시키고 있다. 이들의 위험에 대해서는 행정이나 민간기관 등 사회적 수준에서의 검사체제나 설비가 한시라도 빨리 실현되어 다양한 면에서 검사와 조사를 신속하게 할 필요가 있다. 그리고 토양이나 하천, 바다의 오염은 처음부터 동식물의 오염을 미연에 막는 것이 중요하지만 국민 개개인이 안전을 추구하고자 하는 높은 의식을 기르지 않으면 안 된다.

식품은 지금에 와서야 국제적으로 관심을 가지는 중요한 상품의 하나가 되어 세계가 공통적인 안전에 대한 기준을 필요로 하고 있다. 식품첨가물 기준에 대해서는 합동식품첨가물위원회(JECFA:Joint/FAO/WHO Expert Comittee on Food Additives, 1955)를 설립하거나 가공식품의 통일된 규격을 설립하기 위하여 FAO/WHO 합동식품규격위원회(Codex Alimentarius Commission, 1962)를 발족하였으나 아직은 그 기능을 충분히 발휘하지 못하고 있다.

(5) 미래의 식생활

현대인에게 식생활은 단순히 생리적 욕구 충족이 아니고 생활을 윤택하게 하는 활력소 역할을 한다. 맞벌이 부부와 독신 생활자 등 가족의 형태가 다양해지고, 취미와 여가생활의 중요성이 인식되면서 식생활문제를 간편하게 해결하는 것은 중요한 요소가 되었다. 또한 가족 수, 식성 취향, 건강상태 등에 따라 영양과 기호에 대한 소비자의 요구도 다양해져서 획일적인 대량공급보다는 개인의 취향에 맞는 주문영양 시대가 전망되고 있다.

이러한 현대 소비자의 생활패턴 변화와 식생활 요구에 대한 해법은 인터넷을 통하여 찾을 수 있다. 인터넷은 우리의 생활과 함께 살아 움직이는 영향력 있는 매체가 되었고, 인터넷 사용인구의 급격한 증가와 더불어 푸드 서비스산업에서도 온라인의 움직임이 점차 빨라지고 있다.

발달된 과학기술과 의료생명 분야의 학문적 업적은 인간의 평균수명을 연장하였고, 사람들은 단순하게 오래 살기보다는 신체적·정신적으로 보다 건강하게 살 수 있기를 기대하고 있다. 따라서 사람들의 건강지향성

욕구가 점점 더 커지게 되고 웰빙(well-being)이라는 구호 아래 음식뿐만 아니라 의생활과 주생활의 소재가 자연친화적인 트렌드로 빠르게 변화하고 있다. 한편으로는 기능성식품에 대한 연구와 개발이 급속히 발전하여 소비자들의 요구에 부응하게 되었고, 정보화시대 생활의 모든 면이 가속화되어 식생활에서도 가공식품, 냉동식품, 조리식품, 패스트푸드가 발달하는 것이 당연한 것으로 보인다. 그러나 그러한 결과로 나타나는 입맛의 획일화와 전통문화의 쇠퇴, 지역적 특성의 상실 등을 우려하여 오히려 슬로우 푸드(slow-food)운동을 제창하고 있다.

① 간편식사와 주문영양

사이버 밀(cyber-meal)이란 인터넷을 이용한 푸드 서비스로서 이를 통해 가정에서 식재료를 주문해서 배달받거나 인터넷상에서 음식점을 예약하고 미리 주문하는 것이다. 또한 소비자의 기호와 취향에 맞는 식단 식재료, 조리법 등을 제공받는다. 사이버 밀(cyber-meal)은 1996년 미국에서 설립된 피자배달업체로 현재는 푸드닷컴사인 사이버밀즈사에 의해 시작되었다.

사이버 밀(cyber-meal)의 장점은 저렴하게 서비스를 제공 받을 수 있는 것이다. 비슷한 서비스를 제공하는 웹사이트가 경쟁적으로 생겨나고 있으므로 여러 사이트를 비교·검토하여 본인이 원하는 서비스와 정보를 제공 받을 수 있는 적절한 사이트를 잘 선택해야 한다. 사이버 밀(cyber-meal)을 제공하는 여러 사이트에서는 건강 및 요리 정보의 제공, 기호와 영양을 만족할 수 있는 식단 작성, 요리법의 동영상 제공, 선명한 음식 사진 제공, 전문가와의 문답, 관련 사이트로의 링크서비스 등 다양한 부가서비스를 제공하고 있다. 따라서 이를 적절히 활용하면 만족도도 높고 풍요로운 식생활이 가능할 것이다.

② 건강지향성 식품의 발달과 사용증가

예로부터 전해오던 민간요법에 여러 가지 식품이 사용되었던 것에 식품과학자들이 관심을 가지게 되면서 유효한 성분과 그들의 작용이 구체적으로 밝혀지고 있다. 과학적인 근거는 농축산 및 식품산업에 영향을 미치게 되고 소비자들은 식품을 통하여 능동적으로 건강을 지키고 더욱 증진시킬 수 있다는 믿음을 더 강하게 가지게 된다. 현재도 그렇지만 미래의 소비자들은 매스미디어뿐만 아니라 급속도로 확산되는 유·무선 인터넷을 통하여 영양지식 및 식생활 정보를 더 많이 접하게 되고 따라서 건강식품에 대한 관심은 더욱 커질 것이다.

아직도 정복되지 않은 당뇨병, 고혈압, 암, 치매 등의 예방과 치료를 위하여 사람들은 건강기능성 식품을 계속해서 원할 것이며, 비타민, 항산화영양제, 허브추출물 등의 보충제의 사용도 꾸준히 이어질 것으로 전망된다. 지금까지 기능성식품의 소비자들은 건강을 위하여 맛을 희생시킬 수 밖에 없었으나 앞으로 맛과 향, 그리고 질감이 더욱 향상 될 것이고 그에 따라 기호와 건강을 동시에 만족시킬 수 있을 것이다.

기능성식품이나 생리활성물질의 활용은 성인들을 위한 건강식품뿐만이 아니고 영·유아용 식품, 패스트푸드나 다이어트식품에까지도 사용이 확대될 것이다. 건강에 관심이 높은 소비자들은 신체내부의 건강만이 아니고 건강하게 보이는 외모와 고운 피부를 갖기를 원하게 되고, 그에 따라 과일, 채소, 곡류 및 허브 성분들을 첨가한 화장품이 현재도 개발되고 있지만 더욱 증가할 추세이다.

지금까지 건강식품이라고 하면 주로 식물성 식품에 그 초점이 맞추어졌으나, 고기, 우유 및 계란도 동물을 기르는 과정에서 사료의 성분을 조절하여 건강기능성 성분이 포함되도록 할 수도 있고 영양가를 더 높일 수 있다.

③ 유전자특성에 적합한 맞춤형 식품의 발달

정보화시대인 21세기는 생명과학이 크게 발전하는 시기로 전망하고 있다. 인간게놈프로젝트가 성공적으로 완성되어 완전한 유전자지도가 만들어지면 인간의 생명이 상당히 연장될 것으로 예측하고 있다.

인간의 유전자에 대한 다양한 연구가 이루어지면서 영양소, 섭취하는 식품 등이 유전자의 발현에 영향을 미친다는 많은 사례가 보고되어 있다. 따라서 영양소나 식품성분들은 개개인의 유전적 특성에 따라 다른 효과를 나타낼 수 있으므로 건강유지나 질병억제를 위한 식사요법을 실시할 때도 개인의 생리적 특성이 반영되어 이에 적절한 맞춤형 식품을 먹어야 할 시대가 곧 열리게 될 것으로 생각된다.

④ 슬로우 푸드(slow-food) 운동

우리의 생활 패턴과 음식과의 상관관계는 빼놓을 수 없는 불가분의 관계이다. 바쁜 도시생활은 패스트푸드나 냉동식품, 이미 조리된 가공음식 등을 이용할 수 밖에 없을 정도로 쫓기는 생활이다. 또한 유럽과 아시아에 미국문화가 홍수처럼 밀려들어오면서 패스트푸드의 범람은 갈수록 심해지고 있으며 각 나라의 전통음식문화는 사라지고 모르는 사이 입맛의 획일화가 진행되고 있는 것이다. 또한 농산물 수입개방에 따른 농산물의 대량생산 체계와 획일화된 유통과정 때문에 결국 일반인들이 먹을 수 있는 음식이 나라마다 비슷해지고 그 종류도 간략화 되어가는 것에 많은 사람들이 위협을 느끼게 되었다.

슬로우 푸드(slow-food)운동은 일종의 문화운동이라고 할 수 있는데 음식을 통해 삶의 질을 개선하고, 현재 가지고 있는 음식문화의 전통을 계속 이어가며 전통적인 방식으로 만들어지는 세계 각국의 음식들을 발굴하고 알리는 데 목적을 두고 시작되었다.

음식과 식재료에 대한 애정과 관심으로 시작된 슬로우 푸드(slow-food) 운동이 아직 우리나라에서는 개념자체가 생소하지만 인스턴트식품이나 간편한 통조림 같은 편한 것만을 추구하던 현대인들이 점점 무공해 자연건강식을 찾고 있는 것처럼 일상생활 속에서 이루어지고 있다. 슬로우 푸드(slow-food)운동의 상징으로 사용되는 달팽이 무늬는 유기농의 친환경적 의미를 내포하고 있기도 하며 이 운동의 확산을 위하여 공식적인 홈페이지도 운영되고 있다.

〈그림 3-2-2〉 슬로우 푸드(slow-food)운동 로고

3. 건전한 소비생활

3-1. 소비환경

1) 소비의 개념

소비(consumption)는 생활의 목적을 달성하기 위하여, 상품, 서비스를 사용해서 소모하는 것이다. 즉 가정의 소비는 필요한 재화를 구입해서 소비함으로써 가족활동력의 원천이 된다.

일반적으로 소비는 인간생활의 필요와 욕구에 물질적 만족과 정신적 만족을 사람들에게 주는 것이다. 토마스(W.I. Thomas)는 인간으로써 욕구, 특히 기본적 욕구로는 새로운 경험(new experience), 안정(security), 응답(response), 인지(recognition)가 있는데, 이것은 인간복지의 확대·충실을 꾀하며, 이것에 기반을 둔 생활양식, 구매행동에 포함되어진 관성을 관찰함으로써 소비력의 안정성을 도모한다고 하였다.

가계의 소비과정을 통해 볼 때, 가계의 소비는 획득, 구매, 사용 측면에서 볼 수 있다. 획득은 가장 광범위한 개념으로 시장에서 구매한 것 이외에도 가계생산이나 특별급여, 사회에서 제공하는 공공재의 사용 등을 통해서 얻어진다. 구매는 시장에서 화폐를 지불하고 재화나 서비스를 획득하는 것으로 쉽게 측정할 수 있다. 사용은 가계에서 재화나 서비스를 활용하는

것으로, 일정기간 동안 사용된 재화나 서비스의 양과 구매 또는 획득한 양이 반드시 일치하지 않을 수 있다. 이는 획득 및 구매의 시기와 사용의 시기가 다르거나, 재화 및 서비스를 누가 사용하느냐에 따라 달라진다.

소비력의 주요요소는 인구(population), 부(wealth), 소득(income), 국민총생산(GNP), 가족수(patriarchal), 남녀평등의 사상, OL의 생활문화 등이다.

2) 소비행동

(1) 합리적 소비행동

합리적인 소비를 한마디로 명확히 정의하기는 어렵다. 합리적인 소비는 소비자이익과 효용을 극대화하면서도 사회·윤리적으로 바람직한 소비선택을 하는 것이다. 또한 합리적 소비생활만이 주어진 상황에서 최대의 만족을 창출할 수 있으며 소비의 궁극적 목표인 소비자복지증진을 실현시킬 수 있다. 그리고 합리적 소비행동의 방안은 계획적인 소비, 가격과 품질에 근거한 소비선택, 할부거래 자제, 제품의 효과적 사용관리, 일회성 소비를 자제하는 생산적인 소비생활 정착 등이다. 예를 들면, 소비자들이 자신의 소비생활을 건전하고 합리적으로 영위하기 위해서는 현재의 소비생활 내지 소비지출, 특히 오락, 외식, 레저 등과 같은 선택적 지출에 있어서 과시적, 모방적, 충동적 구매나 불요불급 상품의 구매가 없는지를 점검하고 상품구매 시에는 자신의 구매목적 및 소득수준에 적합한 크기나 가격대의 상품을 구입해야 한다. 즉 합리적 소비행동은 이성적인 가치판단에 의해 소비를 결정하는 판단기준요소라 할 수 있다.

(2) 비합리적 소비행동

일반적으로 비합리적 소비행동은 합리적이지 못한 잘못된 소비유형을 일컫는다. 잘못된 소비습관은 과소비, 과시소비, 충동소비, 모방소비로 이어진다.

① 과소비

과소비라는 용어 자체는 매스컴의 조어일 뿐 학문적 용어는 아니지만, 통상 헤픈 씀씀이나 분수이상의 소비를 과소비라고 일컫는다. 보통 자신의 소득수준이나 한정된 예산규모를 초과하여 불투명한 미래의 소득까지도 앞당겨 사용하는 과도한 소비를 의미한다. 그렇다면 대부분의 소비자들은 과소비를 하고 있지 않다고 볼 수 있다. 왜냐하면 가계재정이 적자가 날 정도로 소비를 하는 경우는 많지 않기 때문이다.

또한 자신의 소비는 과소비가 아니며 타인의 소비는 과소비라고 보는 경향이 높다. 이는 과소비의 상대성과 관련한 것으로 과소비는 타인의 소비와 비교한 상대적 의미를 포함한다는 것을 알 수 있다.

일반적으로 비싼 제품을 사는 것을 무조건 과소비로 규정하는 경우도 있으나 이 또한 잘못된 인식이다. 예를 들면, 연봉소득이 1억인 사람이 5천만 원짜리 자동차를 산 경우와 연봉이 3천만 원인 사람이 2천만 원짜리 자동차를 구입한 경우를 비교해보면, 5천만 원짜리 자동차를 구입한 경우가 과소비를 했다고만 볼 수 없을 것이다.

또한 과소비는 과다한 소비와 과분한 소비를 포함하는데 과다한 소비는 일반적으로 양적 측면에서 소비를 많이 하는 것이며, 과분한 소비는 사회적 신분이나 경제적 상태에 비교하여 볼 때 소비를 많이 하는 것이다. 그러나 현실적으로 사회적 신분에 대한 명확한 구분이 어려울 뿐만 아니라 소비자들의 기호, 생활의 필요가 각기 다르므로 어떤 것이 분에 넘치는 소비이며, 어떤 것이 분에 맞는 소비인지, 즉 과소비와 건전소비의 구분이 매우 어렵다.

과소비의 원인 중 대표적인 것은 전반적인 절약정신의 퇴조, 소득증대로 인한 소유욕구의 증가, 지나친 과시욕구, 광고 및 세일 등 각종 소비 지향적 분위기, 신용카드로 인한 구매의 용이성 등을 들 수 있다. 국민경제교육연구소의 조사결과에 따르면 과소비의 주요 원인은 부유층의 과시적 소비, 타인들의 소비형태를 모방하는 모방심리, 광고, 세일 등 사업적 자극, 소득수준향상 등이다.

② 과시소비

과시소비란 제품이나 서비스의 상징성을 통해서 지위를 획득하거나 유지하려는 목적으로 타인에게 부를 과시할 수 있는 제품이나 서비스를 구매·사용하는 행위이다. 즉 제품이나 서비스를 구입하여 효용을 얻기 위한 목적보다는 금전력 또는 자신의 지위를 과시하기 위한, 남에게 보이기 위한 목적으로 제품이나 서비스를 소비하는 것을 의미한다.

LaBarbera(1988)는 제품의 경제적, 기능적 효용보다는 사회적, 상징적 의미를 중시하여 타인에게 자신의 인상을 주려는 동기에 의한 소비를 과시소비라 정의하였다. 다시 말해, 자신을 남보다 돋보이게 하기 위해 자신의 경제력 이상으로 분수에 넘치는 지출을 하는 소비형태가 과시소비이다. 결국 실익을 따지지 않고 그저 남보다 우월하게 보이기 위한, 자기도취에 빠져 소비를 통해 다른 사람과 차별화하고자 하는, 또는 다른 사람보다 우월하기를 바라는 심리에서의 소비를 의미한다.

백경미, 이기춘(1995)의 연구를 보면, 우리나라 소비자들의 과시소비경향은 고소득계층에서만 나타나는 것이 아니고 전 소득계층에서 나타나는 현상이다. 또한 이 연구에서는 남편의 직업이 과시소비성향에 중요한 영향을 미치고 있으며, 주부의 연령이 낮을수록 과시소비성향이 높은 것으로 나타났다.

과시소비의 원인은 크게 심리적 원인(개인적, 심리적 원인), 사회심리적 원인(소비영향에 미치는 대중매체, 판매업자, 이웃, 동료 등 타인), 사회문화적 원인(사회·문화적 관습)의 3가지로 나눌 수 있다. 과시소비를 부추기는 개인적인 요인은 주로 우리 사회의 깊은 경쟁의식, 소비자 자신의 열등감, 어린 시절 가난의 콤플렉스 등이 과시소비를 유발하는 동기가 된다. 그러나 과시소비는 이 같은 개인적 측면의 원인보다는 사회 심리적 그리고 사회문화적 원인에 의해 보다 많은 영향을 받는다. 이는 과시소비 자체가 타인을 향한 전시효과에 초점을 두기 때문이다.

우리나라 고소득층의 소비행태는 중간소득층 그리고 저소득층으로 쉽게 전달된다. 이 같은 사회심리적 영향은 과시소비를 계속 부추겨 악순환이 되고 있다. 결국 상품과 서비스가 주는 실용적, 기능적 측면의 만족이 아닌 타인의 인식, 사회적 평가 및 이미지 등과 같은 사회심리적 측면의 만족감을 얻고자 하는 경향이 과시소비를 가속화시킨다고 하겠다.

한편, 사회적 관습은 실제로 체면을 중시하는 오래된 사회적 분위기로 우리나라 소비자들의 과시소비를 부추기고 있다. 이 같은 이유에서 지나친 혼수문제, 관혼상제와 관련한 과시소비가 끊이지 않고 있다. 과시소비는 가시적으로 자신의 우월한 입장을 보여주는 방편이 되기 때문에 농어촌보다는 도시에서, 전원도시보다는 내풍이 보이는 도심에서 더 많이 나타난다. 그리고 과시소비는 시간에 따라, 사회에 따라, 제품에 따라 다양한 형태로 나타난다.

③ 충동소비

충동소비란 사전 구매계획 없이 구매현장에서 다양한 형태의 구매자극을 받아 충동적으로 제품 및 서비스를 구매하는 것을 의미한다. 꼭 필요하지도 않은 제품을 모양, 포장, 디자인 등에 순간적으로 감정에 끌려 구입하는 소비행태이다. 일반적으로 충동적 구매는 비계획적이며 불필요한 재화 및 서비스를 구매하는 것이 보통이므로, 구매를 후회하게 되고 가계의 재정적 부담을 갖게 된다. 소비자들 중 1주일에도 여러 번 쇼핑을 가는 편이며, '팡팡세일', '바겐세일'이라면 일단 구경이라도 하고 보자는 마음을 가지고 있는 소비자는 충동소비를 할 가능성이 높다. '오늘 괜찮은 것 건졌다'라는 것은 이미 비계획적인 구매상태에서 충동적으로 구매했을 가능성이 높다. 충동소비는 미래소비의 주요 역할을 담당할 청소년에게 많이 나타나고 있어 심각하다. 이러한 충동구매를 막기 위해서는 무엇보다도 구매목록을 작성하여 계획구매를 하는 습관, 가계부쓰기 습관 등을 기르는 것이 바람직하다.

충동소비의 원인은 주로 광고, 유행, 다양한 마케팅 전략이나 판매원의 권유, 신용카드사용으로 인한 구매의 용이성 등이다. TV, 신문 등 화려하고 유혹적인 광고가 소비자의 충동구매를 부추기는 것은 이미 알려진 사실이다. 특히 광고로 인한 충동욕구는 젊은 소비자층에서, 남성소비자보다 여성소비자에게 많다.

유행 또한 충동소비를 유발하는 주요 요인이다. 특히 의류제품 등 표현적 기능이 강한 제품의 경우, 유행이 과소비 및 충동소비를 유발시킨다. 비계획적 구매 시 판매원의 권유나 마케팅전략의 영향이 크며, 게다가 신용카드사용이 급증하면서 당장 현금이 없어도 구매할 수 있다는 점은 충동구매를 유발시킨다. 따라서 충동구매를 부추기는 광고, 유행, 다양한 마케팅전략이나, 판매원의 권유, 신용카드사용 등에 보다 비판적이고 냉정한 태도를 갖는 것이 충동소비를 억제하는 방법이 될 것이다.

④ 중독소비

중독소비란 지나치게 구매에 이끌려 구매 욕구를 억제하지 못하고 구매함으로서 결국은 지불능력을 초과하는 수준까지 반복적으로 구매하는 것을 말한다. 특히 불안, 긴장, 우울감 등의 부정적인 감정을 극복하기 위하여 제품이나 서비스를 구매 또는 사용하는 경우 중독소비라고 한다. 일부 학자들은 강박적 구매(compulsive purchase)라는 용어도 사용하기도 한다. 결국 중독구매는 통제를 벗어나 참을 수 없게 된 욕망으로 인하여 일종의 병적으로 습관적으로 구매하는 것이라고 할 수 있다.

미국의 경우에 쇼핑중독증은 단순한 과소비차원이 아니라 알코올, 마약중독, 거식증과 같은 차원의 정신질환으로 취급한다. 불필요한 상품을 마구 구입하고, 자기가 구입한 상품이 무엇인지 제대로 기억도 못하고, 쇼핑이 불가능해지면 심리적·육체적 부작용이 일어나는 상태가 바로 쇼핑중독증이다. 중독소비자의 대부분이 쇼핑을 통해 불만을 해소하거나 대리만족을 느낀다. 이는 쇼핑중독, 즉 중독구매의 주요 이유이며, 특히 여성들의 경우는 남편의 관심을 유발하려 하거나 훼방·보복을 하려는 심리가 큰 비중을 차지하는 것으로 조사되었다.

우리나라의 경우에도 신용카드의 사용이 확대되고 다양한 쇼핑방법이 도입되면서 쇼핑중독 증세를 보이는 소비자들이 증가하고 있다. 특히 외출할 필요도 없이 24시간 동안 쇼핑을 가능하게 한 케이블 TV의 홈쇼핑 채널, 통신판매업체의 증가는 소비자들의 구매충동이 구매중독으로 이어지게 만드는데 주요요인 중 하나라고 할 수 있다. 일단 쇼핑중독증세가 나타나면 스스로 문제를 깨닫고 합리적인 선택능력을 갖도록 구매로 자제하고, 날마다 쇼핑품목과 구입가격을 체크해 보는 것도 쇼핑중독을 예방하거나 치료하는 방법이 된다.

⑤ 모방소비

모방소비는 소비자들의 상위 지향적 욕망 때문에 꼭 필요하지도 않으나 다소 무리를 해서라도 주위사람 또는 상위계층의 소비를 따라 하는 소비유형이다. IMF사태 이전까지만 해도 경쟁적 소비 또는 모방소비는 과소비 또는 총체적 과열소비를 부추겨 왔다. "이웃집에서 무엇을 샀더라", "그것 좋아 보이는데 우리도 사야겠다"라는 식의 구매는 모방소비로 가는 지름길이다. 유명 탤런트가 한 귀걸이, 누가 입은 옷 등을 운운하는 마케팅전략에 많은 소비자들이 같은 제품을 소비하면서 만족 또는 심리적 안정을 찾는다면 이는 모방소비라고 할 수 있다.

3-2. 인터넷쇼핑몰

1) 인터넷쇼핑몰의 개념과 문제점

(1) 인터넷쇼핑몰의 개념

인터넷쇼핑몰이란 전자상거래의 한 형태로 인터넷을 이용한 기업과 소비자 간의 거래가 이루어지는 백화점과 같은 소매기능을 수행하는 다양한 형태의 가상점포이다. 인터넷 쇼핑몰은 화상으로 제품 정보를 제공하고, 고객들에게 선택의 자유를 주어 원하는 물건을 쉽고 빠르게 화면상으로 열람하고 주문하여 대금결제와 배달까지 컴퓨터 조작을 통해 한 번에 이루어지도록 되어 있는 것을 말한다.

전자상거래시장이란 생산자(producers)·중개인(intermediaries)·소비자(consumer)가 디지털 통신망을 이용하여 상호 거래하는 시장으로 실물시장(physical market)과 대비되는 가상시장(virtual market)을 의미한다.

광의의 전자상거래는 소비자와의 거래뿐만 아니라 거래와 관련된 공급자, 금융기관, 정부기관, 운송기관 등과 같이 거래에 관련되는 모든 기관과의 관련행위를 포함하며, 협의의 전자상거래는 인터넷상에 홈페이지로 개설된 상점을 통하여 실시간으로 상품을 거래하는 것을 의미한다.

인터넷쇼핑몰의 가장 큰 특징은 현실세계의 쇼핑몰에서와 달리 시간적, 공간적 제약을 극복할 수 있다는 점이다. 기업의 입장에서도 점포의 개폐점 시간에 구애받지 않고 지구촌 전체를 대상으로 24시간 사업을 할 수 있기 때문에 적극적인 마케팅을 구사하여 성과를 높일 수 있다. 또한 가격경쟁력에 있어서도 제품 및 서비스의 판매, 운송 등 도소매상 등의 중간 유통단계를 생략함에 따른 유통비를 절감할 수 있어 시장에서 가격 경쟁력을 확보할 수 있는 기반을 조성할 수 있다. 그 밖에도 대금결제가 간편하다. 대금결제도 네트워크를 통한 신용카드, 사이버 캐시 혹은 전자화폐로 이루어져 대금회수가 편리하다.

(2) 인터넷쇼핑몰의 문제점

인터넷 전자상거래는 가상공간을 통해 무한한 정보를 제공하기 때문에 소비자에게 제품에 대한 정보나 구입에 따른 비용을 대폭 절감시켜, 제품간 경쟁을 심화시키는 문제점을 안고 있다. 따라서 인지도가 낮은 중소기업의 입지는 더욱 불안해 질 수 있다.

① 유통시스템 측면에서의 문제점

첫째, 제품공급의 문제를 들 수 있다. 쇼핑몰에서 취급하는 제품 구색이 부족하고 인기상품의 경우에는 적시에 물량공급이 이루어지지 않아 품절로 이어지고 있는 실정이다.

둘째, 배송시스템에 대한 문제이다. 최근 각 쇼핑몰들이 '24시간 배송 및 수도권 1~2일 이내 배달'등을 앞 다투어 경쟁적으로 내세우고 있지만 배송기간은 잘 지켜지지 않고 있다. 이러한 배달체계의 문제점은 쇼핑몰 운영업체들이 직접 배달망을 갖추지 않고 택배업체에 의뢰하면서 여러 단계를 거침에 따라 언제 도착할 지 알 수 없게 된다.

셋째, 쇼핑몰의 체계적인 서비스가 부족하다는 것이다. 지금까지 인터넷쇼핑몰은 서비스를 경쟁의 수단으로 활용하지 않고 가격경쟁을 통해 모든 문제를 해결하고자 하는 습관과 자세를 버리지 못하고 있다. 결국 사이트 이미지 관리를 위한 체계적인 서비스가 부재한 상황에서 각 사이트 차별화가 무너지는 가운데 고객관리는 뒷전으로 밀려나고 마는 것이다.

넷째, 보안체계의 문제로 소비자이용에 불편을 초래하고 있다. 최근 들어 정보사회의 역기능이 대두되고 있다. 예를 들면, 신용카드 번호나 비밀번호를 비롯한 개인정보 도용 등을 방지할 수 있는 보안시스템에 소비자들로부터 인터넷쇼핑몰을 외면하는 커다란 요인이 되고 있다.

다섯째, 인터넷 핵심요소 기술개발이 부진하다는 것이다. 예를 들면, 화장품의 경우는 상품특성상 사용감과 컬러감 등에 대한 오감을 사용하는데 아직까지는 인터넷 기술의 부족으로 소비자의 다양한 심리적인 욕구를 충족시키지 못하는 실정이다.

② 목표달성 측면에서의 문제점

첫째, 영세한 쇼핑몰의 난립에 따른 구조적 취약성 문제를 들 수 있다. 실제로 인터넷쇼핑몰 담당자 등의 경우, 막연하게 인터넷쇼핑몰의 성장성이 있다고는 하였지만, 구체적으로 이러한 성장가능성을 수용할만한 경영역량을 갖추지 못 하고 있다는 점이다.

둘째, 인터넷쇼핑몰이 성장하기 위한 인프라 환경이 구축되어 있지 않다는 점이다. 인터넷쇼핑몰의 매출이 꾸준히 증가추세에 있긴 하지만, 인터넷 관련업계(카드사, 택배회사 등)의 이해관계가 복잡하여 해결책 마련에 많은 어려움이 있다. 또한 인터넷업계의 부익부 빈익빈 현상이 갈수록 심화되고 있는 상황에서 유통 인프라도 없는 영세한 쇼핑몰은 효율성 제고에 어려움을 겪고 있다.

셋째, 인터넷쇼핑몰의 건전성 측면의 문제점을 살펴보면, 소규모의 영세쇼핑몰에서 인지도나 대금결제상의 문제, 고객 서비스 등의 문제가 있다.

2) 인터넷쇼핑몰의 현황

(1) 인터넷쇼핑몰의 유형

전문쇼핑몰은 카테고리 킬러형이라고 하며, 특정분야의 제품만을 전문적으로 취급하는 특화된 쇼핑몰 형태이다. 기존의 오프라인에서 유통력을 가진 기업이 브랜드 인지도를 바탕으로 온라인에 진출한 경우가 많은 형태이다. 성공적인 유통망을 가지고 있는 업체가 가상공간에 쇼핑몰을 개점하는 것으로서, 유통업의 연장선상에서 기존 매장의 보완역할을 하는 가장 보편적인 형태이다.

종합쇼핑몰은 백화점유통망을 가지고 있는 업체가 가상공간에 쇼핑몰을 개점하는 것으로서 유통업체의 연장선상에서 기존매장의 보완역할을 하는 가장 보편적인 형태이다.

메타쇼핑몰은 다수의 백화점 몰을 운영하는 방식으로 입점사 쇼핑몰 시스템의 자율성을 최대한 보장함으로써 시스템의 통합을 이루는 형태이다.

(2) 인터넷사이트의 현황

국내 인터넷 종합쇼핑몰의 주요 사이트를 보면, 인터파크, LGeshop, CJ몰, 롯데닷컴 등과 같은 주요 제조사 대부분이 인터넷을 통하여 회사 및 제품에 대한 홍보와 판매를 하고 있는 것을 알 수 있다. 한편, 주요 웹사이트를 보면, 다음(daum.net), 야후(kr.yahoo.com), 네이버(naver.com) 등과 같은 커뮤니티 포털 또는 검색 포털사이트들이 인터넷시장을 점유하고 있는 것을 알 수 있다.

한국인터넷진흥원의 보고서에 따르면 2007년 6월 현재 우리나라 인터넷 이용자는 약 3,443만 명으로 전체인구의 75.5%에 이르고 있으며, 초고속 인터넷 가입자 수는 14,709,829명으로 나타났다. 또한 성별 인터넷 이용률을 보면, 남성은 80.7%(1,850만 명), 여성은 68.9%(1,562만 명)이며, 전년대비 남성과 여성의 인터넷 이용률의 증가폭은 각각 2.2%, 1.7%로 증가추세를 보였다. 연령별 인터넷이용률은 20대가 98.9%로 가장 높고, 다음으로 6~19세의 이용률이 98.5%, 30대 94.6% 등의 순으로, 30대 이하 연령대에서 대부분 인터넷을 이용하는 것으로 나타났다. 한편, 40대(74.9%) 및 50대(42.9%)의 인터넷이용률이 전년대비 각각 6.2%, 7.2% 상승하여 상대적으로 큰 폭의 증가를 보이고 있어 앞으로의 인터넷이용률에 기여할 것으로 보인다. 학력별로는 학생의 경우 인터넷이용률이 99%를 넘어서고 있어, 거의 모든 학생이 인터넷을 이용하고 있다고 할 수 있다. 학생을 제외한 일반인들 중에서는 대졸 이상이 95.5%로 가장 높고, 다음으로 고졸 74.7%, 중졸 31.7% 순으로 나타났다. 인터넷이용자의 이용시간을 보면, 주평균 13.7시간으로 나타나, 71.9%가 주당 7시간(하루 1시간) 이상 이용하고 있는 것으로 나타났다. 또한 인터넷을 이용하는 주된 장소로는 가정이 97.1%로 가장 높고, 다음으로 회사(직장) 30.7%, 상업적 공공시설 22.6% 순으로 나타났다. 인터넷 이용목적은 이용자들의 80% 이상이 자료·정보획득, 커뮤니케이션, 여가활동 등을 위해 인터넷을 이용하는 것으로 나타났다.

(3) 인터넷쇼핑몰 거래시장 및 소비자상담

통계청에 따르면, 2006년도 사이버쇼핑몰을 통한 B2C거래규모는 약 9조 1,315억 원으로 전년대비 15.3% 증가했으며, 취급상품 범위별로는 전문몰이 94.0%, 종합몰이 6.0%로 나타났으며, 운영형태별로는 on-offline 병행이 51.5%, 조직형태별로는 개인사업체가 60.4%를 차지하였다.

이에 소비자피해도 늘어나, 2006년도 한 해 동안 접수된 총소비자 상담건수는 무려 309,546건으로, 이 가운데 전자상거래는 23,726건으로 전체의 7.6%를 차지하였다.

품목별 소비자 상담건수는 의류·신변제품이 8,039건으로 가장 많았고, 이어 정보통신서비스 3,246건, 정보통신기기 2,537건, 문화용품 2,394건의 순으로 나타났다. 전년대비 소비자상담 품목별 특징을 보면, 정보통신서비스가 4위에서 2위로 높아진 반면, 문화용품은 2위에서 4위로 하락하였음을 알 수 있다. 정보통신서비스의 상담건수 증가는 인터넷정보이용서비스, 인터넷게임서비스, 이동통신서비스 등에 대한 소비자 이용이 증가하면서 소비자불만도 함께 증가한 결과로 나타났기 때문으로 판명된다.

〈표 3-3-1〉 전자상거래 관련 소비자 상담추이 (단위: 건, %)

구분	2004년	2005년	2006년
총상담건수	272,942	294,580	309,546
전자상거래 상담건수	17,673	25,141	23,726
전자상거래 비중	6.5	8.5	7.6

〈표 3-3-2〉 주요 품목별 소비자상담건수 현황 (단위: 건, 순위)

품목	2005년	2006년
의류·신변제품	8,344(1)	8,039(1)
정보통신서비스	2,500(4)	3,246(2)
정보통신기기	2,517(3)	2,537(3)
문화용품	2,562(2)	2,394(4)
차량, 승용물	445(10)	1,100(5)
보건, 위생용품	1,235(6)	1,034(6)
가사용품	1,544(5)	988(7)
스포츠, 레저용품	862(7)	727(8)
식생활기기	831(9)	547(9)
가구	459(14)	529(10)

3) 인터넷쇼핑의 소비자 피해보상규정

소비자 피해보상규정은 소비자보호법 제12조 제2항의 규정에 의하여 소비자와 사업자간 분쟁의 원활한 해결을 위하여 품목별로 소비자 피해를 보상할 수 있는 기준을 정하고 있다.

(1) 인터넷쇼핑몰업

허위, 과장광고에 의한 계약체결→계약해제(계약해제의 경우 소비자가 금액에 대한 환급은 해제일로부터 3일 이내에 실시한다). 또한 물품이나 용역의 미인도 시에는 계약해제 및 손해배상을 받을 수 있고, 계약 내용과 다른 물품이나 용역이 인도된 경우에는 제품교환 또는 구입가 환불을 받을 수 있다.

(2) 인디넷콘덴츠입

인터넷콘테츠업이란 인터넷 교육서비스, 인터넷 정보이용서비스, 인터넷 게임이용서비스업을 말한다. 법정대리인의 동의 없는 미성년자가 계약했을 시 계약을 취소할 수 있다. 또한 1개월 이상의 계속적 이용계약인 경우로서 소비자의 귀책사유로 인한 계약은 해지 가능하다(해지 일까지의 이용일수에 해당하는 금액과 총 이용금액의 10% 공제 후 환급). 단, 계약체결일 또는 서비스가능일로부터 7일 이내에 해지를 요구하는 경우에는 위약금 없이 이용일수에 해당하는 금액만 공제하고 환급한다. 또한 3일 이상 서비스가 중지되거나 장애가 발생한 경우 또는 1개월 동안의 서비스 중지할 경우는 계약해지 및 잔여기간에 대한 이용료를 환급할 수 있다.

3-3. 디지털콘텐츠와 소비자

1) 디지털콘텐츠의 개념

사전적으로 Content는 형식(form)이나 표현(express)에 대비된다는 의미에서 내용을 뜻하며, 주로 복수형으로 Contents는 내용물이나 서적 등의 내용이나 항목을 의미하는 단어로 사용된다.

콘텐츠라는 용어는 우리나라에서 그 의미를 확장, 변경하여 새로운 의미로 사용되고 있는데, 특히 국어사전에서는 콘텐츠를 "각종 유·무선 통신망을 통해 매매 또는 교환되는 디지털화된 정보의 통칭으로써 원래는 서적이나 논문 등의 내용이나 목차를 일컫는 말이었다. 예를 들면, 인터넷이나 PC통신을 통해 제공되는 각종 프로그램이나 정보 내용물, 비디오테이프, CD에 담긴 영화나 음악, 만화, 애니메이션, 게임소프트웨어 등이 모두 여기에 속한다"고 설명하고 있다. 즉 디지털콘텐츠(digital contents)는 기존의 정보를 디지털화(digitizing)하여 그 존재형태를 변경시킨 정보와 디지털형태로 생성된 정보를 두루 포함하는 개념으로써 디지털의 형태로 존재하는 자료, 정보를 의미한다고 할 수 있다.

요컨대, "디지털콘텐츠"라 함은 부호, 문자, 음성, 이미지 또는 영상 등으로 표현된 자료 또는 정보로서 그 보존 및 이용에 있어서 효용을 높일 수 있도록 전자적 형태로 제작 또는 처리 된 것을 말한다.

또한 방송네트워크를 통해 유통될 수 있도록 제작·처리한 데이트로 그 내용에 따라 크게 엔터테인먼트 콘텐츠와 정보콘텐츠로 나누어 볼 수 있다.

① 엔터테인먼트 콘텐츠 : 게임, 영상, 음악과 같이 사용자가 즐거움을 얻기 위한 요소

② 정보 콘텐츠 : 생활/전자상거래 등과 같은 일반정보, e-러닝, e-book 등 필요한 정보를 취득할 목적으로 소비하는 콘텐츠를 일컫는다.

2) 디지털콘텐츠의 특징

디지털서비스는 무형적 서비스, 온라인을 통한 계약의 이행, 계속적 서비스제공 계약이라는 특성을 지닌다는 점에서 일반적 상품거래와 근본적인 차이가 있으며, 그 특징을 보면 다음과 같다.

첫째, 추가 생산비가 저렴하다. 디지털콘텐츠는 PC에서 파일을 복사하는 것과 같이 복제가 매우 용이하기 때문에 저비용으로 복제물을 추가 생산할 수 있다는 장점이 있다.

둘째, 디지털콘텐츠는 개인화된 서비스가 용이하다. 모바일, 온라인, 방

송 등의 네트워크가 디지털화 되면서 사용자와 판매자간에 실시간 양방향 커뮤니케이션이 확대됨에 따라 콘텐츠를 개인의 요구에 맞춰 특화하는 것이 수월해지고 있는 것이다.

셋째, 콘텐츠의 변형, 편집, 저장 등에 있어 유연성이 크다.

3) 디지털콘텐츠의 종류

디지털콘텐츠는 제공되는 형태에 따라서 크게 세 가지 그룹으로 분류할 수 있다. 하나의 상품 또는 제품(product)의 형태를 가지고 있는 것이 가장 일반적인 의미의 디지털 콘텐츠라고 한다면, 그 자체보다는 그것이 상징하고 있는 실제 세상의 대상에 더 높은 가치가 있는 상징물(symbol or token)로서의 디지털 콘텐츠가 있고, 또 하나는 서비스나 프로세스(services or processes)로서의 디지털콘텐츠가 있다.

〈표 3-3-3〉 유선 온라인디지털콘텐츠와 무선 온라인디지털콘텐츠의 비교

구분		유선 온라인디지털콘텐츠	무선 온라인디지털콘텐츠
대표적콘텐츠		TV프로그램, PC 응용프로그램, 유선인터넷 디지털콘텐츠 등	핸드폰, PDA용 디지털콘텐츠, 무선인터넷 디지털콘텐츠 등
특징		· 고정설치된 기기로 콘텐츠 이용 · 오랜 기술개발로 다양한 콘텐츠 공급	· 휴대성 통신기기용 콘텐츠에 한정 · 신규개발 분야로 하드에워적 한계
유사점		· 0과 1의 디지털 코드 조합에의한 행성 · 일반적 파일형태로 생산, 유통 · 별도 제품생산원가없이 대부분 기술개발자의 코딩작업으로 제작	
차이점	공간적 제약	· 정보장치를 지닐 수 있는 공간에서만 이용가능	· 휴대 가능하므로 공간제약없음 (단, 통신가능한 공간에서 가능)
	시간적 제약	· 정보장치로 접할 수 있는 시간제약 · 대중화된 콤텐츠로 이용료 낮음	· 정보장치 휴대시 언제든지 이용가능 · 대부분 유료콘텐츠로 이용료 높음
	하드웨어 제약	· 높은 하드웨어 기술과 장기간의 사업화를 통해 양질의 콘텐츠 제공	· 좁은 디스플레이 공간, 한정적사운드, 키버튼등과 고가의 메모리칩이 콘텐츠 크기를 제한

① 상품으로서의 디지털콘텐츠

일반적으로 디지털콘텐츠라고 할 때는 어떤 상품(products)을 지칭하는

경우가 많다. 이러한 상품은 다시 세 가지로 나누는데 바로 정보콘텐츠, 오락콘텐츠, 교육콘텐츠이다.

이 세 가지 상품 콘텐츠의 예를 들면 다음과 같다. 우선, 정보콘텐츠의 예는 로이터통신이다. 로이터통신은 기업 활동에 필요한 재무정보나 산업정보를 인터넷을 통해 실시간으로 제공하고, 이에 대한 수수료를 받는 대표적인 정보콘텐츠 기업이라 할 수 있다.

오락콘텐츠의 대표적인 예는 엔씨소프트의 리니지와 같은 온라인 인터넷게임을 들 수 있다. 온라인 인터넷게임은 사용자들이 인터넷을 통해서 다른 사용자들과 함께 게임을 진행한다는 점에서 자기 혼자만 하는 기존의 게임보다는 훨씬 더 인터넷의 장점을 살릴 수 있는 게임이라고 볼 수 있다. 온라인 인터넷게임과 함께 대표적인 오락콘텐츠는 온라인 음악콘텐츠이다. 미국 애플컴퓨터사의 대표적인 온라인 음악사이트인 아이튠즈에서는 현재까지 무려 2억 3000만 곡 이상의 음악이 판매되었으며 이는 앞으로도 더더욱 활성화 될 것으로 기대된다.

교육콘텐츠의 예로는 온라인 교육 사이트를 들 수 있다. EBS 교육방송의 강좌, YBM 시사영어사의 동영상 토익강좌 등과 같은 콘텐츠들은 인터넷 인구의 증가와 함께 날로 증가하는 교육콘텐츠의 한 예이다.

② 상징으로서의 디지털콘텐츠

상징으로서의 디지털콘텐츠에 속하는 예는 티켓링크와 같은 인터넷 영화 예매사이트를 들 수 있다. 이 사이트는 인터넷에 올라와 있는 콘텐츠 자체는 별다른 가치를 가지고 있지 못하다. 하지만 그러한 것이 표현하고 있는 영화표나 연극표는 나름대로의 가치를 가지고 있는 콘텐츠라 볼 수 있다.

③ 프로세스 또는 서비스로서의 디지털콘텐츠

위에서 서술한 두 가지 디지털콘텐츠는 존재하는 실체가 있었지만 프로세스나 서비스는 눈에 보이는 어떤 콘텐츠가 존재한다기보다는 무형의 프로세스나 서비스가 가치를 제공해주는 디지털 콘텐츠를 의미한다.

예를 들어, CJ몰 같은 인터넷쇼핑몰의 경우에는 비록 그 안에서 파는 상품은 물리적인 상품일지라도 그 상품을 인터넷에서 구입하는 과정은 넓은 의미의 디지털콘텐츠라고 할 수 있다.

4) 디지털콘텐츠의 현황

한국 소프트웨어진흥원의 「2007년 국내 디지털콘텐츠 시장조사서」에서 밝혀진 내용을 살펴보면, 2007년 현재 국내 디지털콘텐츠의 시장규모는 2006년 대비 12.2% 성장으로 10조67억원에 달하고 있으며, 특히 국내 디지털콘텐츠 시장이 디지털방송과 포털(콘텐츠 거래 및 중개) 시장을 중심으로 성장을 지속하고 있다는 것을 알 수 있다.

이와 같은 높은 성장추세는 바다이야기 시대로부터의 게임시장의 회복, HD전환가속 및 TV포털 출시 등에 따른 디지털 방송시장 성장 그리고 콘텐츠 거래 및 중개업종의 매출증가 때문인 것으로 분석된다.

또한 세계 디지털콘텐츠시장은 2007년 해외디지털콘텐츠 시장조사에 따르면, 2007년 세계 디지털콘텐츠 시장은 2006년 대비 16.7% 성장한 2,985억 달러 규모에 달했다. 분야별로는 디지털방송과 영상시장, 디지털음악과 포털시장이 세계시장 성장을 점유하고 있는 것으로 나타났다.

한편, 2007년 디지털콘텐츠 사업체수는 아케이드 게임시장의 위축 등으로 인해 전년대비 0.9% 감소한 3,491개사인 것으로 나타났다. 반면 고용인력은 68,902명으로 전년대비 4.2% 증가하였으며, 1인당 매출액도 전년대비 2.6% 증가한 1억 4,500만원에 달하였다. 이는 국내 디지털콘텐츠 기업들이 점점 대형화되고 있음을 반영한 것으로 풀이되고 있다.

〈표 3-3-4〉 국내 디지털콘텐츠 시장규모 (단위: 억 달러)

구 분	2006년	2007년	성장률
제작/서비스	73,731	82,853	12.4%
솔루션	15,417	17,214	11.7%
합계	89,148	100,067	12.2%

〈표 3-3-5〉 국내 디지털콘텐츠 주요 분야 시장규모 (단위: 억 달러)

구 분	2006년	2007년	성장률
게임	23,882	26,589	11.3%
디지털방송	11,314	13,698	21.1%
e-learning	7,128	7,930	11.3%
정보콘텐츠	8,890	10,188	14.6%
콘텐츠 거래 및 중개	16,226	17,945	10.6%

〈표 3-3-6〉 세계 디지털콘텐츠 시장규모 (단위: 억 달러)

구 분	2006년	2007년	성장률
시계시장	2,560	2,985	16.7%

〈표 3-3-7〉 세계 디지털콘텐츠 주요 분야 시장규모 (단위: 억 달러)

구 분	2006년	2007년	성장률
게임	4,225	4,902	16.0%
디지털방송	6,844	7,960	16.3%
디지털영상	4,749	5,203	9.6%
디지털음악	789	1,098	39.3%
온라인포털	3,181	4,098	28.8%

5) 소비자들이 자주 이용하는 디지털콘텐츠

① 디지털 영상

디지털 영상산업의 가장 큰 비중을 차지하고 있는 DVD시장은 그동안 박스오피스 매출 성장속도에 비해 월등히 빠른 속도로 성장세를 기록하고 있으며, 앞으로도 DVD Player 보급의 확대와 더불어 매출액은 증가할 것으로 기대된다.

② 온라인 음악

네트워크를 통해 유통되는, 디지털화된 음악파일의 총칭이다. 인터넷에 접속된 개인용(PC), 매장에 설치된 키오스크나 쥬크박스 등 점포용 음악기기, 이동전화, 개인휴대정보 단말기(PDA)를 통해 전달된다. MP3 압축 오디오파일이 주종을 이루며, 이 외에도 MPEG2 BC, RealAudio G2, LiquidAudio, MP3 Pro 등 여러 가지가 있다. 전달 및 실행방식은 실시간 스트리밍방식과 다운로드방식으로 대별된다.

③ 모바일콘텐츠

이동통신사들이 무선인터넷 매출에 열을 올리면서 다양한 모바일콘텐츠들이 쏟아지고 있다. 저성장 국면에 진입한 이동통신사들에게 무선인터넷은 새로운 성장엔진으로 주목을 받고 있다. 실제 국내1위 이동통신회사인 SK텔레콤은 매출의 상당부분을 무선인터넷에서 올리고 있다.

④ 온라인 포털

일반적인 통합검색 서비스는 물론이고, 사전, 지도, 동영상, 이미지 검색 등 다양한 서비스를 제공하고 있다. 최근 이용자들은 기사검색을 가장 많이 하고 있으며 이러한 답변은 포털사이트가 우리에게 주는 정보의 근원이라는 인식을 지니게 한다.

또한 인터넷 뉴스가 미디어시장 점유율이 점점 증가하고 있어 신문구독률은 떨어지고 있는 사실을 알 수 있다. 따라서 우리 사회 내 포털 사이트의 영향력도 점점 상승 할 것으로 판단된다.

6) 디지털콘텐츠 거래의 주요피해와 해결방안

한국소비자보호원에 의하면, 디지털콘텐츠 서비스 특성별로 다음과 같은 소비자문제가 발생할 수 있다.

① 상담사례 1

<상담내용>

저는 오랫동안 O O O 게임을 즐겨하고 있습니다. 그런데 게임을 오

래하다 보니 아이템이 굉장히 많이 있습니다. 그래서 이러한 게임 아이템을 매매하고 싶은데 이 경우에 법적으로 문제가 되는 건지요? 답변 부탁드립니다.

<답변1> 현재 온라인게임은 수많은 사람과 사람이 동시에 플레이를 하다 보니 아이템 확보에 열을 올리게 되어 게임 아이템은 현금으로 거래되는 사태까지 이르렀고, 유명 온라인게임의 아이템 중 희귀한 것은 수백만원에 달하는 가격에 거래되고 있습니다. 아이템 거래와 관련해서는 현재 법률 및 판례가 정립되지 않은 상태입니다.

따라서 현재 대부분의 온라인게임 업체들은 이용자 약관에 '게임 아이템은 게이머가 아니라 저작권을 근거로 게임사에 귀속되며, 게이머간의 아이템 현금매매는 금지한다'고 명기하고 있으므로, 아이템 거래 및 중개는 약관에 위배된 금지행위라고 볼 수 있습니다.

② 상담사례 2

<상담내용>

음악콘테츠를 제공하는 사이트에 회원가입을 하면서 성명, 주민번호, 전화번호 등의 개인정보를 입력하고 제공되는 음 콘텐츠를 이용하였습니다. 이 때 사이트에 비용과 관련한 내용이 전혀 없어서 저는 사이트 가입 및 음악의 이용도 무료인 것으로 알았으나 입력한 전화번호를 이용하여 핸드폰 요금결제가 이루어지고 요금 납부고지서가 날아왔습니다. 이 경우 어떻게 대처해야 합니까? 답변 부탁드립니다.

<답변2> 질의하신 내용과 같이 대금결제 등에 관한 사항은 전자상거래에서 중요한 내용이므로 소비자가 쉽게 알 수 있도록 컴퓨터 화면상에 배치되든지 별도의 화면으로 연결하여야 할 것입니다.

「전자상거래 등에서의 소비자보호에 관한 법률」에 의하면 인터넷콘텐츠 서비스 이용자는 서비스를 받기 시작한 날로부터 7일 이내는 특별한 이유가 없어도 서비스이용을 해지할 수 있습니다.

귀하의 경우 귀하가 이용한 콘텐츠가 유료콘텐츠라는 취지의 표시가 해당 사이트에서 쉽게 알 수 없는 경우이므로 귀하께서는 계약이 성립되지 않았음을 이유로 판매자의 대금청구를 거부할 수가 있습니다.

③ 상담사례 3

<상담내용>

인터넷콘텐츠 사이트에 가입하여 e-러닝 서비스를 받고 있는데, 당해 서비스가 광고의 내용과 달라 서비스 이용계약을 해지하고 싶습니다. 사전에 해지하려 하였으나, 차일피일 미루다 보니 현재까지 5개월이 경과한 상태입니다. 이러한 경우 중도에 해지를 하고자 하는데 가능한지에 대하여 궁금합니다. 답변 부탁드립니다.

<답변 3> 「전자상거래 등에서의 소비자보호에 관한 법률」에 의하면 인터넷콘텐츠 서비스 이용자는 서비스를 받기 시작한 날로부터 7일 이내에는 특별한 이유가 없어도 서비스이용을 해지할 수 있습니다.

그리고 제공받고 있는 서비스가 사이트에서 유료서비스에 관하여 미리 표시하였거나 광고하였던 내용과 다를 경우에는 그 기간이 연장되어 서비스를 이용하기 시작한 날부터 계산해서 3개월이 지나지 않았거나 또는 제공받은 서비스의 내용을 확인한 날부터 계산해서 30일이 지나지 않은 경우에 서비스 이용자는 서비스를 해지하고 환불을 요구할 수 있습니다(전자상거래 등에서의 소비자보호에 관한 법률 제17조 참조).

그런데 질의자의 경우 제공받은 서비스가 인터넷콘텐츠 서비스 사이트에서 상품에 관하여 표시하거나 광고한 상품과 다르지만 서비스를 이용하기 시작한 날부터 계산해서 3개월이 지났거나 또는 제공받은 서비스의 내용물을 확인한 날부터 계산해서 30일이 지난 경우에 해당하므로 위 법에 의해서는 서비스를 해지하고 환불을 요구할 수 없습니다.

7) 디지털콘텐츠의 미래

최근의 환경변화로 인해 지지부진했던 디지털콘텐츠 산업이 다시 주목받고 있다. 그 환경변화는 다음과 같다.

첫째, 저작권 보호수단의 발전으로 디지털콘텐츠가 가치 있는 사업대상으로 자리 잡아가고 있다. 2000년대 들어 저작권 관련 법규가 크게 강화되고, 저작권과 관련 국제협약의 제정도 활발하다. 또한 저작권 관리기술이 발전하고 각종 온라인 화폐를 이용해 안전하면서도 쉽게 결제할 수 있게 됨에 따라 콘텐츠의 유료화가 빠르게 진행되고 있는 것이다.

둘째, DMB, 와이브로, 디지털방송 등 신규서비스가 본격화되고 있다. 이러한 신규서비스들은 모두 콘텐츠가 핵심적 역할을 하는 서비스이기 때문에 이들 서비스의 활성화는 디지털콘텐츠에 대한 수요를 증가시킬 것으로 예상된다. 또한 이들 신규서비스로 인해 새로운 단말기가 출현하거나 기존 단말기의 컨버전스화가 가속되기 때문에 소비자들은 언제 어디서나 원하는 콘텐츠를 자유롭게 사용할 수 있게 되고, 이에 따라 더 많은 콘텐츠를 소비하게 된다.

셋째, 이러한 신규서비스가 활성화되면서 콘텐츠산업의 사업 분화가 빠르게 일어나고 있다는 점을 들 수 있다. 네트워크 컨버전스가 진행되면서 네트워크 간 차별성이 작아져 네트워크에 대한 독점권이나 브랜드 파워를 기반으로 시장에서 지배적 영향력을 행사하고 있는 이동통신 및 포털 사업자들의 입김이 약해지고 있다. 이와 같은 요인들로 인해 디지털 콘텐츠산업은 그 동안의 부진을 떨치고 본격적인 성장 국면을 열어갈 것으로 예상된다.

4. 안전한 교통환경

4-1. 안전한 교통

1) 운전자의 특성

운전적성이란 운전에 적합한 시력, 청력, 운동능력, 정신적 판단능력 등을 골고루 갖추어 교통정보에 대하여 신속·정확한 인지와 인지된 정보를 분석·종합하여 정확한 판단과 신속한 조작으로 이어지는 과정에 적합한 능력을 소지한 것을 말한다. 안전운전의 적성의 조건은 심신이 건강해야 하고, 반응시간의 적정, 일정한 수준이상의 시력, 시각, 지각과 반응 동작이 균형 있게 일치하여야 하는 의학적인 조건과 자기 억제력이 강해야 하고 주의집중 능력이 있어야 하는 심리적 조건을 갖추어야 한다.

일반적으로 적성이란 어떤 특정업무에 적응되는 체격, 체력, 지적능력, 감각적 기능 및 성격 특성이 교육훈련 이전에 잠재적으로 존재하는 상태를 말한다. 운전적성과 밀접하게 관련된 특성은 다음과 같다.

(1) 반응특성

감각 수용기를 통하여 입수된 정보에 대응하는 행동은 운동기관이 동작을 시작함으로서 개시되며, 이때 운동기관의 동작이 완료되기까지의 시간을 반응시간이라 한다. 자극을 주는 감각의 종류에 따라 반응시간이 달라지고 신체부위에 따라 반응시간이 달라진다. 운전 중 반사반응을 요하는 경우는 거의 없으며, 자극이 너무 갑작스럽고, 강하여 발생되는 반사반응은 행동의 착오를 일으켜 잘못 된 행동으로 이어지는 경우가 있다. 반사반응에 걸리는 시간은 0.1초 정도로 극히 짧다.

선택반응시간은 반응을 일으키기 전에 판별을 필요로 하는 자극 수에 따라 다르다. 자극이 복잡해질수록 반응시간은 길어지고 반응시간은 제시된 자극의 성질에 따라 다르게 나타난다. 연령과 성별에 따라 차이가 있어서 어린이, 고령자, 여자 등은 반응시간이 길다. 한편, 피로, 음주 등이 반응시간의 길게 한다. 음주의 경우 위스키 60㎖ 정도의 소량에서는 오히려 반응시간이 짧아진다.

(2) 성격특성

운전은 그 사람의 성격을 반영한다는 말이 있다. 침착한 사람은 침착하게 운전을 하고, 성급한 사람은 성급하게 운전을 하기 마련이다. 즉 안전운전에 필요한 성격은 사람의 생명에 대한 존엄성이 뿌리박힌 신중성을 가진 안전에의 의식, 보행자나 다른 차량에게 길을 양보해주는 겸허한 성품을 지니고 타인과 좋은 인간관계를 만드는 협조적인 성품으로 상호성을 가져야 한다.

자기의 감정을 억제, 통제할 줄 아는 능력과 성품을 갖고 환경에 지배되지 않는 자주성으로 안정된 정서와 평정한 태도를 가져야 한다. 일에 대한 애정, 생활에 대한 즐거움을 갖고 운전을 좋아하며 이를 자랑으로 알고 책임을 느낄 줄 아는 성품 등을 들 수 있다.

(3) 시각특성

운전자의 시각특성은 <표 3-4-1>과 같다.

〈표 3-4-1〉 운전자의 시각특성

정지시력	· 정지한 상태에서 물체를 볼 수 있는 시력을 정지시력이라 한다. · 한 곳을 주시하면 주시점의 물체는 뚜렷하게 보이나, 주시점에서 2도를 벗어나면 시력은 1/2로, 10도를 벗어나면 1/5로 줄어들어 주시점 이외의 다른 곳은 부주의 상태가 되므로, 운전 중에는 한 곳을 오래 주시하지 말고, 전방을 넓게 고루 살펴보아야 한다. · 시력은 교통안전 표시판을 잘못 읽어 발생한 사고와 관련이 깊다.
동체시력	· 주행 중 운전자의 시력을 동체시력이라 한다. · 동체시력은 자동차의 속도가 빨라지면 그 정도에 따라 점차 떨어진다. · 동체시력은 연령이 많아질수록 저하율이 크다. · 같은 개인에 있어서도 피로하게 되면 저하하게 된다. · 일반적으로 동체시력은 정지시력에 비해 30% 정도 낮다.
야간시력	· 야간시력은 일몰 전에 비하여 약 50% 저하된다. · 야간시력 저하는 노년층에서 많이 나타나며, 전면유리가 착색되어 있거나 선글라스를 꼈을 때 가중된다. · 야간에 어두운 색깔의 옷을 입은 보행자를 치는 사고와 관계가 깊다.
암순응과 명순응	· 밝은 곳에서 어두운 곳으로 들어가서 눈이 익숙해져서 시력을 회복하는 것을 암순응이라 하며 반대의 경우를 명순응이라 한다. · 암순응에 걸리는 시간은 명순응에 걸리는 시간보다 길며, 완전한 암순응에는 30분 혹은 그 이상 걸리기도 한다. 따라서 급격한 명암의 변화는 순응에 장애를 일으킨다. 특히 암순응은 교통의 실제장면에서 명순응보다 많은 장애를 일으킨다. · 이러한 시각장애를 방지하기 위해 밝음에서 어둠으로 서서히 조도를 감소하는 완화조명을 터널 입구부, 지하보도 입구부 등에 이용하고 있다.

시야	· 정지한 상태에서 한 물체에 눈을 고정시키고 양쪽 눈으로 볼 수 있는 좌우의 범위를 시야라고 한다. · 정상적인 시력을 가진 사람의 시야는 180도~200도 정도, 한쪽 눈의 시야는 좌우 각각 160도이다. 색채를 식별할 수 있는 범위는 약 70도 이다. · 시야가 좁은 경우에는 주간의 직각 마주침 충돌, 끼어들기 사고, 측면 충격사고 등과 관련이 깊다.
주행 시 공간	· 주행 시 운전자의 시각은 끊임없이 이동(변화)한다. 가까운 거리에 있는 대상물일수록 급속히 이동하는 것처럼 보이며, 중간 정도의 거리에 있는 것은 조금은 확인되지만 한번 놓친 것은 주행 중 다시 보기 힘들다. 먼 대상물만이 움직이지 않고 천천히 바라볼 수 있다. · 운전자는 고속도로에서 300m~600m 전방에 주시점을 두고 운전한다. 고속운전이 될수록 주시점은 멀어진다. 이것은 멀리서부터 교통상황을 인지하고 만일의 긴급사태에 단 1초의 여유라도 더 가지고 대처하라는 자연스런 운전자의 심리의 결과이다.
색각	· 교통에서 색채조절의 의미는 안전표지, 노면표지, 안내판 등의 시인성과 식별력을 향상 시키는데 있다. · 색광으로 가장 멀리에서 약한 빛으로 알아보기 쉬운 것은 적-녹-황-백색의 순이다. 표면색을 읽기 쉬운 것은 흑/황, 녹/백, 적/녹, 청/백, 흑/백색의 순이다. · 적/황, 녹/적색은 읽기 쉽지 않은 것으로 알려져 있지만 전체적으로 보아 양 색을 포함한 적/황색이 주의를 가장 잘 환기시킨다. · 적색신호에서 주행하거나 교통안전표시판의 지시표지와 규제표지를 혼돈하여 사고를 일으킬 우려가 있다.

(4) 피로와 운전행위

운전에 있어서 인지하고 판단하는 것은 운전자들에게 정신적 피로를 유발시키고, 자동차의 조작은 육체적 피로를 느끼게 한다. 이 밖에도 한정된 공간과 앉은 자세에서 계속적으로 손과 발만을 사용하게 되므로, 차량을 조작하는데서 오는 피로와는 또 다른 육체적 피로를 느끼게 된다. 이와 같이 운전에서 오는 피로는 운전자의 운전에 상당한 영향을 미치게 된다. 즉 정신적 피로는 감각이나 지각이 감퇴·둔화되어서 인지의 부족으로 판단착오를 일으키게 되고, 그것이 심해지면 감각기에서 중추로 가는 자극이 적어지게 되어, 의식이 저하되고 수면상태로까지 빠지게 되는 것이다.

육체적 피로가 운전에 미치는 영향으로서는 근육의 피로가 쌓이게 되면 신체기능이 저하되어, 유사시 동작이 제대로 되지 않아 작업능률이 떨어지게 되고 나아가서는 교통사고의 요인이 되기도 한다. 이와 같이 피로는 잠재적 사고라 할 수 있는 운전자의 잘못, 주의력 집중의 편재, 외부의 정보를 차단하는 졸음 등을 발생시켜 결국 직접적 사고를 유발하는 요인이 된다. 따라서 장거리 운전을 할 때에는 출발 전에 충분히 휴식을 취하고, 운전 중에는 눈을 계속 움직인다. 그리고 과식하거나 알코올 성분이 들어 있는 음료수를 마시지 않고 차창을 열어 차내에 신선한 공기를 소통시킨다. 2시간 정도 계속 운전한 뒤에는 반드시 5~10분간 휴식을 취하여 주의력의 저하와 피로를 방지하는 것이 좋다. 음주는 피로를 유발하는 중요한 요인으로 작용한다.

〈표 3-4-2〉 음주가 인체에 미치는 영향

구분	음주량	혈중농도(%)	증상
무취		0.05 미만	· 정상, 운전능력에 영향이 없다.
미취	소주 약 2~5잔	0.05~0.15	· 안면홍조(안면과 경부의 피부가 충혈), 보행정상 · 약간 취한 상태, 말이 많아지고 기분이 좋은 상태 · 운전 시 음주의 영향을 받는다. · 기분이 좋아서 결단이 빠르나 오판하기 쉽다. · 침착성이 없어진다. · 이 정도의 취기는 오히려 능률을 향상된다고 생각하나 사실은 운동신경이 저하되고 있다. 혈액 중의 알코올 농도가 0.05%의 경우 반응시간은 정상 시의 2배이고 0.1%가 되면 4배가 된다.

경취	소주 약 6~9잔	0.15~0.25	· 안면이 창백해지고, 보행이 비정상적이다. · 비뇨감각이 저하된다. · 자기 자신이 술에 취했다는 것을 알게 된다. · 기분이 극히 좋아지고 쾌활해지며 운동신경이 마비되어 비틀거리게 된다. · 말이 다소 흐려지고 불명확하며 화제가 자주 변한다. · 감각이 둔하게 되며 작은 상처를 입어도 모르게 된다. · 주의력이 산만하고 판단력이 둔하기 때문에 운전사고를 내기 쉽다. · 운전 시 모든 운전자가 음주의 영향을 받는다.
심취	소수 약 10~13잔	0.25~0.35	· 모든 기능이 저하된다. · 사고력이 감퇴한다. 운동신경의 나비가 극심하며 보행이 자유롭지 못하다. · 언어는 전혀 알아듣지 못하게 된다. · 여러 가지 신체적 반사작용이 현저하게 저하된다. · 신체적 마비로 의식이 점점 흐려진다.
만취	소주 약 14잔 이상	0.35~0.45	· 의식이 없어 장소를 가리지 않고 아무 곳에서나 쓰러지게 되고 혼수상태에 빠진다. · 근육의 힘이 빠져 중심을 잃게 된다. · 대 · 소변을 함부로 하게 된다. · 호흡이 완만해지고 체온도 떨어진다. · 때에 따라서는 호흡이 곤란해지고 방지하면 사망한다.
사망		0.45 이상	· 호흡마비, 심장마비, 심장쇠약으로 사망한다.

2) 운전자의 자세

사람의 생명은 이 세상의 다른 무엇보다도 존귀하므로 인명을 존중하며, 안전운전을 이행하고 교통사고를 예방하여야 한다. 운전자가 가져야 할 기본적 자세는 다음과 같다.

① 교통법규를 이해하고 준수 교통법규나 규칙은 단지 알고 있는 것만으로는 부족하며, 운전자는 실제로 차를 운전하면서 변화하는 주위 상황에 맞추어 적절한 판단으로 교통규칙을 준수하는 것이 중요하다.

② 여유롭고 양보하는 마음으로 운전하여야 한다. 교통사고의 밑바탕에는 조급성과 자기중심적인 생각이 깔려 있으므로 항상 마음의 여유를 갖고 서로 양보하는 마음의 자세로 운전한다.

③ 주의력 집중을 하여야 한다. 운전은 한 순간의 방심도 허용되지 않는 어려운 과정이므로 운전 중에는 방심하지 말고 온 신경을 운전에만 집중하여 위험을 빨리 발견하고 대응 조치를 할 수 있어야 사고를 예방할 수 있다. 방심으로 인한 전방주시 태만, 과속, 운전부주의 등은 대형교통사고의 주요 원인이 되고 있다.

④ 심신상태의 안정을 유지한다. 운전자의 몸과 마음이 안정되어야 운전도 안전하게 할 수 있으므로 심신 상태를 조절하여 냉정하고 침착한 자세로 운전을 하여야 한다.

⑤ 좌석 안전띠를 착용하면 충격력을 감소시켜 치명적인 부상을 막아준다. 그리고 물 속 추락이나 전복 시 2차 충격이 적기 때문에 의식을 빨리 회복하여 신속한 탈출을 할 수 있다. 또한 불필요한 동작이 방지되어 올바른 운전 자세와 안정감을 가지게 할 뿐만 아니라 시야를 넓혀 주고 운전 피로도 덜어 준다.

⑥ 추측운전은 삼가야 한다. 운전자는 자기에게 유리한 판단이나 행동은 삼가야 하며, 조그마한 의심이라도 반드시 안전을 확인한 후 행동으로 옮겨야 한다. 운전자 금지사항은 무면허 운전의 금지, 횡단 등의 금지, 기타 금지가 있다.

⑦ 운전기술의 과신은 금물이다. 평소에 방어운전의 습관을 가지는 것이 좋다. 방어운전이란 소극적인 운전으로 생각하기 쉬우나 오히려 그와는 반대로 다른 운전자나 보행자가 교통법규를 지키지 않거나 위험한 행동을 하더라도 그에 적절하게 대처하여 사고를 미연에 방지할 수 있도록 하는 적극적인 운전 방법이다. 안전운전은 운전 기술만이 뛰어나다고 해서 되는 것이 아니며, 교통규칙을 준수함은 물론, 예절바른 행동이 뒷받

침될 때만이 비로소 가능해 진다.

⑧ 운전을 하다 보면 갑자기 끼어들기를 하거나 욕설을 하고 지나가는 운전자를 볼 수 있으며, 이는 다른 운전자의 입장을 전혀 생각지 않는 무례한 운전 자세이다. 이와 같은 예절 바르지 못한 행동은 상대방 운전자의 기분을 나쁘게 하여 결국 교통질서를 혼란하게 할 수 있다.

〈표 3-4-3〉 운전자의 태도

예절바른 행동	· 보행자가 먼저 지나가도록 일시 정지하여 보행자를 보호하는데 앞장서고, 횡단보도 내에 자동차가 들어가지 않도록 한다. · 교차로나 좁은 길에서 마주 오는 차끼리 만나면 먼저 가도록 양보해 주고 전조등은 끄거나 하향으로 하여 상대방 운전자의 눈이 부시지 않도록 한다. · 도로상에서 고장 차량을 발견하였을 때에는 즉시 서로 노와 길 가장자리 구역으로 유도한다. · 방향 지시등을 켜고 끼어들려고 할 때에는 눈인사를 하면서 양보해 주는 여유를 가지며, 이웃 운전자에게도 도움이나 양보를 받았을 때 정중하게 손을 들어 답례한다. · 교차로에 정체 현상이 있을 때에는 앞차가 다 빠져나간 후에 여유를 가지고 서서히 출발한다. · 안전운전의 10계명 ① 안전속도를 지킨다. ② 차선을 지킨다. ③ 신호를 지킨다. ④ 보행자가 최우선이다. ⑤ 안전띠를 꼭 착용한다. ⑥ 급출발 급제동을 하지 않는다. ⑦ 전후좌우로 시야를 넓힌다. ⑧ 음주운전을 하지 않는다. ⑨ 야간우전을 특히 주의한다. ⑩ 일상 점검을 생활화한다.
예절나쁜 태도	· 도로상에 사고 차량을 세워 둔 채로 시비, 다툼 등의 행위를 하여 다른 차량의 통행을 방해하는 행위 · 음악이나 경음기 소리를 크게 하여 다른 운전자를 놀라게 하거나 불안하게 하는 행위 · 신호등이 바뀌기 전에 빨리 출발하라고 전조등을 켰다 껐다 하거나 경음기로 재촉하는 행위 · 운전하면서 욕설이나 야유를 하거나 담배꽁초나 침을 창밖으로 뱉는 행위 · 자동차 계기판 윗부분 등에 발을 올려놓고 운행하는 행위 · 교통 경찰관의 단속 행위에 불응하고 항의하는 행위 · 방향 지시등을 켜지 않고 갑자기 끼어들거나, 버스 전용차로를 무단 통행하거나 갓길로 주행하는 행위

3) 도로에서의 통행방법

(1) 보행자 보호

도로에서는 보행자가 최우선이다. 법적으로도 보행자 우선 원칙을 규정하고 있고 운전자에 비해 보행자는 교통 약자이므로 운전자는 보행자가 스스로 피해갈 것이라는 안이한 생각을 삼간다. 보행자의 행동은 기대하는 만큼 민첩하지 못하므로 보행자가 나타나면 무조건 속도를 낮추어서 진행한다.

〈표 3-4-4〉 보행자의 특성과 보행자 보호를 위한 운전

구분	내용
보행자의 일반적 행동 특성	· 보행자는 도로로 갑자기 뛰어드는 등 급해 서두르는 경향이 있다. · 자동차의 통행량이 적다고 해서 무단 횡단하는 경우가 있다. · 횡단보도를 통행하기보다 현 위치에서 횡단하려 한다. · 보행자는 교통법규를 잘 알지 못해서 지키지 못하는 경우가 많다.
보행자 보호를 위한 운전 요령	· 보행자의 행동 특성을 충분히 이해하고 자신에게 유리한 방향으로 생각하는 추측 운전을 삼가 한다. · 모든 차는 보행자가 횡단보도를 통행할 때에는 반드시 일시 정지해야 하며, 횡단보도가 설치되지 아니한 도로에서는 횡단 보행자의 통행을 방해해서는 안 된다. · 도로 이외의 곳(주유소, 차고 등)을 출입하기 위하여 보도 또는 길 가장자리 구역으로 운행할 때에는 그 직전에서 일시 정지하여 안전을 확인한 후 횡단한다. · 보행자 옆을 통과할 때에는 안전한 거리를 두고 서행하고, 물이 괸 곳을 통행할 때에도 다른 사람에게 물이 튀지 않도록 서행 운전한다. · 어린이나 유아가 보호자 없이 도로를 횡단하거나, 도로에 앉아 있거나, 놀이를 하는 등 교통사고의 위험요소를 발견한 때, 맹인이 흰색 지팡이를 가지고 도로를 횡단하거나 지체장애인이 도로를 횡단하고 있을 때에는 일시 정지하여야 한다.

(2) 지정차로의 준수

차로는 자동차를 안전하고 원활하게 통행시키기 위하여 차선에 의하여 구분되는 차도의 구분이며, 차선은 차로와 차로를 구분하기 위하여 그 경계 지점을 표시한 선을 말한다.

일반도로에서 특수자동차, 이륜자동차, 건설기계(덤프트럭, 콘크리트 믹서트럭은 제외), 원동기 장치 자전거, 자전거 및 우마차는 가장 오른쪽 차로만 통행토록 제한하고, 다른 차는 차로 제한 없이 통행할 수 있다. 차로통행이 예외가 인정되는 경우는 주·정차할 때, 좌·우회전, 횡단, 유턴할 때, 계속 느린 속도로 가고자 할 때이다.

(3) 통행의 우선순위

자동차의 우선순위는 긴급 자동차→ 긴급자동차 외의 자동차→ 원동기장치 자전거→자동차 및 원동기장치 자전거 외의 차마이다.

긴급자동차 이외의 자동차 서로간이 통행 우선순위는 법정 최고 속도의 순서에 따른다. 예를 들어, 4차로 고속도로에서 승용차의 최고 속도는 시속 100㎞이나, 승합차(고속용 제외), 화물차 등의 최고속도는 80㎞이기 때문에 최고 속도가 높은 승용차에 우선권이 있다.

비탈진 좁은 도로에서 자동차가 서로 마주보고 진행하는 때에는 올라가는 자동차가 내려가는 자동차에게 도로의 우측 가장자리로 피하여 진로를 양보한다. 그리고 좁은 도로 또는 비탈진 좁은 도로에서 화물을 실었거나 승객을 태운 자동차와 빈 자동차가 서로 마주보고 진행하는 때에는 빈 자동차가 도로의 우측 가장자리로 피하여 진로를 양보한다.

(4) 법정속도와 안전거리

법정속도는 일반도로에서는 편도 1차로는 60㎞/h 이내, 편도 2차로 이상에서는 80㎞/h 이내이다. 자동차 전용도로에서는 최저 30㎞/h, 최고 90㎞/h 이내이다.

이상기후 시의 감속속도는 비가 내려 노면에 습기가 있는 때, 눈이 20㎜ 미만 쌓인 때는 최고 속도의 20/100을 줄인 속도, 폭우·폭설·안개 등으로 가시거리가 100m 이내인 때, 노면이 얼어붙은 때, 눈이 20㎜ 이상 쌓인 때는 최고 속도의 50/100을 줄인 속도가 필요한 경우이다.

〈표 3-4-5〉 도로별 자동차의 속도

도로의 구분	도로의 너비	최저 속도	최고속도
일반도로	편도 2차로 미만	-	60㎞/h 이내
	편도 2차로 이상	-	80㎞/h 이내
자동차전용도로	-	30㎞/h	90㎞/h 이내
고속도로	편도 1차로	40㎞/h	80㎞/h 이내
	편도 2차로 이상	50㎞/h	100㎞/h 다만 화물자동차(1.5톤 초과), 특수자동차, 건설기계는 80㎞/h 단 중부고속도로는 최고 110㎞/h(화물자동차, 특수자동차, 건설기계는 최고 90㎞/h), 최저 60㎞/h

〈표 3-4-6〉 차로별 최고속도

차로별	최고속도
편도 2차로 이상	100㎞/h(1.5톤 초과의 화물·특수차·건설기계 : 80km/h)
편도 1차로	80㎞/h
중부선	110㎞/h(1.5톤 초과의 화물·특수차·건설기계 : 80km/h)

일반적으로 안전거리는 정지거리와 같은 정도의 거리로서, 일반도로의 경우 속도계에 표시되는 수치에서 15를 뺀 수치의 m정도로 유지하고, 시속 80km 이상이거나 고속도로를 주행하는 때에는 주행속도의 수치를 그대로 m로 나타낸 수치 정도의 안전거리를 유지하는 것이 적당하다. 예를 들어, 시속 50㎞인 때에는 35m 정도, 시속 80㎞이면 최소한 80m 이상의 안전거리는 유지하여야 한다. 그러나 적절한 안전거리는 자기 차의 속도와 도로상황 및 기상상태 등에 따라 다르므로 주행속도에 따른 정지거리를 고려하여 자기 스스로가 정하여야 한다. 위험방지 상 또는 부득이한 경우가 아니면 운전하는 차를 갑자기 정차시키거나 속도를 줄이는 등의 급제동은 하지 않는다.

(5) 앞지르기

앞지르기는 의외로 긴 거리와 시간이 필요하며, 중앙선을 침범해야 하는 경우가 많으므로 마주 오는 차와 정면충돌의 위험성이 클 뿐만 아니라, 앞차의 옆을 아슬아슬하게 지나가거나 원래 차로로 다시 들어가다가 접촉, 추돌사고를 내는 경우가 흔하다.

앞지르기는 가급적 삼가되 부득이 앞지르기를 할 경우에는 전방 및 반대 방향의 교통 상황을 충분히 살펴 안전이 확인된 상태에서만 한다.

(6) 교차로 통행방법

교차로는 차가 사방에서 빈번하게 교차하고 시야가 좁지 않은 위험한 장소로 전체 사고의 20% 이상이 교차로 또는 그 부근에서 일어난다. 교차로에서는 신호를 정확하게 확인하여 여유롭고 신중하게 통과하여야 하는데도 녹색 신호 전에 서둘러 출발하거나 무리하게 통과하는 자동차들이 많아서 더욱 위험하다.

교차로는 전후, 좌우 등 여러 곳에 걸쳐서 주의를 기울여야 하므로 주의가 산만해지기 쉽다. 따라서 교통신호의 뜻을 정확히 파악하고 교차로 부근에서는 안전거리를 충분히 유지하고 2~3대 앞차의 상황까지 주의한다. 녹색신호라 하더라도 반드시 안전을 확인한 다음에 출발하고, 신호기가 설치되어 있는 교차로에 접근할 때에는 신호가 잘 보이는 위치로 진입한다. 좌、우회전할 때에는 뒷바퀴가 앞바퀴보다 안쪽으로 돌므로 뒷바퀴에 자전거나 보행자가 치지 않도록 주의하여야 한다.

(7) 주행차로 진입, 진출 시의 주의사항

주행차로 진입 시 가속차로에서는 좌측 방향지시등을 켜고 고속도로 진입신호를 하면서 서서히 가속한다. 그리고 고속도로 출입구로부터 주행차로로 들어가고자 할 때 주행차로를 따라 주행해 오는 다른 차와의 거리를 확인하여 안전하게 진입할 수 있는 경우에는 충분하게 가속한다. 이 때 저속으로 진입하게 되면 주행차로를 주행 중인 차가 추돌하거나 또는 급브레이크, 급핸들을 조작하게 되어 대형 사고가 발생하게 될 위험성이 있다. 왼쪽 방향지시기를 조작하면서 안전 확인 후, 60~80km/h 정도까지 가속하여 신속히 주행차로로 진입한다.

(8) 주행상의 주의사항

주행상의 주의사항은 <표 3-4-7>과 같다.

〈표 3-4-7〉 주행상의 주의사항

최고/최저 속도의 준수	· 주행차로에 들어가게 되면 노련한 운전자도 처음에는 쉽사리 고속상태에 익숙해지지 않아 흔히 감속 상태로 주행하기 쉽다. 그러나 30분가량 지나면 사람과 차가 고속상태에 익숙해져 엔진이나 엑셀에 민감하게 되어 이번에는 일정 속도를 유지하기가 어렵게 된다. 따라서 항상 속도에 유의하여 일정한 속도를 유지하는 한편, 최고속도나 최저속도 등을 꼭 지켜야 한다.
속도계의 확인	· 장시간 또는 야간에 고속으로 주행하게 되면 속도감이 둔해져서 과속하는 경향이 생기므로 주행 속도계의 이상 유무와 진행 속도를 수시로 확인해야 한다.
안전거리 유지	· 고속주행 중에는 브레이크를 밟아도 바퀴의 회전이 정지한 상태로 운동 에너지가 없어질 때까지 미끄러져 나가기 때문에 운전자가 생각한 대로 정지할 수 없다. 따라서 충분한 안전거리를 유지하는 것이 안전운전의 방법이다.
장시간 운전 금지	· 고속도로에서는 도로 상태가 단순하면서 상대적으로 양호하여, 고속으로 주행하기 때문에 휴식 없이 2시간 이상 운전하는 것은 위험하다. 따라서 브레이크를 걸때에는 저속 기어로 변속한 상태에서 엔진 브레이크를 사용함과 동시에 브레이크 페달을 여러 번 밟도록 한다.
급브레이크의 금지	· 고속으로 주행 중 급브레이크를 걸게 되면 차가 방향을 잃어 회전하거나 정지 거리가 길어지므로 매우 위험하다.
급핸들의 금지	· 고속도로에서 일반도로에서와 같이 핸들을 조작하면 차가 도로 밖으로 튀어나가거나 전도되어 위험하므로 급핸들을 꺾지 말아야 한다. · 저속과 고속의 경우 핸들의 회전각도를 비교해 보면 시속 100km로 주행할 때에는 시속 50km로 주행할 때보다 핸들의 회전 각도를 1/4 정도로 하는 것이 적합하다.
주정차 금지	· 고속도로에서는 경찰공무원의 지시에 따를 때, 통행료 받는 곳에서 일시정지할 때, 고속도로의 유지보수 작업을 하는 자동차, 고장, 그 밖의 부득이한 사유가 발생했을 때, 주정차 할 수 있도록 경계를 나타낸 곳 및 정류장의 경우를 제외하고는 정차 또는 주차를 금지하고 있다.
터널 진입 시 감속	· 고속으로 터널에 들어가면 시력이 급격하게 저하되므로 미리 터널 바로 앞에서 속도를 낮추고 전조등을 켜고 통행하도록 하여야 한다.

(9) 차로에 따른 통행차량의 기준

자동차는 도로의 중앙에서 오른쪽으로 2개 이상의 차로가 설치된 고속도로에서는 1차로 외의 차로로 통행하여야 한다. 다만, 앞지르기할 때에는 1차로로 통행할 수 있다.

고속도로에서 특수자동차, 건설기계(덤프트럭, 콘크리트믹서트럭 제외)는 제일 오른쪽 차로로만 통행토록 제한하고, 다른 차는 1차로를 제외한 차로로 제한 없이 통행할 수 있다.

(10) 주차·정차 요령

주차란 자동차가 승객을 기다리거나 화물을 싣거나, 고장 그 밖의 사유로 인하여 계속 정지하거나 또는 그 자의 운전자가 차로부터 떠나 즉시 운전할 수 없는 상태이며, 정차는 5분을 초과하지 않고 정지한 것으로 주차이전의 상태를 말한다.

〈표 3-4-8〉 주정차 요령과 위반조치

주정차 요령	· 차도와 보도의 구별이 있는 도로에서는 우측 가장자리에, 차도와 보도의 구별이 없는 도로에서는 도로의 우측 가장자리로부터 50㎝ 이상 거리를 띄우고 세워야 한다. · 도로의 우측 · 황색 실선에서는 주 · 정차가 금지되며, 황색 점선의 곳에는 정차가 가능하다. · 건널목의 가장자리 또는 횡단보도로부터 10m 이내의 곳은 주 · 정차를 금지한다. · 야간 주 · 정차 시에는 차폭등 · 미등을 켜서 사고를 예방하고 안전장치 · 시정장치 등도 확인한다. · 여객 자동차가 승객을 태우거나 내려 주기 위하여 정류장 등에 정차한 때에는 승객이 타거나 내린 즉시 출발하여 다른 차의 정차를 방해하지 않도록 한다. · 경사진 장소에서는 가능한 한 주차하지 않도록 한다. 특히 경사진 장소에서 굄목을 받치는 등 필요한 조치를 한 후에도 자동차가 움직일 수 있는 곳은 주차하지 않는다.
주정차 위반조치	· 불법 주 · 정차 차량의 운전자 등이 현장에 없는 때에는 경찰서장 또는 시장 · 군수 · 구청장은 임의로 주차 방법을 변경할 수 있으며, 일정한 자격을 갖춘 법인 등에게 자동차의 이동·보관 업무를 대행하게 할 수 있다. · 차를 견인한 경우, 24시간이 경과하여도 인수하지 않을 때에는 차의 사용자 또는 운전자에게 반환에 필요한 사항을 신속히 통지하고, 그로부터 1개월이 지나도 반환을 요구하지 않으면 그 차를 매각 또는 폐차할 수 있다.

(11) 고장 시 조치 요령

고속도로에서 고장이나 연료가 소진되어 운전할 수 없는 경우에 주차하려 할 때에는 다른 차의 주행을 방해하지 않도록 충분한 공간이 있는 갓길 등에 주차하여야 한다. 그리고 주간에는 주차등을 켜고 고장차량의 100m 이상 후방 도로상에 고장차량 표지를 설치하여 후속차 운전자에게 정지하고 있다는 것을 알린다.

고속도로 상에서 고장이나 연료가 떨어져서 운전할 수 없을 때에는 비상조치를 끝낸 후 비상전화로 견인차를 부르거나 가능한 한 빨리 그 곳으로부터 차를 이동시켜야 한다.

4-2. 교통사고 줄이기

1) 교통사고의 정의

교통사고로 인한 사회적 비용은 국민총생산(GNP)의 2.7%인 13조 1000억 원(1999년 기준)이며, 교통사고는 요일별로는 토요일, 시간대로는 오후 6~8시에 가장 많이 발생하는 것으로 나타났다. 통계청의 사회통계조사(2002)에 따르면, 도로 교통사고에 대하여 보행자 입장에서는 운전자의 부주의(58.7%)에 의한 원인이라는 비율이 가장 높으며, 다음으로 교통 혼잡(22.6%), 보행자 부주의(7.3%), 도로구조의 잘못(7.3%), 신호체계의 불비(3.4%), 기타(0.7%)의 순이다. 운전자의 입장에서도 운전자의 부주의(47.9%)에 의한 원인이라는 비율이 가장 높으나, 다음으로 교통 혼잡(19.8%), 도로구조의 잘못(16.1%), 보행자 부주의(10.3%), 기타(9.0%), 신호체계의 불비(5.3%)의 순으로 약간 차이를 보였다.

일반적으로 교통사고라 함은 광의의 교통사고, 협의의 교통사고와 최협의의 교통사고의 3가지로 구분하여 정의할 수 있다.

(1) 광의의 교통사고

차량, 궤도차, 열차, 항공기, 선박 등 교통기관이 운행 중 다른 교통기관, 사람 또는 사물에 충돌 접촉하거나 충돌접촉의 위험을 야기케 하여 사람을 사상하거나 물건을 손괴한 결과가 발생하는 것을 말한다.

(2) 협의의 교통사고

차 또는 궤도차의 교통으로 인하여 사람을 사상하거나 물건을 손괴한 경우를 말한다. 즉 차의 운전자 조종자 또는 그 밖의 보조자 등이 고의 과실에 의하여 다른 차 등이나 사람 또는 물건에 접촉 충돌하거나 할 위험을 야기하여 사람을 사상하거나 물건을 손괴하여 피해결과를 발생하여야 하는 것이다. 그 요건은 다음과 같다.

① 차 또는 궤도차의 통행으로 인하여 야기된 사고일 것.

② 교통이라 함은 도로상에서 운행 중인 것을 말하므로 도로상에서 야기되는 사고일 것.

③ 사람을 사상하거나 물건을 손괴한 결과가 있어야 할 것.

(3) 최협의의 교통사고

「도로교통법」(이하“법”) 제50조 ①의 법 조항 “도로에서 차의 교통으로 인하여 사람을 사상하거나 물건을 손괴한 경우”로 한정하여 설명하면 <표 3-4-9>와 같다.

〈표 3-4-9〉 교통사고의 정의

도로에서 발생되는 사고여야 한다	· 원칙적으로 도로에서의 사고에 적용되며, 도로이외의 장소에서는 적용되지 않는다. · 여기서 말하는 도로는 「도로법」에 의한 도로(고속국도, 일반도로, 특별시도, 지방도, 시도, 군도 등),「유로 도로법」에 의한 자동차 전용도로, 사도법에 의한 사도, 「자동차운송사업법」 및「도로법」에 의한 자동차 전용도로,「고속국도법」에 의한 고속도로 등은 물론 공공장소로 공중의 교통에 이용되는 곳과 사실상 불특정 다수인에게 이용이 허용되고 실제 이용되고 있는 곳이면 도로로 해석된다.
차에 의한 사고이어야 한다	· 법 제2조 13호의 차마라 함은 우마와 차를 말하며, 우마라 함은 교통운수에 사용되는 가축자체를 말하기 때문에 교통사고의 주체인 "차"로 볼 수 없다. · "차"라 함은「자동차관리법」 제3조에서 말하는 자동차(승용, 승합, 화물, 특수, 이륜)는 물론, 경운기, 중기도 차에 해당되며, 그 외 인력, 축산, 동력에 의하여 도로에서 운반되는 것을 말하므로, 손수레가 인력에 의한 차이면 우마차는 축력에 의한 차이고 원동기장치 자전거는 동력에 의한 차이기 때문에 우마차, 손수레, 경운기, 중기에 의한 사고도 교통사고에 해당된다. 다만 다른 법령에 의한 기차, 전차, 케이블카, 전동차, 항공기, 선박 등은 포함하지 않으며, 유모차, 신체장애자용 의자차 등도 법에 의해 보행자로 보기 때문에 제외한다.
교통으로 인하여 발생한 사고이어야 한다	· 교통이라 함은 사람을 운송하거나 물건을 수송하는 운행행위를 말한다. 즉 차의 본래 목적에 의하여 사용 중 발생된 사고는 교통사고로 보아야 하나, 차의 운행행위로 인한 사고로 볼 수 없는 사고는 교통사고라 할 수 없으며, 사고의 원인행위와 피해결과와의 사이에는 상당한 인과관계가 있어야 한다.
피해의 결과발생이 있어야 한다	· 교통사고는 타인의 신체생명재산에 대하여 피해의 결과가 발생하여야 하며, 피해의 결과가 없을 시는 법규위반의 문제일 뿐 교통사고는 아니다. · 이때의 피해는 타인의 피해를 말하며 자기 자신의 피해는 말하지 않는다. · 사망이란 교통사고 발생 시로부터 30일 이내에 사망한 경우이며, 중상이란 교통사고로 인하여 3주 이상의 치료를 요하는 부상을 입은 경우, 경상이란 교통사고로 인하여 5일 이상 3주미만의 치료를 요하는 부상을 입은 경우, 부상신고란 교통사고로 인하여 5일 미만의 치료를 요하는 부상을 입은 경우이다.

2) 교통사고의 처리

(1) 사고현장에서의 처리

① 사고 즉시 멈춰야 한다.

사고 즉시 멈추지 않으면 도주 혐의를 받게 되므로 교통사고가 나면 즉시 차를 멈춰 세워야 한다. 이때 다른 차 통행에 주의하여 또 다른 사고가 나지 않도록 해야 한다. 차를 세운 후에는 부상자가 있는지를 살펴 응급환자가 있을 경우 환자의 구호조치를 먼저 한다. 그러고 나서 사고 원인이나 경위 등에 대한 증거의 확보 또는 보존조치를 하며, 증거 등이 확보된 후에는 교통소통을 위해 차를 한쪽으로 치운 다음 손해배상 문제에 대해 서로 상의를 하는 것이 좋다.

② 안전조치를 가장 먼저 하여야 한다.

사고 후 조치 시에는 안전을 가장 먼저 생각해야 한다. 차를 세울 때도 안전한 장소에 세워야 하며, 부상자의 확인이나 부상자의 구호조치, 사고차량 및 파손품 등의 이동시에도 또 다른 사고의 가능성에 철저히 주의해야 한다.

③ 부상자 병원 이송은 주변 사람에게 부탁하는 것이 좋다.

부상자의 병원 이송은 운전자 자신이 하기보다는 동승자나 다른 차의 운전자에게 부탁하는 것이 좋다. 이송차량 역시 다른 차를 이용하는 것이 좋다. 운전자는 환자의 병원 이송을 맡기보다는 사고 현장의 뒷수습을 하는 것이 더 바람직하기 때문이다. 또 사고로 인해 긴장되고 흥분한 상태에서 또다시 곧장 운전하는 위험을 부담하지 말라는 측면도 있다.

④ 사고의 여러 증거는 신속히 수집해야 한다.

지나는 차번호, 행인의 인상착의 등을 신속히 메모해 둬야 한다. 나중 사고의 원인 및 경위에 대해 서로 다른 주장을 하게 되는 경우가 있다. 미리 확보해두어야 할 증거는 사고 내용에 따라 조금씩 다르다. 대부분의 경우 사고 후의 각종 위치가 중요한 증거가 된다. 신호위반 사고는 목격자 확보가 우선이다. 연속 추돌사고에서는 사고차량 운전자들의 진술 내용을 확보하는 것이 우선이며, 신호가 없는 교차로 사고는 각종 위치 표시와 함께 차의 진행방향을 먼저 물어두는 것이 필요하다.

⑤ 가급적 경찰관서에 신고하는 것이 좋다.

교통사고의 신고를 반드시 해야 하는 것은 아니다. 큰 사고 등 경찰관의 조직적 조치가 필요한 경우(교통이 혼잡한 시간, 장소에서 사고책임에 대해 서로 다투면서 차량을 장시간 방치해 둔 때)에 한해 사고의 신고의무가 있다. 그러나 분쟁소지가 있으면 가급적 신고하는 것이 바람직하다.

⑥ 상대방과의 조치

자신의 잘못이 많다고 생각할지라도 면허증 등을 상대방에게 주지 말고 보여주는 것으로 충분하다. 상대방 면허증을 확인한 경우에는 운전자의 인적사항, 면허종류, 유효기간 등의 사항을 메모해두는 것이 좋다. 사고처리를 하기로 한 때 손해배상의 담보로서 면허증이나 자동차등록증을 상대방이 요구하는 경우가 있다. 그러나 이때도 면허증을 주는 것보다는 사고내용에 대한 확인서 또는 손해배상 이행 각서 등으로 대신하면 된다.

(2) 사고결과에 따른 조치

① 가벼운 접촉사고

피해가 경미한 물적 사고는 사고현장에서 바로 처리하는 것이 좋다. 비록 정확한 손해액의 배상이 이루어지지 않는다 할지라도 그 금액차이는 많지 않는 것이 보통이다. 손해배상액에 좀 더 정확성을 기하려면 자동차 수리소에 견적을 의뢰하여 그 처리에 참고할 수 있으므로 두세 군데에서 견적을 받아보면 좋다. 손해배상을 나중에 하기로 한 경우에는 그 이행 방법과 시기, 금액 등을 확정해두는 것이 좋다.

② 차량만 파손된 경우

피해규모가 큰 금액의 사고는 보험처리를 하는 것이 좋다. 물적 피해사고를 보험처리하기로 한 경우 서로에 대한 사항을 주고받는 것이 보통이다. 이름 및 전화번호, 차량번호 및 보험회사, 수리할 자동차정비업소를 서로 알리고, 보험처리를 하든 나중에 배상하든 사고확인서를 주고받는 것이 좋다.

③ 인명사고

가벼운 부상사고의 경우, 대개는 그냥 지나치게 된다. 그러나 경미한 사고라 하더라도 사고 후 그냥 가지 않았음을 여러 사람이 보도록 목격자를 확보해두거나 피해자의 괜찮다는 확인서를 받아둔다. 또는 경찰관서에 신고해둔다. 이때 부상이 없으므로 엄격히 얘기하면 교통사고는 아니나 신고했으나 별다른 피해가 없어 그냥 헤어졌다는 근거를 남겨두는 것이다.

중증의 부상사고의 경우, 경찰관서에 신고한다. 그리고 부상자를 다른 차로 병원에 이송한 후에 현장의 증거들을 확보한다. 사고처리를 경찰관이 하더라도 사고의 여러 증거들을 본인이 별도로 수집할 필요가 있으며, 목격자가 있을 경우 이들의 차량번호 내지 성명 연락처 등을 알아두거나 확인서 등을 받아두는 것이 좋다.

10개 항목[37]을 위반하여 사람이 부상하는 사고를 내면 형사 처분 대상이 된다. 단 사람의 부상은 없고 물적 피해만 있는 경우 보험에 들고 있다면 경우 형사 처분의 대상에서 제외된다. 구속수사가 될 가능성이 높은 때는 피해자와 합의를 할 필요가 있다. 피해자와 합의가 잘 이루어지

---

37) 10개 항목을 위반하여 부상사고를 야기한 경우 형사처벌을 하더라도 무조건 구속수사하지는 않는다. 구속 또는 불구속수사 여부를 결정하는 데는 여러 요인을 참작하나 피해자의 부상정도 및 피해자와의 합의 여부가 큰 비중을 차지한다. 음주운전 이외의 10개 항목 사고는 보험에 들고 있는 경우 피해자 진단이 8주 이상이면 구속수사를 원칙으로 하고 8주 이하이면 불구속수사를 원칙으로 한다. 보험에 들고 있지 않으면서(책임보험만 든 경우도 이에 포함) 10개 항목을 위반하여 피해자 진단이 6주 이상인 사고를 내면 구속수사가 원칙이고, 6주 미만이면 불구속수사가 원칙이다. 음주운전의 경우에는 음주량과 관계되는데, 혈중알콜농도가 0.16% 이상으로 피해자 진단이 6주 이상이면 구속수사 6주 미만이면 불구속수사, 혈중알콜농도가 0.16% 이하로 피해자 진단이 8주 이상이면 구속수사 8주 미만이면 불구속수사가 원칙이다.

지 않으면 공탁[38]을 이용하는 방법이 있다.

사망사고의 경우 그 유족들과 합의[39]가 우선 시 되는 경우가 많다. 사망사고는 보험에 들어 있다 할지라도 형사 처분의 대상이 되고, 형사처벌은 피해자와의 합의 여부에 따라 그 결과에 있어 차이가 많다.

④ 무보험자의 사고

보험에 전혀 들지 않았거나 책임보험만 가입한 경우에는 형사상이든 민사상이든 피해자와의 합의가 필요하게 된다. 따라서 도의적 책임을 다하고, 적절한 손해의 배상도 할 필요가 있게 된다. 보험에 들지도 않고 피해자와 합의도 이루어지지 않은 경우 형사 처분을 면할 수 없게 된다. 사망, 도주, 10개 항목 사고가 아니더라도 피해자 진단이 8주 이상인 경우 구속상태에서 재판이 진행되고, 8주 미만인 경우에는 불구속 상태에서 재판이 진행된다. 그러나 보험에 들지 않았더라도 피해자와 합의가 이루어지면 형사처벌은 없다.

(3) 피해자의 조치사항

① 차번호 확인

교통사고로 부상을 입은 경우 가해차량의 확인은 필수적이다. 가해 차량을 확인하는 경우에는 차량번호, 소유자, 운전자, 운전자와 소유자와의

38) 공탁은 피해자 주소지 법원 공탁계에 신청하는데, 피해자 진단이 10주 미만이면 대개 합의로 간주해준다. 공탁금액은 공탁자가 임의로 할 수 있는데, 피해자의 과실정도를 고려해 보험에 든 경우 주당 30만원 내지 70만 원 정도, 보험에 들지 않은 경우에는 주당 150만 원 정도로 하는 것이 보통이다.

39) 피해자와의 형사합의는 도의적 책임의 표시 및 합의금액에 좌우되는 경우가 많은데, 합의금액은 손해배상의 일부로 표현하는 경우 법률상 책임액 내에서 우선 합의를 하고, 그 금원을 보험회사에 청구하여 받는 방법을 사용해볼 수 있다. 즉 합의서 내용상 별다른 표시가 없는 형사합의금액은 손해배상금의 일부로 보고 있으므로 그 같은 내용으로 피해자측 유족과 합의를 하고 그 합의금을 보험회사에 청구하는 것이다. 그러나 합의서에 "보험회사의 보상과는 별도로" 또는 "위로금조로"라는 등의 내용이 있으면 이는 손해배상금의 일부로 보지 않으므로 보험회사에 그 청구를 할 수 없다.

관계, 운전자 및 소유자의 주소, 주민등록번호를 알아두는 것이 좋다.

② 보험가입 여부확인

사고를 낸 차의 보험가입[40] 여부를 아는 것은 상당히 중요하다. 사고 차가 보험에 들어 있다면 최소한의 보상은 될 것이므로 일단 안심해도 된다. 그러나 사고 차가 보험에 들어 있지 않다면 보상을 제대로 받을 수 있는 여러 조치를 해두어야 한다. 차주가 누구인지, 차주 이외의 또 다른 손해배상의무자는 없는지, 그리고 그들 배상의무자들은 각기 배상능력은 있는지, 배상능력인 재산이 있다면 그 재산 확보는 어떻게 할 것인지 등을 생각해보고 그에 대한 적절한 조치를 해두어야 한다.

③ 손해배상 의무자 확인

가해차가 자동차종합보험에 들어 있고, 또한 피해자의 모든 손해가 보상이 된다면 보험회사와 보상담당자 등만 알면 된다. 하지만 사고차량이 보험에 들어 있지 않거나, 보험에 들었으나 그 보험에서 보상이 안 되는 때, 또는 일부의 손해만 보상이 되는 때에는 피해자의 손해를 배상해 줄 의무가 있는 자가 누구인지 확인해 둘 필요가 있게 된다. 피해자의 손해를 배상해주어야 할 의무자는 대개 차의 소유자와 운전자이다. 차의 소유자는 「자동차 손해배상보장법」 상의 운행자로서의 손해배상책임을 지는 것이고, 차의 운전자는 손해를 가한 불법행위자로서 민법상의 책임을 지는 것이다.

40) 자동차보험에는 책임보험과 종합보험이 있다. 거의 대부분의 자동차는 책임보험만큼은 들고 있고, 또한 책임보험을 들고 있지 않다 하더라도 「자동차 손해배상보장법」에 따라 책임보험에 의한 보상만큼을 언제든 받을 길은 열려 있으므로 그리 큰 문제가 되지는 않는다. 사고 차의 종합보험 가입여부는 여러 곳에서 확인 가능하다. 가해운전자에게 물어볼 수도 있고, 사고사실이 경찰관서에 신고된 때에는 경찰관서에서 확인가능하며(사고차량은 경찰관서에 자동차 보험가입 사실확인원을 제출하게 된다), 사고 차의 번호를 알고 있는 경우에는 보험회사들에 전화문의로서 확인가능하다.

④ 교통사고 내용의 확인

교통사고로 부상을 입은 경우 그 사고가 경찰관서에 신고가 되면 교통사고 사실 확인원을 사고조사가 완료된 경우 해당 경찰서 교통사고조사반에 가면 무료로 즉시 발급해준다. 교통사고 사실 확인원으로 사고 당사자들의 인적사항, 사고당사자들의 법규위반 사항을 확인할 수 있으며, 사고내용을 살펴볼 수도 있다. 또 개인이 든 보험금의 청구나 책임보험의 청구, 치료비의 의료보험 처리, 소송제기시의 기초서류 등 사고사실을 증명하기 위한 서류로 널리 사용할 수 있다. 보험회사의 경우 보험회사 직원이 먼저 피해자에게 사고내용을 확인하는 경우도 있다.

사고조사 내용이 잘못되었다고 생각하는 사람은 경찰의 사고조사와는 별개로 사고현장의 확인 및 사진촬영 등 여러 증거와 증인을 확보[41]해두어야 한다.

⑤ 진단서

대다수의 사람들은 얼마나 다쳤느냐고 물으면 진단이 몇 주라는 식으로 대답한다. 그러나 부상의 정도를 표현하는 데는 진단일수는 부적절하다. 그보다는 환자의 최종적인 병명, 병명에 덧붙이는 소견으로서 부상의 정도를 표현하는 것이 옳다. 병명은 부상의 정도를 표현하는데 보다 적합한 방법이므로 치료기간의 예상이나 보상액의 예상도 보다 더 정확해

---

41) 교통여건은 도로의 폭(너비 또는 차로의 수), 도로형태(곡선 또는 직선, 교차로, 터널, 다리 위 등), 도로조건(아스팔트나 시멘트 여부 및 사용년수 또는 훼손상태, 비, 눈, 건조 등의 여부), 교통시설물의 여부(신호등, 횡단보도, 육교, 지하보도의 유무 및 거리 등), 주변상황(보도의 유무 및 주택·상가의 유무) 등을 파악하는 것이고, 교통상황은 통행량이나 통행행태 및 신호에 있어서는 신호의 순서 및 주기 등을 살피는 것이다. 사고의 흔적은 사고지점 및 주변의 사고와 관련된 흔적을 찾는 일이다. 교통여건이나 교통상황, 그리고 사고의 여러 흔적은 사고경위의 기억과 함께 사고내용을 조합해내는데 중요한 역할을 한다. 따라서 사고현장에서의 중요한 사항은 메모를 하고, 필요한 경우에는 사진촬영도 해두어야 한다. 사고주변을 탐문한 결과 사고광경이나 사고 후의 광경을 목격한 사람이 있을 경우에는 그의 얘기를 들어보고, 필요하다고 판단될 경우에는 나중을 위해 확인서를 받아두거나 연락처 및 인적사항을 메모해두도록 한다.

진다. 병명은 부상의 정도, 치료방법, 치료기간, 치료 후의 상태, 적정한 보상금액 등을 짐작해낼 수 있는 귀중한 자료가 되는 반면 진단일수는 가해자 처벌을 위한 기준 이외에는 쓸모없는 것이다.

진단서의 병명을 확인하면 다친 부위와 대조해보는 것이 좋다. 실제 아픈 부위가 병명에 빠짐없이 기재되었는지 확인하기 위해서다. 그리고 확인된 병명(환자는 주관적 증상을 호소하나 검사 등에 의한 객관적 결과가 나타나지 않는 경우도 무수히 많다)은 모두 진단서에 기재되도록 해야 한다.

5. 한국인의 생활예절

5-1. 예절의 의미와 기본예절

1) 예절의 의미

(1) 예절의 필요성

예절(禮節)이란 일정한 생활문화권에서 오랜 생활관습을 통해 하나의 공통된 생활 방법으로 정립되어 관습적으로 행해지는 사회계약적인 생활규범이다. 예절(etiquette)은 오랜 세월 동안 많은 사람들이 '바른 처신''타당하다'고 느껴온 관습이기도 하다.

동양에서는 '예의범절'이란 말이 많은 행동의 지침이 되어왔다. 동양의 예절은 공손하고 상대의 체면을 올려주는 '겸양'의 의미가 큰 반면, 서양식 예절은 때와 장소, 상황에 맞는 가장 '적절한 제스처'를 가리키는 말이었다. 오늘날은 이 두 가지 의미가 혼재되어 있지만 변하지 않는 사실은 예절이 개인의 인격과 무관하지 않다는 것이다.

예절이 뛰어난 사람은 역지사지(易地思之)를 아는 사람이다. 여기서 '관찰은 곧 교사' 라는 말이 성립된다. 즉 남보다 센스 있는 사람이 되고 싶으면 우선 사람을 관찰하고 상대방의 입장이 되어보자. 까다로운 격식이나 체면을 넘어 진정한 배려와 센스를 획득할 것이다. 또한 예절은 언어

문화권과 밀접한 관계를 갖는다. 민족과 나라에 따라 언어가 다르듯이 예절도 국가와 겨레에 따라 달라진다. 같은 언어 문화권이라도 산과 강을 경계로 해 사투리가 있듯이 예절도 지방에 따라 약간씩 다를 수 있다. 그러나 같은 나라에서 표준어를 정해 그것이 통용되기를 바라는 것과 같이 예절도 한 나라에서는 통일되어야 그 국민으로서 생활하기가 수월한 것이다. 우리나라에서도 예전에는 지방과 가정에 따라 예절이 다른 것이 일반적이었으나 현대에는 모든 생활 여건의 발달로 사투리의 사용이 줄어드는 것처럼 예절도 통일되어야 할 필요가 있다. 그러므로 우리는 우리나라에서 공통적으로 행해지는 가장 바람직한 생활방법을 익혀 생활하는 데에 지장이 없는 바른 예절을 익혀야 하겠다.

사회생활이란 혼자 살지 않고 남과 어울려 사는 것이고, 어울린다는 것은 대인관계를 갖는다는 말이다. 대인관계가 원만하려면 서로 상대방의 생활방법을 이해하든지 아니면 생활방법이 같아야 한다.

대인관계(對人關係)란 사람과 사람의 관계이므로 우리는 대인관계에 앞서 자기가 먼저 사람다워져야 한다. 사람다움이란 각자가 자기 나름대로 특별한 개성을 지녀야 하는 것이 아니고 함께 어울리는 당사자로서 모두가 공통적으로 이해되는 방법을 스스로 지니는 것이다.

관습적으로 행해지는 사회계약적 규범인 예절은 사람이 인간으로서의 자기관리(自己管理)와 사회인으로서의 대인관계를 원만히 하기 위해서 있어야 하는 것이다.

(2) 예절의 실제와 격식

예절에는 실제와 격식이 있다. 예절의 실제뿐 아니라 모든 실제는 마음속에 의사의 형태로 숨겨져 있다. 부모님에게 효도하고 웃어른을 공경하며 아랫사람을 사랑해야겠다는 마음이 곧 예절의 실제이므로, 그러한 마음을 소리와 태도로서 표현해야 한다. 일정한 사회에서 약속된 뜻이 있는 소리를 '말'이라하고, 서로가 이해할 수 있는 말로 의사를 표현하는 것이 언어의 격식이다. 격식에 맞지 않는 소리는 백 마디를 하더라도 상대가 알아차리지 못한다.

행동에 있어서도 격식은 중요하다. 불행히도 말하지 못하는 농아자는 수화로 의사를 소통하는데 아무렇게나 손가락을 펼쳤다 움츠렸다 해서 수화가 되는 것이 아니라 그것도 그 사회에서 약속된 방식으로 해야 비로소 의사가 소통된다. 약속된 행동방식, 그것이 행동의 격식이다.

이렇듯 모든 언어와 행동이 격식을 따르지 않으면 성립되지 않는 것과 같이 예절도 격식이 까다롭더라도 정해진 대로 하지 않으면 상식에 어긋나는 것이다. 마음속에 의사의 형태로 있는 예절의 실제를 우리 모두가 알아차릴 수 있는 언어와 행동이 격시으로 표현해서 상대에게 인식시킴으로써 예의바른 생활을 해야겠다.

(3) 예절의 기능과 본질

스스로 사람다워지려는 자기관리를 수기(修己)라 하고, 남과 어울려 함께 사는 대인관계를 치인(治人)이라 한다.

수기(修己)하는 예절은 자기의 안에 있으면서 자기 자신에게 작용하는 기능을 가지는데 그때의 본질은 정성스러운 것이고, 치인(治人)하는 예절은 자기의 밖으로 나아가 남에게 활용되는 기능을 가지는데 그때의 본질은 공경하고 사랑하는 것이다.

정성이란 자기를 속임이 없는 양심(良心)이고, 공경과 사랑이란 어른을 공경하고 아랫사람을 사랑하는 인류애(人類愛)이다.

안에 있는 예절의 마음과 밖으로 나타나는 예절의 언동(言動)이 일치해야 참 예절이라 할 수 있다.

2) 기본예절

(1) 공손한 자세

① 공수

공손한 자세에서 두 손을 앞으로 모아 맞잡는 손의 모습이 공수(拱手)이다. 의식행사에 참석했을 때와 전통배례를 할 때 및 어른 앞에서 공손한 자세를 취하려면 공수한다.

공수법은 남자와 여자가 다르고 평상시와 흉사(凶事)시에 다르므로 성별과 의식행사의 성격에 맞는 공수를 해야 한다. 공수의 기본동작은 먼저 두 손의 손가락을 가지런히 붙여서 편 다음 앞으로 모아 포갠다. 엄지손가락은 엇갈리게 깍지를 끼고 식지 이하 네 손가락은 포갠다. 아래에 있는 손의 네 손가락은 가지런히 펴고 위에 있는 손의 네 손가락은 아래에 있는 손의 새끼손가락 쪽을 지긋이 쥐어도 된다. 엄지손가락을 깍지 끼는 까닭은 손등을 덮은 소매사이로 엄지만 내놓아 맞은편 소매끝을 눌러 흘러내리지 않도록 고정시키고 또 홀(笏)을 쥐기가 편리하기 때문이다. 공수한 손의 위치는 소매가 넓고 긴 예복을 입었을 때에는 팔뚝을 수평이 되게 해야 옷소매가 활짝 펴져 아름답다. 평상복을 입었을 때는 앞으로 자연스럽게 내리면 엄지가 배꼽 부위에 닿아서 편하다. 평상시의 공수법으로는 남자는 왼손이 위로 가고, 여자는 오른손이 위로 가게 공수한다. 왼쪽은 동쪽이고, 동(東)이 양(陽)이기 때문에 양인 남자는 동을 나타내는 의미로 왼손을 위로 하고, 오른쪽은 서(西)쪽이고, 서는 음(陰)이기 때문에 음인 여자는 오른손을 위로 한다.

공수하고 앉을 때 남자는 공수한 손을 아랫배 부위 중앙에 놓는다. 여자는 오른쪽 다리 위에 놓는다. 한쪽다리를 세우고 앉을 때에는 세운 무릎위에 놓는다. 흉사가 아닌 기타의 경우는 모두 평상시와 같이하면 된다.

흉사란 사람이 죽은 순간부터 약 100일간을 말한다. 초상집, 영결식, 상중인 사람에게 인사를 할 때에는 흉사의 공수를 한다. 흉사 시에는 평상시와 반대로 남자는 오른손이 위이고 여자는 왼손이 위이다.

공수하는 방법에서 남자와 여자가 다른 것은 남존여비(男尊女卑) 사상이 아니라 양(陽)과 음(陰)의 이치를 자세에서도 표현하는 것이다. 이것을 남좌(男左) 여우(女右)라고 하며, 남자는 동쪽, 여자는 서쪽이라 표현한다

(男東女西). 이는 태양광선은 생명의 원천이기 때문에 생명이 있는 것은 태양광선을 잘 받는 남쪽을 향하는 것이 원칙이다. 그러므로 남쪽을 향하면 왼편이 동쪽이고 오른편이 서쪽이다.

② 읍

읍(揖)은 남자가 하는 간략한 공경의 동작이며 절은 아니다. 의식행사에서 새로운 동작이나 행사를 행하기에 앞서 하기도 하고 절을 할 수 없는 장소에서 절을 해야 할 대상을 만나면 우선 읍으로 예를 표한다.

읍의 기본동작은 공수 한다→두 다리를 편한 자세로 벌린다→고개를 숙여 발끝을 본다→공수한 손이 무릎 아래에 이르도록 허리를 굽힌다→허리를 세우며 공수한 손을 밖으로 원을 그리며 팔뚝이 수평이 되게 올린다→공수한 손을 읍의 종류에 따라 팔꿈치를 굽히며 정한 위치로 끌어들여 멈춘다→공수한 손을 원위치로 내린다.

(2) 배례법

① 절의 의미

절은 상대방에게 공경을 나타내는 기본적인 동작이다. 절은 공경하는 대상에게 하는 것이기 때문에 당연히 공경하는 사람에게 하는 것이지만 사람이 아닌 상징물에 대해서도 한다.

국기, 돌아가신 조상의 표시, 신앙의 상징, 본받을 옛 어른의 상징 등에 절을 하는 것은 그 상징이 지닌 의미에 대한 공경의 표시이다. 또 웃어른도 아랫사람의 절에 답배를 한다. 그것은 아무리 아랫사람이라도 그를 존중하는 대접의 표시로 하는 것이다. 이처럼 절의 예절에는 절을 하는 예절과 절을 받는 예절이 있다.

② 절의 종류와 대상

남녀의 절은 대상에 따라 절의 종류가 다르다.

ㅁ 큰절: 자기가 절을 해도 답배(答拜)를 하지 않아도 되는 높은 어른이나 의식행사에서 하는 절이다.

ㅁ 평절: 자기가 절을 하면 답배 또는 평절로 맞절을 해야 하는 웃어른이나 같은 또래 사이에 하는 절이다.

ㅁ 반절: 웃어른이 아랫사람의 절에 대해 답배할 때 하는 절이다.

③ 절을 받는 예절

절을 하는 것도 예절이지만 그에 못지않게 절을 받는 예절도 중요하다. 절을 받는 어른이 절을 받을 자세가 안 되었거나 절을 하는 사람에게 상응한 답배를 하지 않으면 오히려 무례하다. 절을 할 아랫사람을 만나면 편안한 마음으로 절을 할 수 있도록 절 받을 자세를 취한다. 절을 하려는 아랫사람의 건강, 복식, 상황 등이 절하기가 불편한 상태이면 절을 하지 않도록 권하며, 꼭 절을 해야 할 아랫사람에게 하지 말라고 하는 사양이 지나치면 오히려 실례가 된다.

(3) 경례의 종류와 방법

① 경례의 의미

경례는 입식생활에서의 절이다. 전통배례를 할 수 없는 장소에서의 절은 선채로 허리만 굽혀서 경례한다. 한복을 입고 경례할 때는 공수하고 경례함을 원칙으로 한다. 양복을 입었을 때도 더욱 공손한 경례를 하려면 공수한 자세로 하는 것이 좋다.

② 경례의 종류와 방법

경례의 종류는 다음과 같다.

ㅁ 의식경례: 혼인례, 상장례, 제의례에서 전통배례가 아닌 경례를 할 때는 윗몸을 90도로 굽히는 의식경례를 한다.

ㅁ 큰경례: 큰절을 하는 경우에 하는 경례이다. 방법은 윗몸을 45도로 굽힌다.

ㅁ 평경례: 평절을 하는 경우에 하는 경례이다. 윗몸을 30도로 굽힌다.

ㅁ 반경례: 반절을 하거나 간략한 예를 하는 경우에 하는 경례이다. 15도로 굽힌다.

ㅁ 목례(目禮): 길을 걸을 때와 노상 등에서의 간략한 인사의 경례이다.

방법은 부드러운 시선으로 상대를 보며 고개만 숙인다. 많은 아랫사람이 경례를 할 때에 웃어른은 간단한 목례로 답례를 할 수 있다.

ㅁ 거수경례: 제복을 입고 생활하는 사람의 경례이다. 오른손을 펴서 손끝이 오른쪽 눈썹에 닿도록 손을 올린다.

ㅁ 국기에 대한 경례: 국기에 대해 존경과 충성을 서약하는 경례이다. 오른손을 펴서 왼쪽 가슴에 댄다.

ㅁ 주목(注目) 경례: 제복을 입었거나 단체 행동 시에 대표자 이외의 대원이 절을 받을 사람을 부동자세로 주시한다.

(4) 악수

악수(握手)는 절은 아니지만 반가운 인사의 표시로 행하기 때문에 절의 일종으로 간주한다. 악수를 했다고 해서 당연히 절이 생략되는 것은 아니다.

악수의 기본동작은 오른쪽 팔꿈치를 직각으로 굽혀 오른손이 자기 몸의 중앙이 되게 수평으로 올리며, 엄지를 벌리고 식지이하 네 손가락을 가지런히 붙여 편 다음 역시 그와 같이 한 상대의 손바닥과 자기의 손바닥을 맞붙이고 서로의 엄지를 교차시켜 살며시 잡았다가 놓는다. 가볍게 아래위로 몇 번 흔들어 정을 표시하기도 한다.

악수는 웃어른이 먼저 청하고 아랫사람이 응한다. 그리고 같은 또래의 이성 간에는 여자가 먼저 청해야 남자가 응한다. 아랫사람이 웃어른과 악수할 때는 윗몸을 약간 굽히거나 목례를 겸행해서 경의를 표해도 된다. 악수를 하면서 왼쪽 손으로 상대의 손등을 덮어 쥐면 실례이다. 그러나 웃어른이 아랫사람에게 그렇게 하는 것은 깊은 정의 표시로 받아들여진다.

(5) 의사소통에 대한 예절

① 말의 맵시

예절의 실제는 마음속에 의사로 숨겨져 있어 그것을 상대에게 전달하려면 어떤 방법으로든 밖으로 드러내어야 하는데 그 수단의 하나가 말이다. 말은 의미가 담긴 소리이며, 어떤 소리에 무슨 의미를 담는가는 생활문화권에서의 공통되는 약속으로 이루어진다. 언어예절이란 소리에 담긴 의미가 사회적 약속에 합치해야 하는 것이다. 언어예절은 말의 맵시와 말씨 및 어휘의 선택 등으로 나누어 생각할 수 있다.

말은 대화상대가 알아듣는 언어로 해야 의사가 바르게 소통된다. 우리나라에서 우리나라 사람끼리 말을 하려면 우리나라의 말로 해야 한다. 필요 없이 외국어나 외래어를 쓰는 것은 바른 말이라고 할 수 없다. 그리고 될 수 있는 대로 표준어를 사용해야 한다. 대화상대가 알아듣기 쉽도록 어렵지 않게 말해야 한다. 자기를 돋보이거나 유식한 체 해서 필요없는 한문 문자를 쓰거나 어렵게 꾸며서 말해 상대가 알아듣지 못한다면 대화가 되지 못한다. 같은 말이라도 고운 말을 써야 한다. 몰상식하거나 욕스럽고 거친 말보다는 교양있는 말을 골라서 해야 대화가 부드럽고 자연스럽다. 그리고 각종 생활분야가 다양해지면서 전문용어가 많이 발달하고 있다. 그러나 전문용어는 같은 분야에 종사하는 사람끼리의 대화가 아닌 경우는 피하는 것이 예의이다.

말에는 감정이 있고 모양이 있다. 말하는 사람의 감정이 말속에 담기고, 말하는 사람의 표정이 말의 색깔을 다르게 하고, 음성의 강약과 높낮이가 말의 모양을 결정한다. 대화할 때는 감정을 온건하게 가져야 한다. 안정된 감정으로 말해야 말이 안정되어 차분하다. 그리고 표정을 부드럽게 지어 말해야 한다. 부드러운 표정으로 하는 말은 부드럽고 표독한 표정으로 하는 말은 독기가 서린다. 나지막하고 조용한 음성과 필요에 따라 강약을 조절하는 말투는 듣기에 편하고 이해하기가 쉽다. 정확한 발음과 적당한 말의 속도가 중요하다. 분명치 못한 발음은 듣는 이가 짜증스럽고, 지나치게 느린 말은 지루하며, 급하게 쏟아놓는 말은 이해할 겨를이 없다.

대화가 효과적이려면 듣는 이가 열심히 듣는 화제여야 한다. 아무리 힘들여 말하더라도 듣는 사람이 듣지 않으면 아무런 가치가 없는 말이 된다. 상대가 관심을 갖는 말을 한다. 대화에 참여한 모두가 관심을 가질 화제를 선택한다. 그리고 환경과 경우에 맞는 화제여야 한다. 혼인집에서 초상 치르는 이야기를 하거나 등산가서 낚시하는 이야기를 하면 아무도 듣지 않는다.

화제는 일관성이 있어야 한다. 앞 사람의 이야기와 이어질 수 있는 이야기를 해야 대화 상대자의 관심이 이어진다. 듣는 사람의 성격과 수준에 알맞은 이야기를 한다. 상대의 직업·취미에 적합하고 교육정도에 맞는 이야기를 해야 재미있는 대화가 된다

② 말하는 태도

말은 입으로만 하는 것이 아니고 태도와 몸놀림으로도 한다는 점을 알아야 한다. 말할 때는 성의를 다해 열심히 진지하게 해야 한다. 그래야 듣는 사람도 진지해진다. 그리고 몸가짐을 바르고 조용하게 한다. 지나치게 움직이거나 자세가 바르지 못하면 듣는 사람이 불쾌하며 산만해진다. 손짓과 몸짓이 말의 내용과 일치해야 한다. 필요이상의 손놀림과 말의 내용과 걸맞지 않는 몸짓은 말의 의미를 반감한다.

③ 직접대화의 예절

말을 하는 예절은 다음과 같다.

ㅁ 대화상대에 따라 말씨를 결정한다.

ㅁ 감정을 평온하게 갖고 표정을 부드럽게 한다.

ㅁ 자세를 바르게 하여 공손하고 성실하게 의젓함을 지닌다.

ㅁ 대화 장소의 환경과 상대의 성격, 수준을 참작해 화제를 고른다.

ㅁ 조용한 어조, 분명한 발음, 맑고 밝은 음성, 적당한 속도로 말한다.

ㅁ 듣는 사람의 표정과 눈을 주시해 반응을 살핀다.

ㅁ 상대가 질문하면 자상하게 설명하고, 의견을 말하면 성의 있게 듣는다.

ㅁ 표정과 눈으로도 말한다는 진지함을 잃지 않는다.

ㅁ 남의 이야기 중에 끼어들지 않는다.

ㅁ 화제가 이어지도록 간결하게 요점을 말해 중언부언하지 않는다.

ㅁ 말의 시작은 양해를 얻어서 하고 끝맺음은 요령 있고 분명하게 한다.

한편, 말을 듣는 예절은 다음과 같다.

ㅁ 말을 귀로만 듣지 말고 표정·눈빛·몸으로도 듣는다.

ㅁ 바르고 공손한 자세와 평온한 표정으로 듣는다.

ㅁ 상대가 알아차리도록 은근하면서도 확실한 반응을 보인다.

ㅁ 말허리를 꺾으면서 끼어들어 질문하지 말고, 의문이 있더라도 말이 끝난 뒤에 묻는다.

ㅁ 질문하거나 다른 의견을 말할 때는 정중하게 말한 사람의 양해를 구한다.

ㅁ 몸을 흔들거나 손이나 볼로 엉뚱한 장난을 치지 말고 열심히 듣는다.

ㅁ 말을 듣는 중에 의문나는 점은 메모한다.

ㅁ 대화중에 자리를 뜰 때는 양해를 구하고, 다른 사람에게 방해되지 않게 한다.

④ 전화예절

전화보급의 확대와 전화기능의 발달로 소위 전화정보시대를 맞으면서 의사소통 수단으로서의 전화의 효용가치가 절대화된 시대에 사는 우리는 대화예절로서 전화예절이 매우 중요하다. 전화예절은 눈으로는 볼 수 없으므로 이쪽의 모든 상황을 말속에 담아서 전달하는 어려움이 있다. 그러므로 전화예절에서 특히 주의할 점은 상대가 귀로 이쪽을 보고 있다고 생각하는 것이며, 실제로 말을 들어보면 감정·표정·자세 등을 분간할 수 있는 것이다.

전화의 공통예절은 다음과 같다.

ㅁ 전화기를 곱고 정결하게 취급한다.

ㅁ 전화기는 사용하기 편리한 곳에 설치한다.

ㅁ 전화기 옆에 필기구와 메모용지를 준비해 둔다.

ㅁ 송수화기를 놓을 때는 반드시 ‘후크’가 눌리도록 놓는다.

한편, 전화를 거는 예절은 다음과 같다.

ㅁ 상대의 전화번호를 확인한다.

ㅁ 상대가 전화를 받으면 상대를 확인한다.

ㅁ 용건을 미리 정리해 짧은 시간에 끝내도록 한다.

ㅁ 감정을 안정시키고 표정을 부드럽게 하며 호흡을 가다듬는다.

5-2. 개인예절

1) 개인예절의 의미

예절에는 두 가지의 측면이 있다. 하나는 인간으로서의 자기관리이고 다른 하나는 사회인으로서의 대인관계이다. 우리가 사회생활을 원만하게 하려면 먼저 자기 자신이 사람다워져야 한다. 사람다움이란 사람으로서의 마음가짐과 표정, 그리고 몸차림과 옷차림이 있으며 다음으로 몸가짐과 기거동작이 있다. 이러한 것은 개인예절이지만 대인관계의 기초가 된다는 점에서 매우 중요한 의미를 지닌다.

2) 마음가짐과 표정

(1) 마음가짐

모든 예절은 그 마음을 어떻게 갖느냐 에서 출발한다. 마음은 예절의 뿌리이며 샘이라고 한다. 예스러운 마음을 가지면 표정과 말과 행동이 예스럽게 나타난다. 맹자(孟子)께서 말씀하시기를 “예는 문이다(禮門也)”라고 했다. 문이 없으면 들어오지도 못하고 나가지도 못하는 것과 같이 안에 있는 예의 마음과 밖에 있는 예의 행동이 문을 통해서 드나들며 한결 같아야 한다는 말이다. 동양의 고전인 대학(大學)에서 “마음을 바르게 하고 몸을 닦는다(正心修身)”고 한 것에 유의할 것이다.

① 모든 일에 정성스러운 마음을 가져야 한다.

② 모든 것을 사랑하는 어진 마음을 갖는다.

③ 모든 일에 공경하고 너그러움을 앞세운다.
④ 모든 일에 조심하고 삼가는 마음을 갖는다.
⑤ 욕심을 버리고 사양하는 마음을 가져야 한다.
⑥ 남이 말하기 전에 스스로 규율하는 자율성을 지녀야 한다.
⑦ 항상 감사하고 넉넉한 마음을 가져야 한다.
⑧ 믿음을 앞세워 의심을 품지 않는다.
⑨ 모든 일을 예절에 맞게 해야겠다는 마음을 간직한다.

(2) 표정

표정은 마음의 창이며 심성의 분화구이고 마음의 거울이다. 따라서 표정을 보면 그 사람의 마음속을 들여다 볼 수 있고, 그 사람의 상태를 한 눈에 알 수 있다. 그래서 표정은 그 사람됨을 나타내는 전체라 말한다.

따라서 표정을 보면 그 사람의 마음을 들여다 볼 수 있고, 그 사람의 일이 되어가고 있는 상태를 알 수 있는 것이다. 소위 관용찰색(觀容察色)이라고 해서 관상(觀相)을 보고 그 사람을 알 수 있다는 것이다.

표정은 대인관계에 있어서 자기를 나타내는 첫 단계이다. 상대는 나의 표정을 보고 나를 읽게 된다. 그러므로 원만한 대인관계는 예스러운 표정을 짓는데서 비롯된다 하겠다. 눈을 단정하게 뜨고 평온한 시선으로 정면을 바라보며 온화한 표정으로 얼굴색으로 가슴속을 보이며 눈빛으로 말을 한다. 표정은 과장되어서도 안 되고 본심을 숨기려고 조작해서도 안 된다.

(3) 고전의 구사

구사(九思)란 '아홉 가지 생각하는 법'으로서 동양의 고전인 소학(小學)에는 마음가짐의 요령으로 제시되었고, 우리나라의 명현이신 율곡 이 이(栗谷 李 珥)선생이 1578년에 공부하는 요령을 가르치기 위해 저술한 격몽요결(擊蒙要訣)에도 인용된 것이다.

① 시 사명(視思明) : 눈으로 볼 때는 밝고 바르고 옳게 보아야겠다고 생각한다.

② 청 사총(聽思聰) : 귀로 들을 때는 그 소리의 참뜻을 밝게 들어야겠다고 생각한다.

③ 색 사온(色思溫) : 표정을 지을 때는 온화하게 가져야겠다고 생각한다.

④ 모 사공(貌思恭) : 몸가짐이나 옷차림 등은 공손해야겠다고 생각한다.

⑤ 언 사충(言思忠) : 말할 때는 참되고 거짓 없게 해야겠다고 생각한다.

⑥ 사 사경(事思敬) : 어른을 섬길 때는 공경스럽게 할 것을 생각한다.

⑦ 의 사문(疑思問) : 의심나고 모르는 것이 있으면 물어서 완전히 알겠다고 생각해야 한다.

⑧ 분 사난(忿思難) : 분하고 화나는 일이 있으면 어려움에 이르지 않을 것을 생각해야 한다.

⑨ 견득 사의(見得思議) : 자기에게 이로운 것을 보면 그것이 정당한 것인가를 생각해야 한다.

이 구사의 내용을 보면서 우리 조상들이 마음가짐에 얼마나 주의를 기울였는지 생각해보고 현대에 살고 있는 우리도 본받아야 하겠다.

3) 몸가짐과 기거동작

예절의 마음은 안에 있으나 그것이 표정으로 얼굴에 나타나고 몸차림과 옷차림도 안에 있는 마음의 발현임은 더 말할 나위가 없다. 그러므로 몸가짐과 기거동작은 마음가짐과 표정 및 몸차림과 옷차림이 복합적으로 형상화되어 그것이 정지되고 움직임에 있어서 어떻게 하는 것인가를 말하는 것이다.

몸을 정결하게 하고 옷맵시를 깔끔하게 했더라도 몸가짐과 기거동작이 예의범절에 어긋나면 아무런 가치가 없다. 몸가짐은 행동예절의 기초가 된다. 따라서 평소에 곧고 바르고 공손하게 해 버릇해야 남의 앞에서도 예스럽게 행해진다.

(1) 고전의 구용

우리 조상들은 몸가짐의 기준을 어디에 두고 어떻게 가르치며 배워서 행했는지에 대해 예절을 가르친 소학(小學)에 제시되고, 율곡선생이 저술한 격몽요결(擊蒙要訣)에도 인용된 아홉 가지 모습이란 뜻의 구용(九容)은 다음과 같다.

① 족용 중(足容重) : 발을 옮겨 걸을 때는 무겁게 한다. 그러나 어른의 앞을 지날 때나 어른의 명에 따를 때는 민첩하게 한다.

② 수용 공(手容恭) : 손은 필요 없이 놀리지 않으며 일이 없을 때는 두 손을 모아 공손하게 공수(拱手)한다.

③ 목용 단(目容端) : 눈은 단정하고 곱게 떠서 지긋이 정면을 보아야 한다. 치뜨거나 곁눈질을 하지 않는다.

④ 구용 지(口容止) : 입은 조용히 다물어야 한다. 입을 헤벌리거나 껌을 씹거나 하면 교양있는 입모습이 아니다.

⑤ 성용 정(聲容靜) : 말소리는 항상 나직하고 조용해서 시끄럽거나 수선스럽게 하지 않는다.

⑥ 두용 직(頭容直) : 머리를 곧고 바르게 가져 의젓한 자세를 지킨다. 머리가 흔들리면 자세가 흐트러진다.

⑦ 기용 숙(氣容肅) : 호흡을 조용히 하고 안색을 평온히 해서 기상을 엄숙히 한다.

⑧ 입용 덕(立容德) : 서있는 모습은 그윽하고 덕성이 있어야 한다. 기대거나 비뚤어진 자세는 덕이 없어 보인다.

⑨ 색용 장(色容莊) : 얼굴은 항상 명랑하고 씩씩하고 생기 있게 한다. 씩씩한 안색은 사람을 즐겁게 한다.

(2) 방안에 들어오고 나가는 자세

① 출입의 기본자세

인기척을 낸다. 방에 들어 갈 때는 노크나 기침, 또는 말로 방안에 있는 사람에게 양해를 구한다. 문을 열고 닫을 때는 반드시 손으로, 가능하면 두 손으로 한다. 어깨, 등, 발로 문을 여닫지 말 것이다. 두 손에 물건을 들었을 때는 물건을 내려놓고 문을 열고 닫는다.

문턱을 밟지 않는다. 그리고 될 수 있는 대로 방안에 있는 사람에게 뒷모습을 보이지 않는다. 문은 소리 나지 않게 열고 닫으며 발소리도 나지 않게 한다. 문을 필요이상으로 활짝 열지 않으며, 문을 열어놓은 채 일을 보지 않는다.

② 문을 열고 닫는 예절

문을 열 때는 열리는 쪽을 막지 않는 위치, 즉 돌쩌귀가 있는 쪽에 서서 연다. 여닫이문을 밀어서 열 때는 문 가까이에서 열고, 잡아당겨 열 때는 한 발자국쯤 떨어져서 연다. 미닫이문을 열 때와 닫을 때는 두 손으로 잡아당겨 열고 닫는다.

다른 사람과 동시에 출입하게 될 때는 상대에게 먼저 출입하도록 양보한다.

(3) 기거동작

몸가짐에 있어서 가장 중요하게 생각할 부분이 일어나고 앉고 움직이는 기거동작(起居動作)이다. 우리나라에서는 특히 어른을 모시고 하는 기거가 잘되면 "예의바르다"고 말하고, 그것이 바르지 못하면 "기거가 분명치 못하다"는 말로 예의바르지 못하다는 뜻을 나타냈을 정도이다.

어른 앞에서의 기거동작의 요령은 다음과 같다.

① 누워 있거나 앉아 있다가도 어른의 인기척이 나면 일어나서 옷매무새를 바로 잡고, 방안을 정돈하며, 문을 열고 밖으로 나가 어른을 맞아들인다.

② 어른이 앉으실 자리를 바르게 해서 앉으시기를 권해 여쭙는다.

③ 어른이 앉으시더라도 스스로 따라서 앉지 말고 공수하고 서서 모신다.

④ 어른이 앉으라고 명하시면 한 쪽 옆에 무릎을 꿇고 공손한 자세로 앉는다. 어른의 앞을 막아서 앉지 않고, 남자는 어른의 좌측, 여자는 어른의 우측에 앉는 것을 원칙으로 한다.

⑤ 어른이 편히 앉으라고 명하시면 몇 번 사양하다가 편히 앉는다.

⑥ 어른의 말씀이 자기에게 이롭고 편한 것이면 세 번까지 사양하다 따르고, 자기에게 부담이 되거나 괴로운 것이면 즉시 행한다.

⑦ 어른이 일어나실 기미가 보이면 먼저 일어나서 부축하거나 공수하고 한쪽으로 비껴 선다.

⑧ 어른이 나가시려고 하면 얼른 문을 열고 한 쪽으로 비껴 선다.

⑨ 어른이 나가시면 따라 나가 가시는 곳까지 모신다. 그냥 배웅을 할 때는 어른이 보이지 않을 때까지 서서 배웅한다.

⑩ 말씀을 여쭐 때는 조용히 조리 있게 최대의 높임말로 여쭙는다.

4) 물건다루기

(1) 물건을 다루는 기본자세

물건을 대하는 마음가짐과 물건을 취급하는 요령 및 남에게 물건을 줄 때와 받을 때의 모든 동작을 물건다루기라고 한다. 물건은 인간생활에 없어서는 안 되는 소중한 것이기 때문에 자기 자신을 소중하게 여기듯이 귀하게 다루어야 한다.

① 물건을 소리나지 않고 상하지 않게 다룬다.

② 물건의 아래와 위가 뒤집히지 않고 속과 겉이 바뀌지 않게 다룬다.

③ 물건은 두 손으로 다루는 것을 원칙으로 한다.

④ 먹는 음식이나 먹는데 쓰이는 기구는 음식이나 입이 닿는 부분에 손이 닿지 않도록 다룬다.

⑤ 칼, 송곳 등 위험한 물건은 손잡이를 잡아야 하고 남에게 줄 때는 상대가 손잡이를 잡기에 편하게 주어야 한다.

⑥ 바늘, 핀 같이 작은 물건은 큰 종이나 천에 싸서 보관한다.

⑦ 작은 물건이나 흐트러지기 쉬운 물건은 큰 그릇에 담아둔다.

⑧ 같은 종류의 물건이나 어떤 주된 물건에 부속되는 물건은 주된 물건과 함께 둔다.

(2) 다른 사람과 물건을 주고받을 때

① 받는 사람이 편하게 하여 두 손으로 주고받는다.

② 물건을 손위에 얹어서 든다.

③ 손잡이가 따로 있는 물건은 손잡이를 잡는다.

④ 신문, 책 등 읽을거리는 상대가 바르게 보이도록 한다.

⑤ 컵, 잔 등의 물건은 입이 닿는 부분에 손이 닿지 않도록 한다.

⑥ 음식을 담은 그릇은 음식이나 그릇의 안쪽에 손이 닿지 않게 한다.

⑦ 물건을 바닥에 놓거나 바닥에서 들 때에는 앉아서 한다.

⑧ 앉은 사람에게는 앉아서 주고, 서있는 사람에게는 서서 준다.

⑨ 앉아서 주는 물건은 앉아서 받고, 서서 주는 물건은 서서 받는다.

5-3. 사회예절과 직장예절

1) 사회예절

예절의 궁극적인 목적은 원만한 사회생활의 영위에 있다. '인간은 사회적 동물이다'라는 말에서도 알 수 있듯이 사회생활을 하기위해 사회인으로서의 대인관계가 인간생활의 절대적 방법이라 할 것이다.

(1) 소개와 인사

인사 소개하는 예절은 다음과 같다.

① 두 사람을 인사 소개할 때는 아랫사람을 웃어른에게, 친한 사람을 친하지 못한 사람에게 소개한다.

② 남녀 간에는 남자를 여자에게 소개한다.

③ 이상 ①, ②번이 상충될 때는 ①, ②번의 순으로 적용한다.

④ 한 사람과 여러 사람을 동시에 소개할 때는 한 사람을 여러 사람에게 소개한다. 이 경우는 위의 ①, ②번의 순서보다 우선한다.

⑤ 소개하는 요령은 간단하면서도 충분히 인식되도록 요령 있게 한다.

⑥ 소개하는 내용은 사실대로 요점만을 한다.

⑦ 전화로 소개할 때에는 언제 어떤 방법으로 만날 것이라는 것을 정확하게 말한다.

⑧ 서면으로 소개할 때에는 서면을 받아가는 사람을 상대방에게 소개한다. 서면 소개장은 봉함하는 것이 예의에 어긋나지 않는다.

한편, 첫인사와 명함 교환의 예절은 다음과 같다.

① 누군가의 소개에 의해 첫인사를 할 때는 소개된 사람이 소개를 받는 사람에게 먼저 인사한다.

② 소개 없이 직접 첫인사를 할 때는 인사 소개할 때의 순서에 의해 자기가 자기를 소개한다. 자기소개는 상대가 충분히 인식하도록 간단하면서도 분명한 어조로 한다.

③ 주인과 손님이 인사할 때는 손님이 먼저 자기소개를 한다.

④ 상대방의 자기소개와 인사를 받은 사람도 정중하게 자기소개와 인사를 한다.

⑤ 자기소개를 할 때는 성(姓)만 말하지 않고 이름까지 말한다.

⑥ 상대가 자기의 인적사항을 물을 때는 분명하게 대답한다.

⑦ 자기를 먼저 소개하는 사람이 명함을 두 손으로 위쪽으로 잡아 정중하게 건네고 받는 사람은 두 손으로 아래쪽을 잡아 받는다.

⑧ 상대방의 명함은 사람을 대하듯 정중히 다루고 확인한 뒤에 바르고 공경스럽게 간수한다.

⑨ 상대의 명함을 받았으면 반드시 자기의 명함을 건넨다. 만일 명함이 없으면 정중하게 양해를 구한다.

⑩ 한 손으로는 상대의 명함을 받으면서 한 손으로 자기의 명함을 건네

는 것은 실례다. 먼저 주고 나중에 받든지, 먼저 받고 나중에 주든지 해야 한다.

⑪ 상대에게서 받은 명함에 모르는 글자가 있으면 정중하게 묻는다.

⑫ 자기의 명함은 자기 자신이고 상대의 명함은 상대의 인품이므로 직접 사람을 대하듯 정중하게 대하고 취급한다.

⑬ 명함을 만들 때에는 자기과시를 위해서가 아니라 상대방에게 자기를 소개한다는 마음으로 간단명료하게 만든다.

⑵ 초대와 방문

사회생활을 하면서 손님을 초대하고 그 초대에 응하며 남의 집을 방문하면서 유대를 돈독히 한다. 교류하는 예절은 상호간에 예절을 지켜 기분을 상하는 일이 생기지 않도록 유의해야 한다.

초대하는 예절은 다음과 같다.

① 손님을 청하고자 할 때는 그 목적이 분명해야 한다.

② 초대를 하려면 상대에게 불편이 없도록 충분한 시간적 여유를 두고 미리 연락한다.

③ 초대대상을 정할 때는 합석하기가 거북한 사람을 동시에 한 장소로 초대하지 않는다.

④ 초대 장소에 대한 소개나 손님이 유의해야 할 사항을 초대장에 명시한다.

⑤ 주인측은 손님에게 불편이 없도록 세심한 배려로 준비한다.

⑥ 만일 준비관계로 필요하면 정중하게 참석여부를 미리 묻는 방법도 좋다.

⑦ 주인측은 손님을 맞이함에 있어서 좌석배치 등에 실례되지 않도록 한다.

한편, 초대에 응하는 예절은 다음과 같다.

① 초대를 받으면 참석여부를 미리 연락한다.

② 초대의 목적에 알맞은 복장으로 준비한다.

③ 초대시간에 늦지 않도록 교통편 등을 미리 점검한다.

④ 어떤 경우라도 주인에게 불편이나 불쾌감을 주지 않도록 한다.

⑤ 자기가 아는 사람이나 가족이라도 초대받지 않은 사람을 임의로 동행하지 않는다.

⑥ 초대의 목적이 사례나 부조를 해야 할 일이면 자기의 형편에 맞게 준비한다.

⑦ 초대 장소에 지나치게 늦게까지 머물지 말고 목적한 행사가 끝나면 빨리 물러난다.

그리고 방문하는 예절은 다음과 같다.

① 남의 가정이나 사무실을 방문할 때는 미리 연락해 양해를 구하고 방문사실을 미리 연락할 때는 방문 목적, 시간, 방문자 등을 분명히 말한다.

② 방문 시에는 상대에게 불편이나 불쾌감을 주지 않도록 복장 등을 단정히 한다.

③ 꼭 필요하지 않은 아이들을 동행하여 소란을 피우지 않도록 한다.

④ 현관에 들어 갈 때는 외투, 목도리, 장갑 등을 벗는다.

⑤ 상대의 안내 없이는 함부로 이곳저곳을 기웃거리거나 돌아다니지 않는다.

(3) 경조(慶弔)에 관한 예절

① 졸업과 취직 및 승진

졸업, 취직, 승진 등 기쁜 일이 있으면 축하해 준다. 그리고 직장생활이나 사회생활에 필요한 물품으로 선물한다. 선물포장에는 '축 졸업' '축 취직' '축 승진' 등이라 쓴다. 인사말은 장래 지향적이며 성취를 바라는 의미와 사회인으로서의 긍지를 심어주는 내용이 좋다.

② 혼인

결혼(結婚)은 남자가 장가든다는 뜻이고 혼인(婚姻)은 장가들고 시집간다는 뜻이므로 결혼이 아니고 혼인이라고 해야 한다. 축의금 겉봉이나 선물포장에는 '축 혼인', '혼인을 축하합니다.' 라고 써야 신랑이나 신부 측에 모두 통한다.

혼인예식에 참석할 때는 화려한 정장차림으로 가고, 주인측은 손님에게 불편이 없도록 만반의 준비와 배려를 한다.

③ 문병

병환이나 사고로 고생하는 사람을 위문하는 것은 인간의 도리이다. 그러므로 경건하고 조용하게 위문한다. 복장도 너무 화려한 것은 피하는 것이 좋다.

인사말은 다음과 같이 한다.

ㅁ 사고 시: "얼마나 놀라셨습니까? 이만하시기 참 다행입니다. 빨리 쾌유하셔서 전과 같은 모습을 뵙기를 빌겠습니다."

ㅁ 병환 시: "얼마나 걱정이 되십니까? 빨리 쾌유하셔서 건강한 모습을 뵙기를 빌겠습니다."

ㅁ 노환 시: "얼마나 걱정이 되십니까? 빨리 회춘하셔서 건강하시기를 빌겠습니다."

만일 금품을 드리려면 그 포장에는 다음과 같이 쓴다.

ㅁ 사고 시와 병환 시 : '기 쾌유(祈 快癒)'

ㅁ 노환 시 : '기 회춘(祈 回春)'

④ 문상과 조상

죽은 사람이 남자이면 '조상(弔喪)'이라 하고 여자가 죽었을 때는 '문상(問喪)'이라고 한다. 즉 빈소에 인사하는 것은 조상이고 상주에게 인사하는 것은 문상이다.

예전에는 성복전이거나 여자의 상에는 빈소나 상주에게 인사하지 않았으나 요즘에는 성복전후와 남녀 상에 관계없이 빈소와 상주에게 인사한다.

(4) 공중도덕과 집회 예절

① 사회생활과 공중도덕

사회생활이란 공동생활이므로 공중도덕을 지키는 것이 사회예절이다. 사생활이 예의바르고 절제되어야 공중도덕과 사회예절이 바르게 된다.

② 이웃과의 예의생활

자기의 집안이라도 이웃에 방해가 되지 않게 살아야 한다. 이웃을 만나면 반갑고 친절하게 인사한다. 이웃의 경조사에는 관심을 갖고 축하·위로하며 서로 돕는다.

③ 노약자에 대한 예절

남의 노인은 자기의 부모같이 섬기고 남의 어린이는 자기의 자녀같이 사랑하고 보살핀다. 모든 좌석에 앉을 때는 주변에 노약자가 있는지 살펴보고, 언제든지 노약자에게 자리를 양보한다. 노인이나 어린이가 아니라도 몸이 불편하거나 임산부, 아이가 딸린 사람에게는 자리를 양보하며 보살핀다.

④ 모임에 대한 예절

어떤 목적의 모임이든 시작하기 전에 참석한다. 그리고 다른 참석자에게 불편이나 방해가 되지 않게 언동 한다. 남보다 먼저 자리를 뜰 때는 그 모임에 방해가 되지 않도록 주최 측에만 조용히 인사하고 떠난다.

⑤ 공동생활에 대한 예절

모든 언어나 행동에 남의 존재를 인정한다. "나 하나쯤이야 어떠랴"는 예외의식을 갖지 않는다. 공원, 유원지 등 다수를 위한 시설을 자기의 재산을 아끼듯 사랑하고 전체를 생각해 정결·엄격하고 신속하게 사용한다.

"실례합니다","미안합니다","죄송합니다","용서하십시오","감사합니다", "고맙습니다"라는 말을 많이 사용한다.

2) 직장예절

(1) 직장예절의 의미

직장은 출생, 성장, 교육, 취미, 소질, 희망, 가치관이 각기 다른 이질적인 타인들이 집단을 이루어 그 집단전체가 지향하는 공동목표를 성취하고 거기에서 얻어지는 이익을 나누어 가지는 조직사회이다.

일반 사회생활과 조직사회인 직장생활이 서로 다른 점은 직장 나름대로의 특유의 규범이 있으며 공동목표를 갖는다는 점이다. 이질적인 타인의 조직원들은 각자의 특이성을 조직의 목표와 규범에 의해 자기를 조율(調律)할 필요가 있기 때문에 조직에서 요구하는 예절은 더욱 엄격한 것이다.

일반적인 예절이 인간으로서의 자기관리와 사회인으로서의 대인관계를 원만히 영위하기 위한 것임과 같이 직장예절은 직장인으로서의 자기관리와 대인관계를 공동목표의 성취를 위한 방향으로 영위하기 위한 것이다.

따라서 직장예절은 개인예절을 바탕으로 한 가정예절의 연장선상에 있으며 일반 사회예절에 비해 영역의 제한성이 있다.

직장에 대해 책임의식을 갖느냐 의무관념(義務觀念)에 매이느냐의 문제이다. 능동·자율적인 사람은 책임의식을 가져 "내가 무엇을 할 것인가?"라는 정신을 갖지만, 피동·타율적인 사람은 "직장에서 무엇을 시킬 것인가?"를 기다리게 된다.

책임감과 자기의 심신(心身)을 쏟아 정성을 다 하는 정신자세를 가지도록 해야 한다.

(2) 직장에서의 근무예절

이상에서 설명한 기초예절을 알았다 하더라도 실제 근무에 바르게 응용하지 못하면 바른 직장예절이라 할 수 없다.

신입사원의 예절은 다음과 같다.

① 직장에 임하는 정신자세를 바르게 정립해 흔들리지 않도록 한다.

② 마음가짐, 몸차림, 옷차림, 몸가짐, 기거동작에 대해 직장상급자나 선배들이 첫인상을 좋게 갖도록 점검한다.

③ 직장의 목적, 역사, 전통, 조직, 분위기 등을 빨리 익힌다.

④ 직장동료 및 직속상급자와 빨리 낯을 익히고 직급, 직책, 성명 등을

외우도록 한다.

⑤ 담당업무에 대해 신속히 파악한다.

그리고 출근과 근무 자세에 관한 예절은 다음과 같다.

① 집에서 나갈 때에는 몸차림·옷차림 등이 직장근무에 어울리는지 점검한다.

② 늦어도 출근시간 15분전까지는 출근하여 근무에 필요한 준비를 한다.

③ 도중에 만나는 상급자. 동료, 하급자와 친절하게 인사를 나눈다. 언제든지 자기가 먼저 인사한다는 자세로 임한다.

④ 근무복장이 따로 있으면 복장을 바꾸어 입고 주변정리 등 근무준비를 철저하게 한다.

⑤ 주변과 사무용 소모품·비품·기구 등을 정돈해 바르게 한다.

⑥ 의자를 바르게 놓고 몸을 곧게 앉아 바른 자세로 근무한다.

⑦ 상급자에게 말할 일이 있거나 상급자의 말을 지명되어 들을 때는 서서 한다.

5-4. 식사예절

생활을 하는 데에는 여러 가지 형태의 예절이 있으나 그 중에서도 식사예절은 인격과 교양, 가풍을 나타내는 것이므로 좋은 식사예절을 갖추는 일은 매우 중요하다.

예절바른 식사는 식탁의 분위기를 매우 세련되고 우아하고 아름답게 만들어 낸다. 식탁은 일상생활의 중심이 되는 대화와 휴식의 공간으로서, 식사시간은 따스함과 정성이 느껴지고 편안해야 하므로 자유로우면서도 조심스럽게 행동해야 한다.

식사예절은 나라마다 차이가 있어 각 나라의 기본적인 식사예절을 잘 알아두면 외국인에게 초대받았을 때 한층 품위있고 교양있는 자신의 모습을 보여줄 수 있다. 특히 우리나라의 식사예절을 올바르게 익혀서 외국인에게 우리나라의 식사문화를 바르게 소개하도록 해야 할 것이다.

1) 우리나라의 식사예절

(1) 상 올리기

한식은 독상이 원칙이므로 상차림을 하여 식사할 사람 앞까지 상을 날라야 한다. 두렛상이나 교자상은 음식을 미리 방안에 차려 놓으므로 운반할 필요가 없다.

상을 올릴 때의 예절은 다음과 같다.

① 허리를 약간 구부리고 머리를 조금 숙여서 두 손으로 상을 조심스럽게 든다. 허리를 많이 굽히면 상을 들고 걸어가기가 불편할 뿐 아니라 치맛자락을 밟기 쉽다.

② 상을 들고 가만히 걸어가 상 받을 사람의 서너 걸음 앞에 서서 조용히 다리를 구부리면서 상을 내려놓는다. 허리만을 구부리고 상을 놓으면 자칫하면 큰 소리가 나며 국물이 엎질러지기 쉽다.

③ 상을 내려놓은 다음 상 앞에 앉아서 두 손으로 뚜껑을 벗겨 한 옆에 간추려 놓는다. 물러나올 때는 일어서서 몇 걸음 뒷걸음 쳐서 뒷모습이 상대방에게 보이지 않도록 살그머니 돌아서서 나온다. 숭늉은 대접에 담아 쟁반을 받쳐서 두 손으로 들고 가져간다. 이 때, 쟁반을 내려놓고 나서 상 위에 있는 국그릇을 내리고 숭늉 그릇을 올린다.

④ 상을 물릴 때에도 서너 걸음 앞에서 꿇어앉아 상을 앞으로 가만히 끌어서 들고 몇 걸음 뒤로 물러나 돌아서서 나온다. 시중드는 경우에도 식사 중에 자주 드나드는 것은 좋지 못하며 몸 움직임은 가볍고 유연하게 소리가 나지 않도록 조심한다.

(2) 식사하기

여러 사람과 같이 식사를 할 때에는 자세를 바르게 하고 손윗사람이 수저를 든 후에 식사를 시작한다. 우리나라에서는 식사 중에 이야기를 하지 않고 조용히 식사를 해야 하는 관습이 있었으나, 오늘날에는 가족이 모여서 식사하는 시간이 서로 대화할 수 있는 귀중한 시간이 되었다. 식사 중에 자리를 뜨는 것은 삼가고 식사가 끝날 때를 기다려서 일어나는 것이 좋다. 식사예절은 몸에 익숙해져야 하므로 평소에 노력해야 한다.

식사 시 주의해야 할 점은 다음과 같다.

① 수저를 한 손에 동시에 사용하지 않도록 하며 빨아먹듯이 사용하거나 그릇에 걸쳐 놓지 않는다.

② 음식을 먹을 때에는 적당한 양을 입에 넣으며 입 속에 음식이 있는데 또 넣는 일은 삼간다. 음식을 넣은 채 말을 하는 것은 흉하며 입속의 음식이 남에게 보이지 않도록 입을 다물고 씹는다.

③ 밥그릇이나 국그릇은 손으로 들고 먹지 않는다.

④ 김치 국물이나 국을 마시기 위하여 그릇째로 들어 마시는 것은 좋지 못하며 숟가락으로 떠 먹는다. 또한 국에 밥을 말아먹는 것은 식사예의에 어긋나므로 되도록 삼간다.

⑤ 밥이나 반찬을 뒤적거리거나 헤치는 것은 좋지 못하며 한 쪽에서부터 먹도록 한다. 젓가락으로 반찬에 붙은 고명을 털면서 먹는 것도 삼간다.

⑥ 맛있는 반찬만 먹는다든지 밥 한 숟가락에 같은 반찬을 여러 번 집어먹는 일은 점잖지 못하다.

⑦ 멀리 떨어져 있는 음식이나 양념은 팔을 길게 뻗어 집어오지 말고 옆 사람에게 건네주기를 청한다.

⑧ 식사 중에 기침이나 재채기가 나면 머리 방향을 빨리 돌리고 냅킨이나 손수건을 대어 남에게 침이 튀지 않도록 한다.

⑨ 돌이나 이물질을 씹었을 때에는 옆 사람이 눈치 채지 않도록 살며시 뱉어 종이에 싸서 상 밑에 두었다가 나중에 버린다.

⑩ 숭늉은 대접에 엄지손가락이 빠지지 않도록 두 손으로 들어 마시며 그릇을 들 때는 손가락 사이를 벌리지 말고 엄지 외의 네 손가락은 되도록 움직이지 않는다. 양치하듯이 소리 내어 숭늉을 마시거나 트림을 하는 것은 금한다.

⑪ 이쑤시개는 남에게 보이지 않게 입을 가리고 사용하며 사용한

것은 가려서 버린다.

⑫ 너무 서두르거나 지나치게 늦게 먹지 말고 다른 사람과 같은 시간에 식사가 끝나게 조절한다.

⑬ 음식을 다 먹은 후에는 수저를 오른편에 가지런히 놓고 냅킨을 적당히 접어서 제자리에 놓아둔다.

⑭ 어른보다 먼저 일어나지 않는다.

2) 양식 식사예절

(1) 초대 측의 예절

식탁을 거실이나 따로 마련된 식당에 배치하며 부엌에 있는 가족끼리 식사하는 식탁에서는 손님을 접대하지 않는다. 식탁에는 반드시 식탁보를 깔며 식기는 접시를 중심으로 왼쪽에 포크, 오른쪽에는 칼, 앞쪽에는 찻숟가락을 놓는다. 그 앞쪽에는 잔들을 놓는데, 일반적으로 물잔이 가장 크고, 백포도주잔, 적포도주 잔의 순서로 놓는다.

일상 식탁 차림 정식 식탁 차림

〈그림 3-5-1〉 서양식 식탁차림

(2) 초대 받은 측의 예절

초대를 받으면 특별한 이유가 없으면 거절하지 않고, 더욱 중요한 것은 수락하면 절대로 취소해서는 안 된다. 초대받은 모임의 성격에 맞는 복장을 하고, 초대되지 않은 동반자를 데리고 가는 일은 큰 실례이다.

(3) 식사 전 예절

손님들이 모이면 주인은 아페리티프(apéritif)를 권한다. 준비된 술의 종류를 주인이 말해주므로 원하는 술을 골라 마신다. 두 번째 잔은 다른 것으로 마셔도 되지만 더 이상은 마시지 않는 것이 좋다. 안주도 주인이 권하면 들도록 한다. 서구사람들은 포도주를 마시고 이야기를 많이 하면서 식사를 하기 때문에 다른 집에 초대되었을 때에는 이야기에 동참하여 분위기를 맞추어 주어야 한다.

(4) 식사 시 예절

① 아페리티프(apéritif)를 마셨으면 주인은 식탁에 앉기를 권한다. 주인이 개인의 취향, 화술 등을 고려하여 전체가 대화에 참여하도록 배치를 한다. 사람이 많을 경우 이름표가 미리 놓여 있기도 한다. 자리 배치는 상석인 남자 주인의 오른편에 주빈이나 가장 연장자가 앉고, 남녀가 번갈아 앉으며, 한 가족이 연이어 나란히 앉지 않는다. 앉을 때는 식탁을 향해서 섰을 때 의자의 왼쪽에서 앉고 식탁과 너무 멀리 떨어지지 말고, 의자 등받이에 기대지 않는다.

② 의자에 앉아 식사를 하기 전에는 손은 자연스럽게 식탁위에 놓거나 무릎 위에 올려놓는다.

③ 냅킨은 요리가 나오기 시작할 때 펴는데, 이등분해서 접은 후 접힌 끝단이 밖을 향하게 놓고 입을 닦을 때는 냅킨의 안쪽을 사용한다. 냅킨은 식사 후 커피를 마실 때까지 무릎에 두며, 다 사용한 후에는 접시 왼쪽에 가볍게 접어둔다.

④ 안주인이 식사를 시작하면 손님이 시작하고 모든 사람이 끝날 때까지 식사를 한다.

⑤ 포크와 나이프는 요리가 나올 때마다 바깥쪽부터 좌우 한 개씩을 사용하는데, 한번 사용한 것은 접시 위에 가지런히 올려놓는다. 사용 중인 포크는 아래를 향하게 하고 나이프는 칼날 부분이 아래로 향하게 하

여 팔(八)자로 걸쳐놓고, 식사가 끝나면 포크는 위를 향하게 하고 나이프의 칼날을 안쪽으로 향하게 해서 접시 중앙의 오른편에 나란히 놓는다.

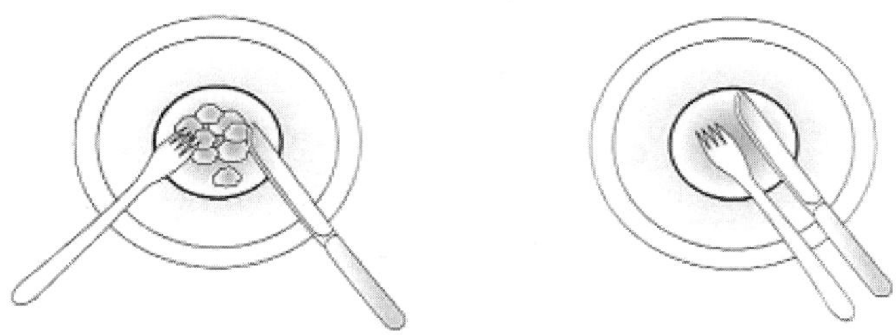

〈그림 3-5-2〉 포크와 나이프의 위치

⑥ 수프는 왼손으로 수프 접시를 잡고 수프 스푼을 자기 앞쪽에서 반대쪽으로 향하게 해서 소리 나지 않게 떠 먹는다. 수프가 조금 남으면 접시 안쪽을 들어서 살짝 기울인 다음 먹는다. 샐러드는 기호에 따라 드레싱을 적당히 얹어 한 입에 들어갈 정도로 덜어서 먹는다. 샐러드는 나이프를 사용하지 않는다.

⑦ 샐러드는 기호에 따라 드레싱을 적당히 얹어 한 입에 들어갈 정도로 덜어서 먹는다. 샐러드는 나이프를 사용하지 않는다.

⑧ 빵은 샐러드나 수프 등과 함께 먹기 시작하는데 손으로 알맞은 크기로 떼어서 먹는다. 고기요리나 생선요리를 먹는 사이사이에도 먹는다.

⑨ 생선요리는 뒤집어 먹지 않는다. 윗면의 살을 먹은 다음 뼈를 발라내고 나머지 부분을 먹는다. 곁들인 레몬은 포크로 고정한 후 나이프의 넓은 면으로 살짝 눌러 즙을 낸다.

⑩ 포도주는 식사와 함께 마시는데, 백포도주는 생선요리에, 적포도주는 고기요리에 제공된다. 백포도주처럼 차갑게 마시는 경우에는 잔의 받침대 부분을 잡는다.

⑪ 후식이 제공되기 전에 핑거보울이 나오는 경우는 손가락을 서너 개만 물에 넣었다가 냅킨으로 닦은 후, 후식으로 제공되는 과일이나 케이크를 먹는다.

〈그림 3-5-3〉 포도주잔 잡는 법

3) 외식 시의 식사예절

식생활 문화의 개선을 위해 요식업 중앙회에서는 영업주, 업소 종사자, 손님이 각각 지녀야 할 기본적 예절태도에 관한 자료를 제작하여 그 실천을 촉구하고 있다. 소비자인 손님이 성숙한 문화국민으로서 갖추어야 할 식사예절을 지켜야 우리 모두 밖에서의 식사시간을 즐길 수 있다.

〈표 3-5-1〉 외식업소 방문 시의 식사예절

1. 식사와 휴식을 겸한 공간이되도록 협조한다.	· 대중의 휴식 장소로서의 분위기 조성 · 이웃을 존중하는 마음과 청결한 업소 이용 생활화 · 교양 있는 시민으로서의 시민 상 확립 – 차례를 지키고 옆 사람을 생각하는 마음 – 바른 식사예절을 지키는 바른 식습관 – 음식의 소중함을 아는 감사하는 마음
2. 종사자의 인격을 존중하고 고운 말을 사용한다.	· 종사자의 인격을 무시하는 언행을 삼가
3. 옆자리의 손님에게 불쾌감을주는 언행을 삼간다.	· 부드러운 대화로 즐거운 식사 분위기 조성 · 조용조용히 고운 말을 사용 · 주문한 음식을 조리도 되기 전에 독촉하는 행위 삼가
4. 담배는 지정석에서 피우고 휴지는 휴지통에 버린다.	· 식사와 휴식을 겸한 공간이므로 공중도덕을 준수 · 담배는 지정석에서 피우고 비흡연자에게 피해를 주지 않음 · 식사 전후에 사용한 휴지 등은 식탁 바닥에 버리지 말고 준비된 휴지통에 처리함

4) 다과예절

(1) 차를 대접하는 예절

손님에게 차를 대접할 때는 준비된 차의 종류를 말하고 “어느 차를 드시겠습니까?”라고 의견을 묻는다. 탁자위에 차를 올릴 때는 쟁반을 탁자 위에 먼저 내려놓고 두 손으로 찻잔 받침을 들어 손님에게 놓는다. 만일 뒤편에서 찻잔을 놓아야 할 때는 손님의 왼쪽 뒤에서 앞쪽으로 놓는다. 찻잔의 손잡이가 손님의 오른쪽으로 가고, 찻숟가락은 손잡이가 오른쪽으로 가게 찻잔의 앞, 손님 쪽에 놓는다.

손님이 차를 다 마시면 빈 잔을 오래 두지 말고 즉시 치운다. 역시 쟁반을 탁자 위에 놓고 두 손으로 들어서 치운다. 어떤 경우라도 손님의 바로 앞에서 뒷모습을 보이지 않는다.

(2) 차를 마시는 예절

반드시 고맙다고 인사한다. 찻숟가락으로 설탕이나 기타 첨가물을 넣고 저은 다음 찻숟가락을 찻잔의 뒤에 놓는다. 첨가물 그릇의 뚜껑을 열 때는 뚜껑의 속이 바닥에 닿지 않도록 젖혀놓는다. 찻숟가락이나 찻잔이 부딪히는 소리가 나지 않게 한다.

오른손으로 손잡이를 들고 왼손으로 찻잔 밑을 받치듯이 잔을 들고 마신다. 홀짝이는 소리가 나지 않아야 하며 뜨겁다고 후하고 불거나 찻숟가락으로 떠서 마시지 않는다. 물마시듯이 꿀꺽 마시지 않고 맛보듯이 조금씩 마신다.

다 마시면 찻잔을 조금 뒤쪽으로 밀어 놓는다. 반드시 “잘 마셨습니다” 라고 인사한다.

5) 술 마시는 예절

(1) 술을 대접하는 예절

손님에게 무슨 술을 마시겠느냐고 의견을 묻는다. 가능하면 안주도 손님이 좋아하는 것으로 준비한다. 술은 여러 가지 혼합하는 것을 피한다. 손님의 주량을 짐작해 준비하며 안주가 식거나 중간에 모자라지 않게 한다. 손님이 싫다는 술을 억지로 권하지 않는다. 손님이 취한 것 같으면 슬기롭게 절제하도록 한다.

(2) 술을 마시는 예절

술은 맛을 보며 조용하게 마신다. 어른에게 먼저 권하고 어른이 마신 다음에 아랫사람이 마신다. 어른에게 술잔을 드릴 때는 무릎을 꿇고 두 손으로 드리고 주전자도 오른손으로 손잡이를 들고 왼손으로 밑을 받쳐 공손히 따르되 잔이 넘치지 않게 조심한다. 어른이 주시는 술잔은 무릎을 꿇고 두 손으로 받으며 “고맙습니다”라고 인사하고 마신다. 먼저 술을 받았으면 반드시 그 사람에게 술을 권한다.

어떤 경우라도 싫다는 사람에게 억지로 술을 권하지 않는다. 술잔이나 주전자, 그릇소리 등으로 소란스럽지 않게 마신다. 절대로 술에 취하지 않도록 자제하며 조심한다. 만일 과할 것 같으면 언동을 주의해 취중의 소동이 일지 않게 주의한다. 주인의 형편을 보아 술과 안주를 추가해 달라고 요구하지 않는다.

6) 와인

와인(Wine)은 넓은 의미에서 과실을 발효시켜 만든 알코올 함유 음료를 말하지만, 일반적으로 신선한 천연과일인 순수한 포도만을 원료로 발효시켜 만든 술인 포도주를 의미하며 우리나라 주세법에서도 과실주의 일종으로 정의하고 있다.

(1) 와인의 분류

① 색에 의한 분류

ㅁ 화이트와인 : 잘 익은 청포도를 압착해서 만들거나 적포도를 이용해서 적포도의 껍질과 씨를 제거하고 만드는데, 포도를 으깬 뒤 바로 압착하여 나온 주스를 발효시킨다. 이렇게 만들어진 화이트 와인은 타닌 성분이 적어서 맛이 순하고 상큼하며, 포도 알맹이에서 우러나오는 색깔로 인하여 노란색을 띤다. 일반적인 알코올 농도는 10~13%정도이며, 8℃ 정도로 차게 해서 마셔야 제 맛이 난다.

ㅁ 레드와인 : 일반적으로 적포도주로 만드는 레드와인은 적포도의 씨와 껍질을 그대로 함께 넣어 발효시킴으로써 붉은 색소뿐만 아니라 씨와 껍질에 있는 타닌 성분까지 함께 추출되므로 떫은맛이 나며, 껍질에서 나오는 붉은 색소 안토시아닌으로 인하여 붉은 빛깔이 난다. 레드와인은 이 타닌의 조화로움에 크게 좌우되며, 포도껍질과 씨를 얼마 동안 발효시키느냐에 따라서, 또는 포도 품종에 따라서 타닌의 양이 결정된다.

일반적인 알코올 농도는 12~14% 정도이며, 레드와인의 타닌 성분은 차가우면 떫은맛이 강해지므로 약 17~18℃에서 제 맛이 난다.

ㅁ 로제와인 : 일반적으로 적포도로 만드는 로제와인의 색은 핑크색을 띠며, 로제와인의 제조과정은 레드와인과 비슷하다. 레드와인과 같이 포도껍질을 같이 넣고 발효시키다가 어느 정도 시간이 지나서 우러나면 껍질을 제거한 채 과즙만을 가지고 와인을 만들거나, 레드와인과 화이트와인을 섞어서 만든다. 맛으로 보면 화이트와인에 더 가깝다.

② 성질에 의한 분류

ㅁ 발포성 와인 : 거품이 나며 1차 발효가 끝난 다음 2차 발효에서 생긴 탄산가스를 그대로 함유시킨 와인으로 프랑스 상파뉴(champangne)지방에서 생산되는 샴페인이 대표적이다.

프랑스 상파뉴 지방에 있는 오빌레(Haut Viller) 수도원의 수도승 돔 페리농이 발포성 와인을 개발하였다.

ㅁ 비발포성 와인 : 포도당이 분해되어 와인이 되는 과정 중에 발생되는 탄산가스를 완전히 제거한 와인으로 대부분의 와인이 여기에 속한다.

③ 맛에 의한 분류

ㅁ 스위트와인 : 주로 화이트와인에 해당하며, 와인을 발효시킬 때 포도속이 천연 포도당을 완전히 발효시키지 않고 일부 당분이 남아있는 상태에서 발효를 중지시켜 만든 와인과 당분을 첨가한 것으로, 주로 식후에 디저트와 한께 마신다.

ㅁ 드라이와인 : 주로 레드와인에 해당되며 포도 속이 천연 포도당을 거의 다 발효시켜서 단맛이 얼마 남아 있지 않은 상태의 와인이다.

ㅁ 미디엄 드라이와인 : 스위트와 드라이의 중간으로 약간의 단맛이 난다.

④ 알코올 첨가 유무에 의한 분류

ㅁ 주정강화와인 : 와인을 발효시키는 중이거나 발효가 끝난 후 브랜디나 과일 등을 첨가한 것으로서, 알코올 도수를 높이거나 단맛을 더해서 보존성을 높인 와인으로 알코올 강화와인이라고도 한다.

ㅁ 일반와인 : 다른 증류수를 첨가하지 않고 순수한 포도만을 발효시켜

서 만든 와인이다. 알코올 도수는 8~14% 정도이다.

⑤ 식사 시 용도에 의한 분류

ㅁ 식전용 와인(péritif wine) : 식사를 하기 전에 식욕을 돋우기 위해서 마신다. 주로 한 두 잔 정도 가볍게 마실 수 있는 강화주나 산뜻하면서도 강한 향취가 나는 와인을 선택한다. 샴페인(champagne)을 주로 마신다.

ㅁ 식사 중 와인(table wine) : 전채가 끝나고 식사와 곁들여 마시는 와인으로 테이블 와인은 그냥 마시는 것 보다는 음식과 함께 잘 조화를 이루어 마실 때 그 맛이 배가 된다. 화이트 와인은 생선류, 레드 와인은 육류에 잘 어울린다.

ㅁ 식후용 와인(dessert wine) : 식사 후에 마시는 와인으로, 약간 날콤하고 알코올 도수가 높은 디저트 와인을 한 잔 마심으로써 입안을 개운하게 마무리 짓는다.

⑥ 저장기간에 의한 분류

ㅁ 영 와인(young wine : 1~2년) : 발효과정이 끝나면 별도의 숙성기간을 거치지 않고 판매되거나 장기간 보관이 안 되는 품질이 낮은 와인이며, 주로 자국 내에서 소비하는 저가의 와인이다.

ㅁ 에이지드 와인(aged wine or old wine : 5~15년) : 발효가 끝난 후 지하 창고에서 몇 년 이상의 숙성기간을 거친 것으로 품질이 우수한 와인이다.

ㅁ 그레이트 와인(great wine : 15년 이상) : 15년 이상을 숙성시킨 와인으로 오래 묵혀서 좋은 와인이다. 모든 와인이 오래 묵힌다고 좋은 것이 아니라 포도 품종에 따라, 재배 작황에 따라서 전문가에 의해 오래 저장될 것인지, 아닌지가 결정된다.

(2) 와인 시음하기

이상적인 와인은 조화와 균형이 이루어진 와인이라고 하는데, 타닌, 단맛, 과일향과 다른 성분의 적절한 배합을 의미한다. 와인 테스팅(wine tasting) 순서는 드라이한 것에서 스위트한 것으로, 덜 숙성된 것에서 오래된 것으로, 화이트와인에서 레드와인의 순서로 한다.

와인을 맛있게 마시고 제대로 된 와인의 맛을 느끼기 위하여 다음과 같은 순서와 내용에 유의하면서 마시도록 한다.

① 마시는 순서 : 와인글라스의 몸체가 아닌 다리 부분을 잡고 조용히 잔의 2/3(큰 잔은 1/2)정도 따르며, 받는 사람은 잔을 들지 않고 테이블 위에 둔 채로 바라본다. 와인의 색을 살핀 다음, 글라스를 코에 가까이 대고 살짝 흔들어 향기를 맡는다. 한 모금씩, 입안에서 한 두 번 굴려가며 천천히 음미하면서 마신다. 기름진 음식을 먹다가 와인을 마실 때에는 냅킨으로 입가의 기름기를 닦아내고 마시도록 한다.

② 유의사항 : 와인의 색감을 살피고, 향기와 맛을 감지하면서 와인을 삼킨 후 목 안을 타고 내려간 와인이 입안에 남아있는 맛과 코에 남아있는 향기와 함께 종합적으로 어떤 느낌을 주는지에 대하여 생각해 본다.

(3) 와인 보관법

와인 본래의 맛을 간직하기 위해서는 일정한 규정을 지켜야만 오랫동안 보관할 수 있으며, 와인 냉장고나 와인 저장실을 이용하는 방법이 좋다.

보관 장소의 온도는 약 12℃ 정도의 일정한 온도가 이상적이며, 와인 속의 찌꺼기가 떠오르는 것을 막고 코르크가 풀어지는 것을 방지하기 위하여 진동은 최소화하여야 한다.

또한 햇볕에 노출되면 병의 온도가 올라가 와인의 맛이 변하므로 어두운 곳을 권장한다. 습도는 65~80% 정도가 병마개를 건조시키지 않으며 캡슐이나 레이블을 손상시키지 않는다.

코르크가 와인과 접촉될 수 있도록 옆으로 눕혀 놓는다. 이렇게 함으로써 코르크가 마르고 수축하는 것을 막을 수 있고, 와인에 공기가 유입되는 것을 방지하여 쉽게 상하는 것을 막을 수있다.

또한 와인은 한 병을 개봉하면 다 마시는 것이 가장 좋은 방법이고 그러지 못한 경우라도 2~3일 안에 나머지를 소비하는 것이 좋다. 남은 와인은 생선이나 고기요리에 사용하기도 한다.

참고문헌

강갑석 외, 식품과 건강문화, 광문각, 2004.

구난숙 외, 세계 속의 음식문화, 교문사, 2007.

김기숙 외, 식품과 음식문화, 교문사, 2005.

김득중, 실천예절개론, 교문사, 2004.

경인일보, 2002.5.20.

김득중 외, 우리의 전통예절, 한국문화재보호재단, 1998.

김수인, 푸드코디네이트 개론, 한국외식정보(주), 2004.

박태선 외, 현대인의 생활영양, 교문사, 2003.

산업자원부, 03년 'e-비즈니스 현황' 통계조사결과, 2003.

신민경 외, 인터넷 쇼핑몰에서의 소비자의 위험지각과 정보탐색에 관한 연구, 대한가정학회지, 제42권 9호, 2004.

신정하, 테이블매너교실, 선일문화사, 2000.

안옥희 외, 대학생의 생활환경에 대한 의식 및 실천, 영남대 자원문제연구논문집, 21, 1, 138-145, 2002.

안옥희 외, 중등교사의 생활환경에 대한 의식 및 실천, 한국생활과학회지, 10, 4, 421-428, 2001.

안옥희, 주거환경학, 기문당, 1999.

연합뉴스, 2002. 5. 29.

오경화 외, 테이블코디네이트, 교문사, 2005.

오세조 외, 화장품의 온라인 유통경로 현황과 시사점, 유통비즈니스 리뷰 제2호, 2003.

유영주 외, 인간과 생활환경, 효일문화사, 2000.

이미숙 외, 영양과 식생활, 교문사, 2007.

이승신 외, 가계경제분석, 신정, 2003.

조연숙 외, 한국조리, 형설출판사, 2007.

중앙일보, 2001. 2.1.
최외선 외, 생활과학의 이해, 형설출판사, 1998.
최지아 외, 테이블스타일링, 형설출판사, 2005.
최혜미 외, 21세기 식생활관리, 교문사, 2003.
하상안 외, 인간과 환경, 형설출판사, 2000.
한국인터넷마케팅연구회, 인터넷마케팅, 삼우사, 2003.
한상욱, 우리나라 자연환경 본전현황과 과제, 국립환경연구원, 8-9, 1990.
환경부, 환경백서, 2007.
황지희 외, 푸드코디네이트학, 효일출판사, 2002.
Vining, J. et al, What makes a recycle, Environment & Behavior, 22, 55-73, 1990.
www.yiuthnet.re.kr
龜田光昭 編著, 生活環境學, 同文書院, 1996.
寄本勝美, ごみとリサイクル, 岩波新書, 1993.
日本家政學會 編, 住まいと住環境, 朝倉書店,1991.
日本土木學會關西支部 編, 水のなんでも小事典, Blue backs, 1994.
佐藤方彦 외, 住環境とヒト, 井上書院, 1992.

건설교통부 홈페이지, http://www.moct.go.kr
교통안전공담 홈페이지, http://www.kotsa.or.kr
물 절약 홈페이지, http://www.water21.me.go.kr
새마을운동중앙회 홈페이지 http://www.saemaul.com
음식물쓰레기 감량자원화 홈페이지 http://www.foodwaste.or.kr
통계청 홈페이지, http://www.nso.go.kr
한국소비자보호원 홈페이지, http://www.cpb.or.kr
한국청소년개발원 홈페이지, http://www.youthnet.re.kr
환경부 홈페이지, http://www.me.go.kr
www.csclub.co.kr

www.interpak.com

www.ladyone.co.kr

www.lgeshop.com

www.lotte.com

www.miclub.com

www.pacific.co.kr

www.plus1000.co.kr

www.samsungmall.co.kr

www.yiythnet.re.kr